中国工程院重大咨询项目
中国农业资源环境若干战略问题研究

粮食安全卷

中国粮食安全与耕地保障问题战略研究

王立新　主　编

刘爱民　辛良杰　副主编

中国农业出版社

北　京

图书在版编目（CIP）数据

中国工程院重大咨询项目·中国农业资源环境若干战略问题研究．粮食安全卷：中国粮食安全与耕地保障问题战略研究/王立新主编．—北京：中国农业出版社，2019.8
ISBN 978-7-109-25437-4

Ⅰ．①中… Ⅱ．①王… Ⅲ．①农业资源-研究报告-中国 ②农业环境-研究报告-中国 ③粮食安全-研究报告-中国 Ⅳ．①F323.2 ②X322.2 ③F326.11

中国版本图书馆CIP数据核字（2019）第073819号

粮食安全卷：中国粮食安全与耕地保障问题战略研究
LIANGSHI ANQUAN JUAN： ZHONGGUO LIANGSHI ANQUAN
YU GENGDI BAOZHANG WENTI ZHANLÜE YANJIU

审图号：GS（2018）6811号

中国农业出版社
地址：北京市朝阳区麦子店街 18 号楼
邮编：100125
责任编辑：孙鸣凤
版式设计：北京八度出版服务机构
责任校对：沙凯霖
印刷：北京通州皇家印刷厂
版次：2019 年 8 月第 1 版
印次：2019 年 8 月北京第 1 次印刷
发行：新华书店北京发行所
开本：889mm×1194mm 1/16
印张：19
字数：330 千字
定价：180.00 元

本书编委会

顾　问：戴景瑞　　南志标

主　编：王立新

副主编：刘爱民　　辛良杰

编　委（按姓氏笔画排序）：

课题组成员名单

组　　　长：王立新　中国科学院地理科学与资源研究所研究员

副 组 长：刘爱民　中国科学院地理科学与资源研究所副研究员
　　　　　辛良杰　中国科学院地理科学与资源研究所副研究员

顾　　　问：戴景瑞　中国工程院院士，中国农业大学教授
　　　　　南志标　中国工程院院士，兰州大学教授

主 要 成 员：刘桂才　农业农村部信息中心总工程师
　　　　　于潇萌　中纺集团战略部
　　　　　郭会勇　中粮集团战略部
　　　　　邱俊锋　温氏食品集团战略部
　　　　　宋　伟　中国科学院地理科学与资源研究所
　　　　　赵宇鸾　中国科学院地理科学与资源研究所
　　　　　马　娅　中国科学院地理科学与资源研究所
　　　　　王　学　中国科学院地理科学与资源研究所
　　　　　李升发　中国科学院地理科学与资源研究所
　　　　　王仁靖　中国科学院地理科学与资源研究所
　　　　　蒋　敏　中国科学院地理科学与资源研究所
　　　　　王亚辉　中国科学院地理科学与资源研究所
　　　　　薛　莉　中国科学院地理科学与资源研究所
　　　　　王佳月　中国科学院地理科学与资源研究所
　　　　　李鹏辉　中国科学院地理科学与资源研究所
　　　　　刘亚群　中国科学院地理科学与资源研究所
　　　　　韩　赜　中国科学院地理科学与资源研究所
　　　　　郎焱卿　中国科学院地理科学与资源研究所
　　　　　张　强　中国科学院地理科学与资源研究所
　　　　　杨　晓　中国科学院地理科学与资源研究所
　　　　　董非非　中国科学院地理科学与资源研究所

　　我国是世界上人口最多的发展中国家，2016年我国大陆总人口已经达到了13.83亿人，预计2030年达到人口峰值14.5亿人左右。21世纪初期，是我国工业化、城市化的关键阶段，至2020年我国要实现小康社会，2030年达到中等发达国家水平，这就意味着我国人均收入与消费水平明显提升，需要土地提供更多、更优质的农产品。这可从我国旺盛的农产品进口贸易得到印证。截至2015年，我国粮食生产已经连续12年增产，粮食总产量达到6.61亿t，但谷物和大豆进口量已经超过了1亿t，大豆自给率已经降到10%，整个中国粮食自给率降到85%。2020年我国城市化率将达到60%，2030年达到70%，这便需要更多的土地转化为建设用地，土地供应紧张的态势将长期持续。进入21世纪后，我国将生态建设、生态安全、生态文明确立为国家发展的重大战略，继"退耕还林"等六大生态工程之后，生态建设还会占用一定数量的耕地资源。由此可见，随着人口持续增长和经济高速增长，我国土地资源面临农业生产—建设需求—生态文明三方面的矛盾，经济发展与生态建设无疑成为21世纪初期中国农地的有力竞夺者。

　　当前，粮食安全问题更突出地表现为口粮与饲料粮争地问题，如何在20亿亩[①]耕地中安排好人的口粮与畜禽的饲料粮，提高饲料粮的自给度是大问题，也是农业生产的战略任务，如何解决这一矛盾需要深入探讨。面对新的挑战，为确保粮食与食物安全、资

[①] 亩为非法定计量单位，1亩=1/15hm²。下同。——编者注

源安全与生态环境安全，中国工程院成立重大咨询项目"中国农业资源环境若干战略问题研究"，旨在"分析形势，寻找对策"，项目下设七个研究课题。本课题按照人口发展—消费需求—生产供给—对策措施的思路，以五年一个周期，以省域为研究单元，分析2020年、2025年、2030年与2035年四个时点，在全面探究我国消费需求及发展趋势，耕地资源及其口粮、饲料粮生产能力的基础上，明确我国粮食安全与未来口粮、饲料粮需求，提出口粮和饲（草）料用地的区域协调布局与对策措施。

课题组组织了中国科学院地理科学与资源研究所、农业部信息中心、中纺集团战略部、中粮集团战略部、温氏食品集团战略部等单位的20余位专家学者和研究生参加工作。2016年3月28日，根据项目启动会安排，课题组对课题研究内容、计划进行了进一步讨论，调整和确定了研究方案和计划。2016—2017年，分别赴黑龙江、吉林、辽宁、内蒙古、山东、河北、湖北等地考察调研，了解耕地利用、种植业结构调整、畜牧业发展、饲（草）料需求等方面的情况，并收集相关典型数据资料。课题组在2016年9月至2017年10月，进行了多次专题工作交流和报告讨论。完成专题报告后，在专题报告基础上，归纳形成课题综合报告。

2017年10月至2018年4月，课题组进一步完善、提炼研究报告，形成本书。本书在全面、系统梳理农产品生产现状和需求的基础上，对未来粮食和畜产品供需关系进行了分析预测，未来全国口粮安全有保证，饲料粮供需缺口较大，饲料粮安全保障将是未来农业生产长期面临的重要问题。研究指出，我国粮食自给率应不低于80%，耕地对外依存度应控制在70%以上；耕地面积保有量应维持在19亿～20亿亩。研究建议：国家要加大投入，集中力量建设高标准商品粮基地，实施集约化、标准化、规模化的商品粮生产；积极引导推进大豆、油菜、豆科牧草、青贮玉米生产，努力实现合理轮作；依托"一带一路"倡议，拓宽海外农业资源利用的深度和广度。

由于水平有限，本书对许多问题的认识还很粗浅，错误和不足之处在所难免，欢迎批评、指正。

衷心感谢对本课题研究给予支持和帮助的所有同志！

本书编委会

2018年3月

目录

C O N T E N T S

前言

综合报告
中国粮食安全与耕地保障问题战略研究

专题报告

专题报告一　中国粮食安全与土地资源承载力研究

专题报告二　中国饲（草）料粮需求与区域布局研究

综合报告

中国粮食安全与耕地保障问题战略研究

一、耕地资源及粮食生产能力现状与问题分析

（一）耕地资源现状与变化趋势

1. 耕地资源现状

本书耕地数据主要以国土资源部于2013年12月30日公布的第二次全国土地资源调查数据为基础，根据《中国国土资源公报》与《中国国土资源年鉴》中耕地增减数据计算获得。

据《2016中国农村统计年鉴》，从2015年土地利用现状变更数据结果来看，2015年我国耕地面积1.35亿hm^2（20.25亿亩），其中，水田、水浇地6 073万hm^2（9.11亿亩）；旱地7 427万hm^2（11.14亿亩）。

从省级层面来看，东北黑龙江省、吉林省、内蒙古自治区，中纬度的河北省、山东省、河南省、四川省是我国耕地资源较丰富的区域，7省（自治区）的耕地面积均在650万hm^2（合9 750万亩）以上，其中黑龙江省耕地最多，为1 585.4万hm^2（合23 781万亩），是中国唯一一个耕地面积超过2亿亩的省份。

2. 耕地变化及驱动分析

（1）2009年后我国耕地面积变化特征

2009年以来，我国耕地总面积整体处于持续减少的态势，2009—2015年，我国耕地面积从20.31亿亩减少到20.25亿亩，共减少0.06亿亩，平均每年减少100万亩。

从2009—2015年我国各省耕地面积的变化来看，我国多数省份的耕地面积出现下降趋势，31个省级单位中有22个省级单位耕地面积减少，这与我国经济发展所处的阶段密切相关。耕地面积减少最为严重的地区为吉林省至云南省一带，河南省耕地面积减少量最大，为8.6万hm^2，西部甘肃省的耕地面积减少量也较大。而广东省、新疆维吾尔自治区、内蒙古自治区的耕地面积增加较多，2009—2015年分别增加了8.37万hm^2、6.58万hm^2和4.87万hm^2。

（2）我国耕地面积变化的驱动因素

近年来我国耕地资源数量减少的主要途径有四种：建设占用、生态退耕、灾毁耕地、农业结构调整；耕地资源增加的主要途径有两种：补充耕地与农业结构调整，其中

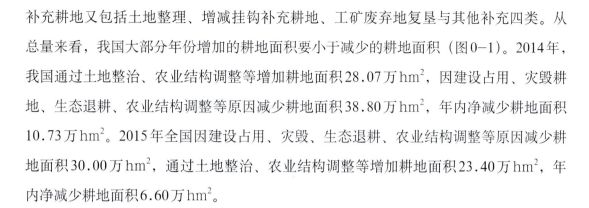

补充耕地又包括土地整理、增减挂钩补充耕地、工矿废弃地复垦与其他补充四类。从总量来看，我国大部分年份增加的耕地面积要小于减少的耕地面积（图0-1）。2014年，我国通过土地整治、农业结构调整等增加耕地面积28.07万hm²，因建设占用、灾毁耕地、生态退耕、农业结构调整等原因减少耕地面积38.80万hm²，年内净减少耕地面积10.73万hm²。2015年全国因建设占用、灾毁、生态退耕、农业结构调整等原因减少耕地面积30.00万hm²，通过土地整治、农业结构调整等增加耕地面积23.40万hm²，年内净减少耕地面积6.60万hm²。

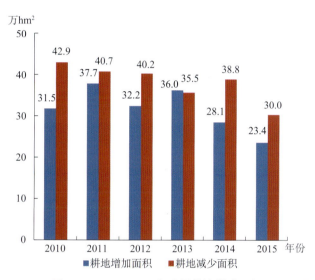

图0-1　2009—2015年我国耕地增减面积

数据来源：国土资源部。

目前，我国耕地数量减少的主要原因是建设占用，2010—2014年，我国年均建设占用耕地面积为32.0万hm²，占年均总减少面积（39.6万hm²）的80.8%。其次，分别为农业结构调整、灾毁耕地与生态退耕，其减少耕地占比分别为12.5%、4.7%与2.0%。2010—2014年，我国耕地增加的主体是土地整理、增减挂钩补充耕地，年均补充量为29.0万hm²，农业结构调整年均也可补充耕地4.1万hm²。

从区域上看，2014年，我国耕地增加主要集中在北部的新疆、内蒙古与中纬度地区的江苏、河南、陕西、四川；而减少耕地区域较为集中，主要集中在黄淮海平原及其周边省份。

（3）耕地变化对粮食生产的影响

2009—2014年粮食总产量一直在增加，但粮食产量增加幅度逐渐减小，粮食总产增加量由最高值2 473.1万t下降到508.8万t，2010年之后粮食总产增加量连续三年下降，下降速度非常快且有持续下降的趋势。

本书应用对数平均迪氏指数（Logarithmic Mean Divisia Index，LMDI）方法，从耕地利用的角度把影响粮食总产量的因素分为耕地规模、复种指数、粮食作物播种面积比重和粮食作物单产四个方面，因素分解结果如表0-1所示。

2009—2014年粮食作物单产效应都为正值，对粮食产量的增加起到促进作用。随着近几年社会经济的发展和科学技术的进步，特别是高产作物（如玉米）播种面积比重的增加，粮食作物平均单产持续提高，对粮食总产量增加一直起着决定性作用；但从发展趋势看，该作用在逐渐减小。

表0-1　2009—2014年耕地利用对粮食产量影响的因素分解

单位：万t，%

时段	总产变化	粮食作物单产	复种指数	粮食作物播种面积比重	耕地规模
2009—2010年	1 565.60	1 127.55	741.64	−257.30	−46.29
2010—2011年	2 473.10	2 119.77	568.68	−203.08	−12.27
2011—2012年	1 837.20	1 506.44	438.16	−73.01	−34.40
2012—2013年	1 235.80	834.83	437.67	−38.88	2.18
2013—2014年	508.80	96.09	347.41	112.73	−47.44

2009—2014年复种指数效应一直是正值，对粮食产量的增加起着促进作用。合理利用各地热量、土壤、水利、肥料、劳动力和科学技术水平等条件，提高复种指数和土地利用率，对粮食增产有积极影响；复种指数提高，是近两年粮食增产的次要因素。

2009—2014年粮食作物播种面积比重效应的数值由负到正，对粮食产量的影响由抑制到促进，表明随着国家一系列粮食生产优惠政策的实施，农民种粮积极性有较大提高，促进了粮食增产。

2009—2014年耕地规模效应数值基本为负值，由于这五年来耕地面积逐年递减，对粮食产量基本上起抑制作用。一方面，说明粮食增产不能单纯依靠增加耕地面积，而要从提高耕地利用率、利用效率和种植结构调整等多渠道开拓；另一方面，也说明耕地利用强度增加、压力加大。

3. 耕地资源面临的问题

（1）人多地少，耕地生产压力长期存在

2015年我国人均耕地仅为1.47亩，黑龙江与内蒙古的人均耕地面积最大，也仅为6.24亩与5.52亩。同时，我国总人口仍呈增长态势，2009—2015年我国人均耕地减少了0.05亩，预计至2030年我国人均耕地面积仍会继续减少，人地紧张的关系会持续存在（表0−2）。

表0−2　2009年、2015年我国各省份人均耕地面积

单位：亩

地区	2009年		2015年		2009—2015年变化	
	全国人均	农村人均	全国人均	农村人均	全国人均	农村人均
全国	1.52	2.85	1.47	3.36	−0.05	0.51
北京	0.18	1.29	0.15	1.12	−0.03	−0.17
天津	0.55	2.48	0.42	2.44	−0.13	−0.04
河北	1.40	2.45	1.32	2.71	−0.08	0.26
山西	1.78	3.30	1.66	3.69	−0.12	0.39
内蒙古	5.61	12.21	5.52	13.90	−0.09	1.69
辽宁	1.74	4.42	1.70	5.22	−0.04	0.80
吉林	3.85	8.25	3.81	8.53	−0.04	0.28
黑龙江	6.22	13.98	6.24	15.14	0.02	1.16
上海	0.13	1.30	0.12	0.95	−0.01	−0.35
江苏	0.89	2.02	0.86	2.57	−0.03	0.55
浙江	0.56	1.37	0.54	1.57	−0.02	0.20
安徽	1.45	2.50	1.43	2.90	−0.02	0.40
福建	0.55	1.14	0.52	1.40	−0.03	0.26
江西	1.05	1.84	1.01	2.09	−0.04	0.25
山东	1.21	2.35	1.16	2.70	−0.05	0.35
河南	1.30	2.08	1.28	2.41	−0.02	0.33
湖北	1.40	2.59	1.35	3.12	−0.05	0.53
湖南	0.97	1.70	0.92	1.87	−0.05	0.17
广东	0.37	1.08	0.36	1.16	−0.01	0.08
广西	1.37	2.25	1.38	2.60	0.01	0.35
海南	1.27	2.49	1.20	2.66	−0.07	0.17
重庆	1.28	2.64	1.21	3.09	−0.07	0.45
四川	1.23	2.01	1.23	2.35	0	0.34
贵州	1.93	2.57	1.93	3.33	0	0.76
云南	2.05	3.10	1.96	3.47	−0.09	0.37
西藏	2.25	3.01	2.05	2.84	−0.20	−0.17
陕西	1.61	2.81	1.58	3.43	−0.03	0.62
甘肃	3.18	4.57	3.10	5.46	−0.08	0.89
青海	1.58	2.72	1.50	3.02	−0.08	0.30
宁夏	3.09	5.73	2.90	6.47	−0.19	0.74
新疆	3.56	5.92	3.30	6.25	−0.26	0.33

数据来源：国土资源部。

（2）耕地资源总体质量不高

根据我国第二次土地资源调查资料，2009年底全国耕地面积为13 538.5万 hm²（合 203 076.8万亩）。从耕地的坡度分布来看，我国2°以下耕地面积占比为57.1%，2°～15°的坡耕地面积占30.9%，15°～25°的坡耕地面积占比为7.9%，25°以上的坡耕地面积占比为4.1%。从耕地类型来看，我国耕地多为旱地，占比55%，其次为水田，占比24%，水浇地占比为21%。根据国土资源部《2015年全国耕地质量等别更新评价主要数据成果》，全国耕地平均质量等别为9.96等（共15等，1等耕地质量最好，15等耕地质量最差），其中高于平均质量等别的1～9等耕地占全国耕地评定总面积的39.92%，低于平均质量等别的10～15等耕地占60.08%。

由此可见，我国坡耕地与旱地面积还占相当大的比例，低质耕地分布广泛。

（3）长期过度利用耕地资源，生态环境问题突出

长期以来，人口增长与经济发展使耕地资源承受过重的需求压力。因此，我国耕地利用主要采用"过量投入追求高产出"的方式，但是这种生产方式带来了严重的生态环境问题，主要是农业面源污染与地下水耗竭。

近期，我国也出台了相关政策法规，鼓励地下水超采区进行土地休耕。其中，2014年中央1号文件《关于全面深化农村改革加快推进农业现代化的若干意见》首次提出农业资源休养生息试点，并将地下水超采漏斗区作为试点之一；2015年11月《中共中央关于制定国民经济和社会发展第十三个五年规划的建议》（简称"十三五"规划建议）中进一步明确实行耕地轮作休耕制度试点；随后，习近平在《关于"十三五"规划建议的说明》中，将地下水漏斗区作为耕地轮作休耕制度的三个试点地区之一（其他两地为重金属污染区和生态严重退化地区），要求安排一定面积的耕地用于休耕，并对休耕农民给予必要的粮食或现金补助。同时，北京、河北等地方政府也纷纷制订响应方案，进一步保障土地休耕制度的落实。

（4）耕地后备资源消耗殆尽

国土资源部2014—2016年开展的第二轮全国耕地后备资源调查评价工作显示，全国耕地后备资源总面积8 029.15万亩。其中，可开垦土地7 742.63万亩，占96.4%，可复垦土地286.52万亩，占3.6%。全国耕地后备资源以可开垦荒草地（5 161.62万亩）、可开垦盐碱地（976.49万亩）、可开垦内陆滩涂（701.31万亩）和可开垦裸地（641.60万亩）为主，占耕地后备资源总量的93.2%。其中，集中连片的耕地后备资源2 832.07万

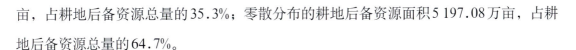

亩，占耕地后备资源总量的35.3%；零散分布的耕地后备资源面积5 197.08万亩，占耕地后备资源总量的64.7%。

实际上，我国长期以来鼓励开垦荒地，现全国已无多少宜耕土地后备资源。国土资源部列出的这些耕地后备资源，不仅分散，而且多数受水资源的限制，近期难以开发利用，全国近期可开发利用耕地后备资源仅为3 307.18万亩。其中，集中连片耕地后备资源940.26万亩，零散分布耕地后备资源2 366.92万亩。其余4 721.97万亩耕地后备资源，受水资源利用限制，短期内不适宜开发利用。

而且，我国耕地后备资源以荒草地为主，占后备资源总面积的64.3%，其次为盐碱地、内陆滩涂与裸地，比例分别为12.2%、8.7%、8.0%。这些后备耕地多分布在我国中西部干旱半干旱区与西南山区，其中新疆、黑龙江、河南、云南、甘肃5省（自治区）后备资源面积占到全国近一半，而经济发展较快的东部11个省份之和仅占到全国的15.4%。集中连片耕地后备资源集中在新疆（不含南疆）、黑龙江、吉林、甘肃和河南，占69.6%；而东部11个省份之和仅占全国集中连片耕地后备资源面积的11.0%。

近期可开垦的集中连片的后备耕地，主要分布在新疆与黑龙江两省（自治区），其中新疆268.21万亩，黑龙江197.01万亩；近期可开垦的零散分布的后备耕地，分布较为均匀，其中湖南（311.77万亩）、黑龙江（304.20万亩）、贵州（223.81万亩）和河南（202.36万亩）较多。

可以看出，我国的耕地后备资源可以大致划分为三类：一是湿地滩涂，具有重要的生态保护功能；二是西部的草地与荒漠，西部多缺水，开垦耕地将会耗费更多的上游河流水与地下水；三是南方的荒坡地，将这种土地开发成耕地的成本很高，而且开发后的收益非常有限。

（5）我国现有耕地资源利用不充分

近年来，受快速城镇化与工业化的影响，我国农村人口外流明显，农户对农业收入的依赖明显降低，耕地对农户的重要性也在下降，多地出现了耕地闲置现象，这种现象在山区尤为明显。

根据中国家庭金融调查与研究中心对全国29个省262个县的住户调查数据，2011年全国约有12.3%的农用地处于撂荒闲置状态，而2013年全国农用地闲置率增加到15%。根据北京师范大学中国收入分配研究院联合国家统计局进行的2013年中国家庭收入调查（CHIP）数据，2013年我国闲置耕地面积比例为5.72%，其中重庆市、山西省与广东省耕地的闲置率较高，分别为24.08%、18.76%与14.15%。如果按照闲置率5.72%计算，2015年我国约有772.2万hm²（11 583万亩）耕地闲置。

一方面，受耕地总量动态平衡、增减挂钩、先补后占等政策的影响，我国大力支持开发荒地，以补充耕地；另一方面，我国又有上亿亩的耕地处于闲置状态。这种矛盾现象，值得深思。

（二）粮食生产能力分析

1. 近年来我国粮食产量增加明显

近年来，我国的粮食生产取得了显著的成绩。2003—2015年，我国粮食总产量从4.31亿t直线上升到6.61亿t，12年间我国粮食总产量增长了2.30亿t，增长率为53.4%。

我国的粮食生产以三种主粮（水稻、小麦、玉米）为主，2015年三种主粮产量可占我国粮食主产量的92.3%。2003年以来，我国三种主粮的生产总量均呈现明显的增加态势，尤其是玉米，增加最为明显，2003—2015年共增加128.8%（图0-2）。

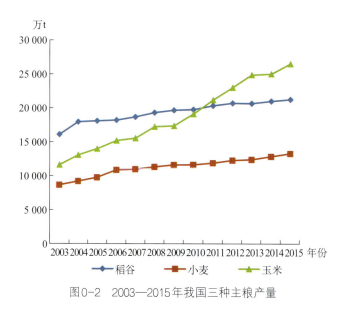

图0-2 2003—2015年我国三种主粮产量

2. 粮食生产重心向北方与粮食主产区转移

秦岭—淮河以南的区域是我国传统的粮食生产区，素有"南粮北运"传统；但近三十年来，我国的粮食生产重心正逐步向北方转移，"南粮北运"格局转变为"北粮南运"。1980—2014年，我国北方粮食产量占全国总产量的比重从40.27%上升到55.89%。

根据我国粮食生产与销售情况，国务院将我国粮食生产区域按照省级尺度划分为粮食主产区、产销平衡区、粮食主销区三大类型。其中，我国的粮食主销区为北京、天津、上海、福建、广东、海南与浙江；粮食主产区为黑龙江、吉林、辽宁、内蒙古、河北、江苏、安徽、江西、山东、河南、湖北、湖南、四川；产销平衡区为山西、广西、重庆、贵州、云南、西藏、陕西、甘肃、青海、宁夏与新疆。近年来我国粮食主产区的粮食产量增长明显，在全国总产量中的比重明显增加。1980—2014年，我国粮食主产区的粮食产量比重从69.27%上升到75.81%，上升了6.54个百分点；产销平衡区的粮食产量比重也略有上升，上升了2.2个百分点；粮食主销区的比重有所下降，从14.22%下降到了5.49%，共下降了8.73个百分点。

在粮食主产区中，东北地区的贡献最为突出。1980—2014年，我国东部地区、中部地区、西部地区与东北地区的粮食产量分别增加了35.8%、98.6%、66.6%与225.4%，在全国粮食总产量的比重也发生了明显的变化。东北地区粮食产量占全国总产量的比重从20世纪80年代初的11.05%上升到2014年的18.99%，共上升了7.94个百分点。

3. 粮食进口量增加快，自给率逐步降低

尽管近年来我国粮食总产量快速提升，但是我国粮食进口量也明显增加，2015年我国粮食净进口量已经达到了12 313万t，粮食进口量占粮食生产量的比重达到19.8%（图0-3）。

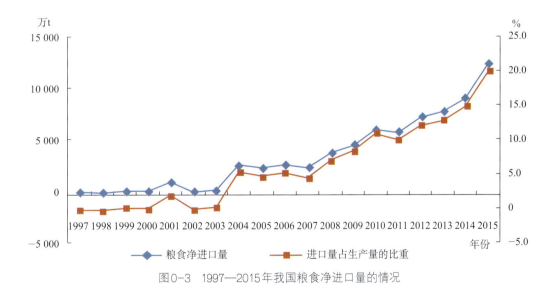

图0-3 1997—2015年我国粮食净进口量的情况

我国粮食进口主要以大豆为主，2015年大豆的净进口量达到了8 140万t，占当年粮食总进口量的66.1%。此外，2015年我国还进口了676万t的食用植物油，如果按照转基因大豆19%的出油率计算，676万t植物油相当于进口了3 557.9万t大豆，两者相加共计11 697.9万t。

除了大豆，我国饲料用粮（包括大麦、高粱、酒糟、木薯等）进口量也快速增加，2015年进口3 927.2万t饲料用粮（表0-3）。

表0-3 我国饲料用粮的进口量

单位：万t

品类	2013年	2014年	2015年
大麦	233.5	541.3	1 073.2
高粱	107.8	577.6	1 070.0
酒糟	400.2	541.3	682.1
木薯淀粉	142.1	190.6	182.0
木薯	723.6	856.4	919.9
小计	1 607.2	2 707.2	3 927.2

4．居民人均粮食占有量处于历史最高水平

粮食总产量增长，引致我国人均粮食生产量的增加，2003—2015年我国人均粮食生产量由333.6kg增加到452.1kg，12年间增长了118.5kg。同时，由于粮食贸易逆差，我国人均粮食占有量（表观消费量）呈现出更为明显的增长态势，2003—2015年，我国人均粮食占有量从334.0kg增加到541.7kg，12年间增长了207.7kg。我国人均粮食占有量正处于历史最高水平（图0-4）。

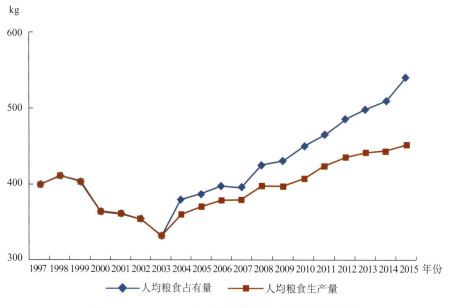

图0-4 1997—2015年我国人均粮食占有量与生产量

（三）畜牧业发展与饲料生产状况

1．畜禽产品产量大幅度提高

我国畜禽产品产量稳步增长，2015年肉类总产量8 749.5万t，世界排名第一，人均占有量63.7kg；禽蛋产量3 046.1万t，世界排名第一，人均占有量22.2kg；牛奶产量3 180万t，世界排名第三，人均占有量28.0kg。

2．畜禽养殖方式逐渐由散养向规模化养殖转变

由于历史上养殖壁垒较低，在行业发展过程中涌现了大量的散养户，散养模式也成为我国畜禽养殖的主要模式。以生猪养殖为例，2008年，我国出栏生猪500头以上的养殖户的生猪出栏量占全国总出栏量的比例仅为28.2%；到2012年，由于期间行业疫病的多发及价格的大幅波动导致承受能力低的散养户刚性淘汰，这一数字提升至38.5%。2016年，中国生猪养殖规模化程度继续提高，规模化养殖（母猪存栏＞50头）的比重在2016年末达到了53.70%。

目前，具有全国性优势的大型养殖企业数量有限，单个企业畜禽出栏量占全国总量比例较低，但长远来看，畜禽养殖受土地、环保、资金、劳动力等因素的约束将越来越大，规模化养殖比例不断提高是必然的发展趋势。规模化的养殖企业在经营过程中畜禽成活率高，综合成本低，技术优势大，品牌辨识度高，产品质量和供应数量有保障。

3．饲料总产量持续稳步增长，产品结构快速调整

我国饲料工业起步于20世纪70年代中后期，经过30多年的发展，已经成为国民经济中具有举足轻重地位和不可替代的基础产业。特别是20世纪90年代中期以来，我国饲料产量保持着较高的年复合增长率。

一方面，饲料产量持续快速增加。我国饲料产量持续增加，由1996年的5 597万t，增加到2015年的2.0亿t。全价配合饲料产量由1996年的5 106万t，增加到2015年的1.74亿t；浓缩饲料产量由419万t，增加到1 961万t；添加剂预混合饲料产量由73万t增加到653万t。另一方面，猪饲料占全部饲料的50%左右。在全价配合饲料中，猪全价配合饲料产量所占比例最高，达到39%左右，其次是肉禽全价配合饲料占30%，蛋禽全价配合饲料占14%，水产全价配合饲料占11%，反刍全价配合饲料占4%，其他占2%。在浓缩饲料中，猪浓缩饲料产量所占比例最高，达到60%，其次是蛋禽浓缩饲料占19%，肉禽浓缩饲料占10%，反刍动物浓缩饲料占10%，其他占1%。在添加剂预混合

饲料中，猪预混合饲料产量所占比例最高，达到56%左右，其次是蛋禽预混合饲料占23%，肉禽预混合饲料占8%，水产预混合饲料占5%，反刍动物预混合饲料占5%，其他占8%。

4．畜禽规模化养殖促进了工业饲料需求

由于散养方式下畜禽养殖的副业性质，消耗种植业副产品及家庭剩饭是农户从事养殖的重要目的，因此农户会尽可能减少养殖过程中的现金支出，极少购买工业饲料。同时，散养模式也是以大量闲散劳动力或闲散劳动时间的存在为前提的，农户在畜禽饲料置备、日常管理方面投入的时间很多。但对散养户而言，这些时间的机会成本几乎为零，并不成为其成本核算过程中考虑的因素。

规模化养殖具有商品生产的性质，与传统养殖业相比，具有以资本投入替代劳动投入的特征。由于畜禽养殖规模较大，传统的秸秆、杂草以及家庭剩饭在数量上已无法保证规模养殖对饲料的大量消耗。如果投入大量的人力来准备和配置这种饲料，必将造成人力成本的大幅增加，因此不具有可行性（刘爱民等，2011）。同时，传统饲料在质量上也满足不了畜禽生长对营养的需要，不但会造成饲料粮的浪费，还将延缓畜禽生长周期，或导致产蛋（奶）率下降，进而造成收益上的损失。工业饲料中能量、蛋白、维生素、矿物质等各类成分配比科学合理，可以充分满足畜禽各生长阶段的需求，并最大限度地发挥每种饲料原料的作用，具有较高的饲料转化率，缩短了畜禽生长周期，带来了更好的经济效益。使用工业饲料也减少了养殖过程中劳动时间的投入和对劳动力的需求，进而提高了劳动生产率，降低了人力成本。显然，规模化养殖的性质直接决定了其使用工业饲料的饲料消耗结构。

一方面，我国畜禽养殖规模不断增大；另一方面，规模化生产方式下畜禽养殖量增加，导致国内工业饲料需求量大幅度提高。

5．目前畜牧业发展面临的问题

近年来，尽管畜牧业保持了良好的发展态势，但是在发展中确确实实存在一些问题，有些问题在一定程度上影响甚至制约了现代畜牧业的发展。突出表现在以下几个方面。

（1）畜牧业快速发展和资金短缺、土地供给不足的矛盾依然突出

主要表现为畜牧企业融资难、用地难，尤其是平原地区，闲置土地急剧减少，基本农田红线不能逾越，土地流转困难，严重制约了规模养殖的发展，成为制约现代畜牧业发展的瓶颈。

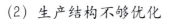

（2）生产结构不够优化

肉牛、奶牛等草食牲畜发展依然相对较慢，丰富的农作物秸秆资源没有得到有效利用。种养结合不密切，循环链条不畅，畜禽养殖废弃物没有得到有效利用。大型畜产品加工龙头企业依然较少，产业链条短，产销衔接不紧密，利益联结机制尚不完善，生猪价格持续低迷、奶业出现"倒奶"现象等都是产销不紧密的直接体现。

（3）产品价格波动频繁

国内畜牧业效益低与国外畜产品价格倒挂矛盾日益突出，国外畜产品成本低，我国畜产品成本高，国外奶粉价格比国内低一半左右，必然导致进口量增加。目前，国外优质低价畜产品对国内畜产品的冲击已经显现，导致我国畜产品处于弱势竞争地位，将会加剧畜产品的价格波动。

（4）养殖粪污治理任务艰巨

大部分畜禽养殖场粪污处理设施不完善，或是根本没有处理设施，不仅造成有机肥资源的浪费，而且给周边环境造成了一定影响，甚至对水体和土壤造成污染。

（5）畜禽养殖效益具有明显的周期性变化

当养殖效益较好时，大型养殖企业扩张存在一定程度的无序性，特别是生猪规模场发展表现尤为突出。

二、口粮与饲料粮消费需求

（一）城乡居民口粮、饲料粮消费特征

1. 口粮消费

（1）人均口粮消费

我国是世界上人口最多的发展中国家，从居民生活角度讲，粮食供给涉及居民的身心健康与生活水平；从经济发展角度讲，粮食生产与供给是我国工农产业的重要组成部分；从社会发展角度讲，粮食供给关乎社会稳定。其中，口粮的供给是基础，也是关键。

目前，对我国粮食消费与需求的研究数据多采用国家统计局公布的居民食品消费量数据，但此数据仅为居民家庭的购买量，未纳入外出就餐以及其他来源的食物消费，从而导致食品消费数据明显被低估。

本书利用中国健康与营养调查（China Health and Nutrition Survey，CHNS）2011年的调查数据，估算我国城乡居民各类食品的在外消费比例，以此为依据，对国家统计局数据进行校正，从而估算我国各地区口粮的消费量。根据2011年CHNS对我国城乡居民食品消费量的调查，我国城、乡居民外出口粮消费比例分别是11.9%与9.1%。

以国家统计局公布的居民食品消费量数据为基础，按照上述我国城、乡居民外出口粮消费比例，补充在外消费粮食量，则2015年我国人均口粮（原粮，包括外出消费和方便面、糕点等，下同）消费量平均为158kg，其中城镇居民为146kg，农村居民为173kg。

从全国格局来看，我国居民口粮消费量呈现自东南向西北逐渐增加的格局，东部地区口粮消费量最少，形成北京—海南岛的口粮消费低水平带；中部地区为口粮消费中等水平，形成吉林—云南的中消费水平带；西部地区口粮消费水平较高。

我国城镇居民口粮消费量的空间格局与全国平均水平大体相似，也为自东南向西北逐渐减少。长江中游湖北省与湖南省、南部的福建、广东、广西、海南等省（自治区）为我国城镇居民口粮低消费区；中部河北—云南一线与河北—江西一线为中消费区；西部黑龙江—西藏为高消费区。我国农村居民的口粮分布可以分为三个区域：一是东北、华北低消费区；二是山西—云南一线与浙江—广东一线中消费区；三是西北高消费区与安徽—广西高消费区。

从城乡差距来看，我国东北地区、华北地区城乡口粮消费差距较小，而南部地区差距较大。

（2）口粮消费总量

按照2015年人口13.75亿人计，我国口粮共消耗21 699万t，其中城镇居民口粮消费量为11 259万t，农村居民口粮消费量为10 440万t。

从全国消费总量上看，我国口粮消费量大致可以按照人口"胡焕庸线"划分为两大区域，"胡焕庸线"以东为口粮中高消费区，以西为低消费区；在东部的中高消费区，又可以分为高消费区与中消费区，高消费区为河北—广东一带，中消费区为山西—云南一带。山东省、河南省、广东省、四川省成为我国口粮消费量最高的四个省，四省口粮消费量均在1 200万t以上。

2．饲料粮消费量

（1）畜产品粮食转化系数

饲料粮与口粮消费计算方法相同，以国家统计局公布的居民食品消费量数据为基础，利用中国健康与营养调查（China Health and Nutrition Survey，CHNS）2011年的调查数据，估算我国城乡居民各类畜产品的在外消费比例，对国家统计局数据进行校正，从而估算我国各地区畜产品消费量，再根据各类畜产品耗粮系数，计算所需饲料粮量。

本书中的粮食转化系数是指生产单位畜牧产品的胴体重需要的饲料粮数量，主要利用《全国农产品成本收益资料汇编2016》中"耗粮数量"与"主产品产量"指标。由于《全国农产品成本收益资料汇编2016》统计了平均饲养周期内的"耗粮数量"，其中生猪、肉鸡、肉牛、肉羊、淡水鱼的饲养天数指仔畜（禽、鱼苗）购进到产品出售之间的天数，蛋鸡的饲养天数指从育成鸡到淘汰鸡之间的天数，奶牛的饲养天数按365d计算。因此"耗粮数量"需要考虑仔畜（禽、鱼苗）购进前的部分；由于猪崽与羊崽的耗粮数量较小，计算时未考虑；肉牛牛崽的耗粮数量为100kg（陈静等，2012）。在计算禽蛋的粮食转化系数时，雏鸡至育成鸡消耗的粮食也应考虑在内，本书将《全国农产品成本收益资料汇编2016》中肉鸡消耗的粮食与蛋鸡消耗的粮食加总，作为蛋鸡在一个产蛋周期内消耗的粮食总量。由于《全国农产品成本收益资料汇编2016》缺少渔业养殖的相关资料，本书采用《中国农业年鉴2008》中淡水鱼农户精养的标准，粮食转化系数统一为49.13kg/50kg鱼，约为0.98kg/kg鱼。至于牛奶的耗粮系数，本书考虑了奶牛从出生到育成牛之间的消耗粮食数量，简单地利用肉牛从出生到出栏的粮食消耗量代替，为478.2kg，考虑到奶牛一般为4年淘汰，因此牛奶的耗粮系数计算方式为：每年消耗的粮食量加上四分之一的牛犊至成牛粮食量（119.6kg），再除以当年的牛奶产量。

本书屠宰率的取值：生猪为0.70（关红民、刘孟洲、滚双宝，2016；胡慧艳等，2015），肉牛为0.55（党瑞华等，2005），肉羊为0.47（张宏博等，2013；吴荷群等，2014），肉鸡按全净膛率0.70计算（夏波等，2016）。

在计算饲料粮消费量时，除了计算出栏牲畜消耗的饲料粮，还需要计算母畜消耗的饲料粮，母猪的数量按照《中国畜牧兽医年鉴2015》取2014年各省的数值，母牛的存栏数量按存栏牛数的45%计算，母羊的数量按出栏羊数的70%计算。奶牛消耗饲料粮的计算，还要考虑奶牛牛犊与奶牛育成牛的饲料粮消耗量。目前我国奶牛中泌乳牛的比重仅占40%，本书假设牛犊比重为30%，育成牛比重为30%，每年牛犊消耗320kg粮食，育成牛消耗1 000kg粮食。

由于水产品来源可分为捕捞与养殖两部分，在计算饲料粮消费量时，应仅计算养殖部分，2015年我国水产养殖量占水产品总产量的比例为73.7%；同时考虑水产养殖结构，

2015年我国内陆养殖中鱼类养殖产量占水产品养殖总量的比例为88.7%，综合考虑水产养殖占比与鱼类养殖占比，最后计算得到的水产饲料粮消费量按照65%折算。

（2）人均畜产品消费

根据在家消费与在外消费比例，将畜牧产品的损耗率也按照相关标准换算到人均消费量中去。2015年我国城乡居民人均消费肉类39.9kg（其中，猪肉31.4kg，占78.7%；牛羊肉6.5kg，占16.3%），禽类14.6kg，水产品18.2kg，蛋类13.2kg，奶类32.1kg。

（3）饲料粮消费总量

2015年我国共消费饲料粮总量为30 095万t，其中能量饲料23 415万t，占比77.8%，蛋白饲料6 680万t，占比22.2%。

（4）饲料粮生产量与供需平衡

2015年全国共供给自产饲料粮22 201万t，其中，玉米占70.8%，稻谷占9.4%，小麦占8.8%，豆类占6.1%，薯类占4.5%，其他占0.4%。从供需平衡的角度看，2015年我国饲料粮缺口为8 753万t，主要短缺的是蛋白饲料。

从省域角度看，我国饲料粮生产可以分为三大区：一是东北部高产区，包括东北三省、内蒙古自治区、华北平原大部分地区等，这些省区饲料粮生产总量为13 317.4万t，占全国饲料粮总产量的60.0%，其中，黑龙江省饲料粮产量最高，为3 108.0万t，占全国总产量的14.0%；二是从新疆维吾尔自治区至江苏省一带的中部中产区；三是青藏高原至东南沿海的南部低产区（不包括四川省）。

从供需平衡的角度看，我国南北差异明显，南方诸省饲料粮明显不足，北方有余，尤其是黑龙江、吉林、内蒙古三省（自治区），饲料粮供大于需量明显，2015考三省区供大于需量分别为2 423.1万t、1 664.2万t与1 140.2万t。广东省供需平衡差距明显，短缺量为3 508.4万t。

由此可见，我国饲料粮生产区与消费区完全相反，是形成我国"北粮南运"现象的主要因素。

（二）食物消费发展趋势

1. 近年来我国城乡居民直接粮食消费量逐渐减少，而畜牧产品消费量逐步增加

从整体趋势来看，我国城乡居民直接粮食消费量逐渐减少，而畜牧产品消费量逐步增加。但在时间演变态势上，城乡居民的发展特征差别明显（图0-5、图0-6）。对城

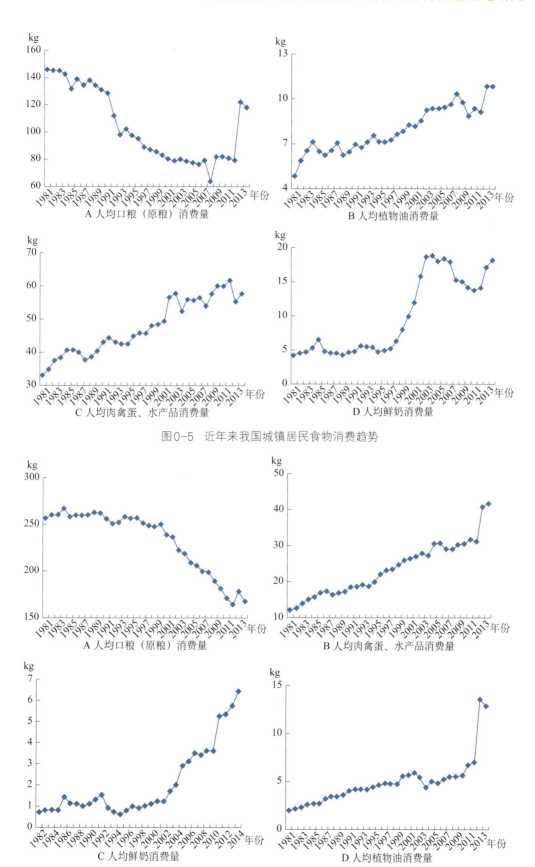

图0-5　近年来我国城镇居民食物消费趋势

图0-6　近年来我国农村居民食物消费趋势

乡居民来讲，2000年均为一个重要的时间节点。城镇居民方面，2000年前，城镇居民的口粮（原粮）消费水平下降很快，而2000年后趋于稳定；农村居民方面，2000年前，农村居民的口粮（原粮）消费下降缓慢，而2000年后出现明显的下降趋势，且一直持续到现在。2013年后国家统计局开展的城乡一体化住户收支与生活状况调查，统计范围有所变化，数据也相应有所调整。从城乡居民消费的发展特征来看，2013—2015年，我国城乡居民口粮（原粮）消费量仍在减少，城镇居民减少8.8kg，农村居民年均减少19.0kg；肉禽蛋、水产品消费量均在增加。

2．发达国家和地区食物消费水平变化趋势

一个国家（地区）人均粮食消费量的变化与国家（地区）的经济发展水平联系紧密。参考美、德、日、韩等发达国家和地区的经验，中国大陆地区2012年人均GDP为6 093美元。统一按照通货膨胀率将人均GDP折算成2012年水平，2012年中国大陆人均GDP相当于日本1979年水平（6 198美元）、韩国1995年水平（6 870美元）、中国台湾地区1991年水平（6 382美元）。按照世界银行2012年发布的 *China 2030：Building a modern，harmonious，and creative high-income society* 报告，中国大陆2010—2020年人均GDP增长率将为6.8%～9.5%，2020—2030年人均GDP增长率为3.9%～7.6%。按2010—2020年人均GDP增长率7%、2020—2030年人均GDP增长率6.0%计算，以2014年（7 476美元）为起点，那么2030年中国大陆人均GDP将达到20 662美元。按照1998—2013年中国通货膨胀率2.3%折算成2012年不变价格，2030年中国大陆人均GDP为14 612美元，相当于日本1986年水平（14 971美元）、韩国2005年水平（15 039美元）、中国台湾地区2005年水平（14 632美元）。

为了考察我国未来人均粮食消费的演变趋势，我们绘制了2009年世界主要国家人均GDP水平与人均日能值摄入量的关系图。从图0-7中可以看出，人均日能值摄入量与经济发展水平呈 $Y=299.0\ln(x)+181.9$（$R^2=0.635$）的函数关系。当经济发展水平较低，人均GDP处于10 000国际美元以下时，人均日能值摄入量对经济水平发展的弹性较大，即随着经济的发展，人均日能值摄入量快速增加；当人均GDP超过10 000国际美元时，人均日能值摄入量增加放缓。从世界发达国家的经验来看，人均日能值摄入量最高值略高于3 500kcal[①]。2009年我国人均GDP为6 747.2国际美元，正处在人均日能值摄入量快速上升期，而且我国2009年人均日摄入能值处于3 036 kcal，距离3 500kcal

---

① cal为非法定计量单位，1cal=4.184 0J。下同。——编者注

强尚有近500kcal的差距。由此可见，至2030年我国经济达到中等发达国家水平时，人均日能值摄入量还会有一定的上升空间。

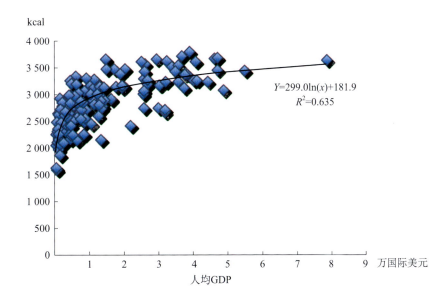

图0-7　2009年不同收入水平国家的人均日能值摄入水平

从美国食物消费的发展经验来看，在经济与城镇化快速发展的相当长一段时间内，居民的食品需求与消费结构会逐步优化，淀粉类食物需求下降，而高蛋白的肉制品与乳制品食品消费需求增加，随后会出现淀粉类食物与高蛋白类食物消费同时增加的现象。从数量上看，美国人均直接消费的谷物从1909年的136kg下降到20世纪70年代初期的60kg，随后又上升到现在的88kg；而20世纪30年代后，美国居民的人均肉类消费一直呈明显的增长趋势，由1930年的60kg增长到2011年的115kg（图0-8）。

图0-8　1909—2011年美国人均谷物消费与肉类消费变化特征
数据来源：美国农业部经济研究局（www.ers.usda.gov）。

我国台湾地区的饮食结构与大陆最为相近，其饮食结构的变化具有较为重要的指示意义。随着经济的发展，我国台湾地区居民的膳食结构发生了明显的变化，人均谷物消费量从1961年的165kg下降到2012年的86kg，而人均肉类消费量则从1961年的15.6kg上升到2012年的75.2kg，蛋类、水产品、乳品类、油脂类、蔬菜瓜果类等食物消费量也均有明显的增长（表0-4）。

表0-4　我国台湾地区居民膳食结构

单位：kg

年份	谷物	薯类	蔬菜	果品	肉类	蛋类	水产品	乳品	油脂
1961	165.0	58.1	57.2	19.9	15.6	1.6	25.3	9.4	4.8
1971	164.6	21.4	91.3	45.0	26.4	4.1	34.3	10.4	7.8
1981	128.8	6.9	115.6	80.5	43.0	8.6	35.8	24.8	11.3
1991	99.5	21.2	94.7	138.7	64.5	13.4	39.7	50.0	23.7
2001	89.4	21.7	110.1	134.4	76.6	19.2	35.5	54.4	23.3
2008	81.9	20.8	103.2	125.5	72.6	16.6	34.5	37.9	21.9
2012	85.6	22.4	103.0	125.7	75.2	17.1	36.5	20.9	23.0

数据来源：台湾"统计局"（www.stat.gov.tw），台湾"行政院农业委员会"（www.coa.gov.tw/view.php?catid=5875）。

从我国台湾地区食物消费水平变化情况来看，可以归纳出两个特点：一是，随着经济水平的发展，居民口粮消费的需求会下降，而对肉、蛋、奶等高附加值产品的需求会上升，但最终会达到较为稳定的水平，部分食品消费量会下降。二是，各类食品达到拐点的时间有差别。从我国台湾地区的经验来看，乳品类与油脂类食品消费水平先达到顶点，时间为1995年，消费水平分别为23.0kg与26.0kg，随后是肉类、蛋类与水产品，时间为1998—1999年，肉类在略低于80kg水平，蛋类在20kg左右，水产品在40kg左右（图0-9）。

根据经济发展特征，我国大陆地区2030年居民收入将达到台湾地区2005年的水平，如果按照我国台湾地区居民消费的轨迹，那么2030年我国居民的消费水平应该也会达到拐点，但受农业生产与消费习俗等方面的影响，在人均消费总量或单类食品的消费量上，我国大陆居民可能与我国台湾地区会有所差别。

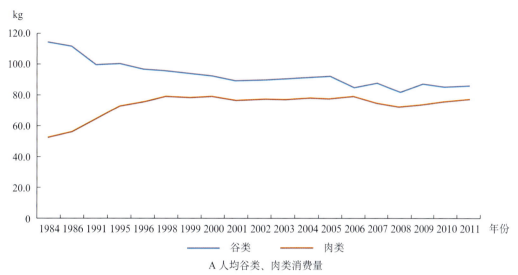

A 人均谷类、肉类消费量

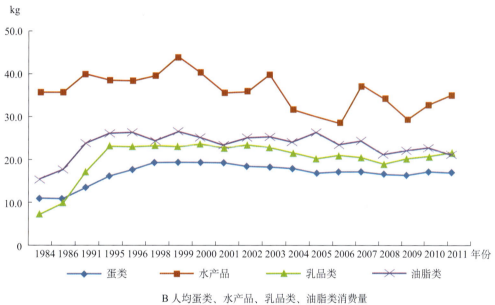

B 人均蛋类、水产品、乳品类、油脂类消费量

图0-9　我国台湾地区居民食物消费水平变化情况

3. 未来粮食、饲料需求

（1）2020年、2030年我国主要食品人均消费水平

长期来看，城乡居民食品消费主要受收入的影响，此处引入食品消费的收入弹性：

$$E_1 = \frac{(Q_2 - Q_1) / (Q_2 + Q_1)}{(I_2 - I_1) / (I_2 + I_1)} \qquad （式0-1）$$

式中，I_1 与 I_2 分别为初期与末期居民收入；Q_1 与 Q_2 分别为初期与末期居民食品的消费量。食品收入弹性主要用来衡量食品需求对消费者收入变化的相对反应程度。

表0-5和表0-6分别为我国城镇居民与农村居民食品消费的收入弹性。

表0-5　2013—2015年我国城镇居民食品消费的收入弹性

品类	2013年	2014年	2015年	2013—2014年弹性	2014—2015年弹性
口粮（原粮）	121.3	117.2	112.6	−0.405	−0.508
谷物	110.6	106.5	101.6	−0.435	−0.605
薯类	1.9	2.0	2.1	0.616	0.859
豆类	8.8	8.6	8.9	−0.265	0.325
食用油	10.9	11.0	11.1	0.079	0.109
食用植物油	10.5	10.6	10.7	0.117	0.108
蔬菜及食用菌	103.8	104.0	104.4	0.020	0.041
鲜菜	100.1	100.1	100.2	−0.002	0.021
肉类	28.5	28.4	28.9	−0.011	0.225
猪肉	20.4	20.8	20.7	0.203	−0.029
牛肉	2.2	2.2	2.4	−0.004	0.866
羊肉	1.1	1.2	1.5	0.557	2.885
禽类	8.1	9.1	9.4	1.279	0.516
水产品	14.0	14.4	14.7	0.383	0.248
蛋类	9.4	9.8	10.5	0.461	0.845
奶类	17.1	18.1	17.1	0.666	−0.713
干鲜瓜果类	51.1	52.9	55.1	0.425	0.514
鲜瓜果	47.6	48.1	49.9	0.109	0.471
坚果类	3.4	3.7	4.0	1.053	0.850
食糖	1.3	1.3	1.3	0.266	0.072

表0-6　2013—2015年我国农村居民食品消费的收入弹性

品类	2013年	2014年	2015年	2013—2014年弹性	2014—2015年弹性
口粮（原粮）	178.5	167.6	159.5	−0.590	−0.584
谷物	169.8	159.1	150.2	−0.611	−0.673
薯类	2.7	2.4	2.7	−1.066	1.291
豆类	6.0	6.2	6.6	0.182	0.800
食用油	10.3	9.8	10.1	−0.402	0.269

（续）

品类	2013年	2014年	2015年	2013—2014年弹性	2014—2015年弹性
食用植物油	9.3	9.0	9.2	−0.358	0.287
蔬菜及食用菌	90.6	88.9	90.3	−0.178	0.183
鲜菜	89.2	87.5	88.7	−0.184	0.172
肉类	22.4	22.5	23.1	0.024	0.318
猪肉	19.1	19.2	19.5	0.068	0.151
牛肉	0.8	0.8	0.8	0.027	1.092
羊肉	0.7	0.7	0.9	0.210	2.578
禽类	6.2	6.7	7.1	0.794	0.704
水产品	6.6	6.8	7.2	0.284	0.653
蛋类	7.0	7.2	8.3	0.333	1.652
奶类	5.7	6.4	6.3	1.107	−0.184
干鲜瓜果类	29.5	30.3	32.3	0.236	0.773
鲜瓜果	27.1	28.0	29.7	0.306	0.719
坚果类	2.5	1.9	2.1	−2.522	1.355
食糖	1.2	1.3	1.3	0.790	0.239

　　参考我国台湾地区不同经济水平下居民膳食消费的变化特征，我国大陆居民可能在2030年人均肉类消费量达到高峰值，之后会出现较为稳定的、缓慢的下降态势，而至2035年，我国大陆居民禽类、水产品、蛋类与奶类的消费量可能还会持续上涨，不过上涨速度会逐步放缓。依据国家统计局数据，结合在外消费比例，并将城乡居民消耗的方便面与糕点等工业产品考虑在内，同时将畜牧产品的损耗率也按照相关标准转移到人均消费量中去，重点参照我国台湾地区居民的膳食发展规律，结合2000—2015年我国大陆城乡居民膳食的演变特征，采用趋势外推法首先确定了2020年我国大陆城乡居民的食物消费水平，参照我国台湾地区的峰值标准确定2030年城乡居民各类食品的消费水平，2025年数值采用2020年与2030年中间值得到。在此基础上，结合2013—2015年我国大陆各省区城乡居民食品消费的收入弹性与同经济时期我国台湾地区膳食消费的变化规律，对2035年的消费水平进行了预测。

　　2020—2035年我国城乡居民人均食物消费水平如表0-7所示。

表0-7 2020—2035年我国城乡居民人均食物消费水平预测

单位：kg

品类	2015年			2020年			2025年			2030年			2035年		
	全国	城镇	农村	全国	城镇	农村	全国	城镇	农村	全国	城镇	农村	全国	城镇	农村
口粮（原粮）	158	146	173	147	136	161	139	130	154	131	124	147	122	118	132
食用油	12	13	11	13	13	12	14	14	15	16	15	17	15	15	17
食用植物油	11	12	10	12	13	11	13	13	14	15	14	16	14	14	16
蔬菜及食用菌	115	121	107	121	125	117	125	127	123	128	129	128	130	130	129
鲜菜	111	116	105	117	119	115	120	120	119	122	121	123	123	123	125
肉类	40	43	37	44	47	41	49	52	45	54	58	50	52	53	52
猪肉	31	32	31	33	34	32	35	36	34	37	38	35	33	32	36
牛肉	4	5	2	5	6	3	5	7	4	6	8	5	7	8	5
羊肉	3	4	2	4	5	3	5	5	4	5	6	5	6	7	5
其他肉类	2	2	2	2	2	2	4	4	3	6	6	5	6	6	6
禽类	15	16	13	18	19	17	20	22	18	23	26	20	26	27	20
水产品	18	23	12	22	27	16	22	27	16	23	28	16	30	33	18
蛋类	13	15	12	18	20	15	21	23	18	24	26	21	27	29	23
奶类	32	40	22	37	43	28	40	46	29	43	49	29	49	54	33
干鲜瓜果类	51	63	36	63	77	47	70	84	52	76	91	58	86	94	62
鲜瓜果	46	57	33	56	68	40	59	72	43	63	77	46	83	93	55
坚果类	4	5	2	4	5	3	5	6	3	5	7	3	6	7	4
食糖	1	1	1	1	1	1	1	2	1	2	2	2	2	2	2

2020—2035年，我国城乡居民人均口粮消费量仍将保持下降趋势，其中城镇居民人均口粮消费量将从2020年的136kg下降到2035年118kg，共下降18kg；相应时期，农村居民人均口粮消费量将从161kg下降到132kg，共下降29kg。

2030年我国居民肉禽类平均消费量将会达到较高值，之后肉类消费结构会出现调整，猪肉消费量下降，而牛羊肉、禽类消费量继续增加，肉禽消费量整体保持稳定。从数量上看，2020年我国居民平均肉禽消费量为62kg，2030年会达到77kg，2035年达到78kg，基本达到发达国家水平。城乡差别方面，肉类消费量的差距也在逐步缩小，至2035年我国城乡居民肉类消费量将会基本一致，但其他动物产品（如禽类、蛋类、奶类等）的消费还有一定差距。

（2）人口预测

根据国家卫生和计划生育委员会估测，实行全面二孩政策后，预计2030年中国总人口为14.5亿人。人口缓慢上升的同时，我国城镇化进程将持续快速发展，2015年我国常住人口城镇化率达到56.1%，2014年3月国务院发布《国家新型城镇化规划（2014—2020年）》，预计2020年中国常住人口城镇化率达到60%左右，国家卫生和计划生育委员会估测2030年常住人口城镇化率达到70%左右。《"十三五"及2030年发展目标及战略研究》预测，2020年中国城镇化率将达到61.5%，2030年将达到70%左右。2013年8月27日联合国开发计划署在北京发布的《2013中国人类发展报告》预测，到2030年，中国将新增3.1亿城镇居民，城镇化水平将达到70%，届时，中国城镇人口总数将超过10亿。本书以2010年我国第六次人口普查数据为基础，采用国际应用系统分析研究所（IIASA）的人口—发展—环境分析模型（PDE），在省级层面上以全面二孩政策情景对我国未来的人口结构进行了预测，并根据上述2020年与2030年国家的人口预测结果进行了合理调整，参考2000年来我国各省人口的发展趋势，最终获得我国未来的人口结构数据（表0-8）。

表0-8　我国人口与城镇化发展趋势

单位：万人，%

地区	2015年		2020年		2025年		2030年		2035年	
	总人口	城镇化率	总人口	城镇化率	总人口	城镇化率	总人口	城镇化率	总人口	城镇化率
全国	137 462	56	139 570	62	142 060	66	144 529	70	143 426	75
北京	2 171	86	2 445	89	2 719	91	2 992	93	3 005	94
天津	1 547	83	1 566	86	1 585	89	1 604	92	1 815	93
河北	7 425	51	7 450	55	7 475	59	7 500	63	7 514	68
山西	3 664	55	4 019	59	4 374	63	4 729	67	4 553	71
内蒙古	2 511	60	2 516	64	2 521	69	2 525	73	2 386	77
辽宁	4 382	67	4 384	69	4 387	72	4 389	74	4 352	78
吉林	2 753	55	2 769	57	2 785	59	2 801	61	2 534	65
黑龙江	3 812	59	3 795	61	3 778	63	3 760	65	3 232	69
上海	2 415	88	2 614	90	2 813	93	3 012	95	3 174	96
江苏	7 976	67	8 041	72	8 106	78	8 170	84	8 412	90

(续)

地区	2015年		2020年		2025年		2030年		2035年	
	总人口	城镇化率	总人口	城镇化率	总人口	城镇化率	总人口	城镇化率	总人口	城镇化率
浙江	5 539	66	5 675	71	5 811	77	5 947	82	6 198	89
安徽	6 144	51	6 116	56	6 088	62	6 059	68	5 444	72
福建	3 839	63	3 916	69	3 993	75	4 069	81	4 219	85
江西	4 566	52	4 604	55	4 643	59	4 681	63	4 118	67
山东	9 847	57	9 831	62	9 815	67	9 799	72	10 316	76
河南	9 480	47	9 485	52	9 490	57	9 494	62	9 634	66
湖北	5 852	57	5 756	61	5 660	66	5 564	70	5 048	74
湖南	6 783	51	6 661	56	6 539	62	6 416	67	6 039	71
广东	10 849	69	12 056	74	13 264	79	14 471	83	15 624	87
广西	4 796	47	4 815	53	4 835	59	4 854	64	4 935	68
海南	911	55	963	59	1 015	64	1 067	68	1 318	72
重庆	3 017	61	2 908	67	2 800	74	2 691	80	2 118	84
四川	8 204	48	8 065	52	7 926	57	7 786	61	7 418	65
贵州	3 530	42	3 587	47	3 645	53	3 702	58	3 539	62
云南	4 742	43	4 893	48	5 044	53	5 194	57	5 218	61
西藏	324	28	338	33	353	38	367	42	337	46
陕西	3 793	54	3 810	58	3 828	62	3 845	65	3 654	69
甘肃	2 600	43	2 637	49	2 674	55	2 710	60	2 796	64
青海	588	50	609	56	630	61	650	66	639	70
宁夏	668	55	707	59	746	63	784	66	819	70
新疆	2 360	47	2 539	53	2 718	59	2 897	65	3 018	69

资料来源：2015年数据来自《中国统计年鉴2016》；2030年我国各省人口参照孙东琪，等．2016.2015—2030年中国新型城镇化发展及其资金需求预测 [J]．地理学报，71 (6)：1025-1044．

(3) 未来粮食需求量

根据上述人均消费水平和人口预测，口粮方面，2020年、2025年、2030年和2035年我国口粮（原粮）需求量分别为20 307万t、19 625万t、18 918万t和17 480万t，呈现持续的、逐步减缓的下降趋势。饲料粮方面，2020年、2025年、2030年和2035年我国饲料粮需求量分别为35 871万t、41 226万t、45 130万t和42 879万t，2030年前我国饲料粮需求量将呈现明显的增加趋势，2030年后随着我国肉类消费结构的变化、料肉比的下降，我国饲料粮需求压力可能会略有减轻，但仍然会处在较高的水平上（表0-9、表0-10、表0-11）。

表0-9 我国食物消耗总量

单位：万t

品类	2015年 全国	2015年 城镇	2015年 农村	2020年 全国	2020年 城镇	2020年 农村	2025年 全国	2025年 城镇	2025年 农村	2030年 全国	2030年 城镇	2030年 农村	2035年 全国	2035年 城镇	2035年 农村
口粮（原粮）	21 703	11 239	10 464	20 307	11 768	8 539	19 625	12 188	7 438	18 918	12 545	6 374	17 480	12 736	4 744
食用油	1 641	970	671	1 800	1 142	658	2 006	1 298	708	2 200	1 467	733	2 187	1 575	612
食用植物油	1 542	931	611	1 686	1 082	605	1 880	1 219	662	2 059	1 366	694	2 046	1 467	579
蔬菜及食用菌	15 763	9 291	6 472	17 006	10 790	6 216	17 792	11 874	5 919	18 556	13 010	5 545	18 604	13 972	4 632
鲜菜	15 271	8 914	6 357	16 363	10 280	6 083	17 009	11 259	5 750	17 632	12 282	5 350	17 658	13 190	4 469
肉类	5 485	3 272	2 214	6 177	4 024	2 153	7 063	4 875	2 188	7 985	5 817	2 168	7 494	5 647	1 847
猪肉	4 319	2 456	1 863	4 655	2 942	1 713	5 000	3 370	1 630	5 360	3 834	1 526	4 775	3 480	1 294
牛肉	480	377	103	647	493	154	814	628	186	987	779	208	1 018	839	179
羊肉	409	269	139	570	389	180	692	502	191	822	627	195	871	699	172
其他肉类	278	169	109	305	199	106	556	375	181	815	577	238	835	635	201
禽类	2 000	1 232	768	2 499	1 618	880	2 962	2 091	872	3 466	2 620	845	3 660	2 925	734
水产品	2 507	1 763	744	3 134	2 302	833	3 337	2 564	773	3 550	2 843	707	4 231	3 593	638
蛋类	1 819	1 124	696	2 486	1 696	790	3 006	2 152	855	3 550	2 661	889	3 921	3 112	809
奶类	4 413	3 064	1 349	5 248	3 747	1 501	5 699	4 308	1 391	6 187	4 917	1 270	7 010	5 841	1 169
干鲜瓜果类	6 958	4 811	2 147	9 094	6 628	2 466	10 361	7 847	2 514	11 683	9 186	2 497	12 292	10 058	2 234
鲜瓜果	6 335	4 357	1 978	7 973	5 841	2 132	8 859	6 788	2 072	9 797	7 820	1 977	11 940	9 978	1 962
坚果类	486	346	139	612	459	154	715	563	152	825	678	147	927	793	134
食糖	179	100	79	195	121	74	199	131	68	217	152	65	215	161	54

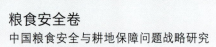

表0-10 我国饲料粮消耗明细

单位：万t

品类	2015年			2020年			2025年			2030年			2035年		
	全国	城镇	农村	全国	城镇	农村	全国	城镇	农村	全国	城镇	农村	全国	城镇	农村
肉类	25 852	15 881	9 971	31 284	20 753	10 531	36 451	25 764	10 688	40 167	29 900	10 267	38 234	29 888	8 346
猪肉	11 747	6 691	5 056	12 905	8 156	4 749	13 601	9 167	4 434	14 580	10 429	4 151	12 033	8 771	3 262
牛肉	1 009	794	215	1 385	1 056	329	1 710	1 319	390	2 073	1 636	437	2 037	1 678	359
羊肉	899	594	305	1 277	873	404	1 523	1 103	420	1 809	1 380	429	1 830	1 468	361
其他肉类	757	461	295	846	552	294	1 513	1 020	493	2 217	1 569	649	2 105	1 599	506
禽类	4 601	2 838	1 763	5 857	3 793	2 064	6 813	4 808	2 005	7 971	6 027	1 945	7 685	6 143	1 542
水产品	1 598	1 125	473	2 035	1 494	541	3 270	2 513	757	2 261	1 811	450	3 385	2 874	511
蛋类	3 476	2 150	1 325	4 840	3 302	1 538	5 742	4 110	1 633	6 780	5 082	1 633	7 057	5 602	1 455
奶类	1 766	1 228	538	2 139	1 527	612	2 280	1 723	556	2 475	1 967	556	2 103	1 752	351
母畜用粮	4 243	2 380	1 863	4 587	2 844	1 743	4 775	3 159	1 616	4 963	3 474	1 616	4 645	3 326	1 319
饲料粮合计	30 095	18 261	11 834	35 871	23 597	12 274	41 226	28 923	12 304	45 130	33 374	11 756	42 879	33 214	9 665

表0-11　我国能量饲料与蛋白饲料消费量

单位：万t

品类	2015年 总量	能量	蛋白	2020年 总量	能量	蛋白	2025年 总量	能量	蛋白	2030年 总量	能量	蛋白	2035年 总量	能量	蛋白
肉蛋奶	25 852	20 021	5 831	31 284	24 193	7 091	36 452	28 038	8 414	40 167	31 155	9 012	38 233	29 441	8 792
猪肉	11 747	9 398	2 349	12 905	10 324	2 581	13 601	10 881	2 720	14 580	11 664	2 916	12 032	9 626	2 406
牛肉	1 009	767	242	1 385	1 053	332	1 710	1 300	410	2 073	1 575	498	2 036	1 548	488
羊肉	899	683	216	1 277	971	306	1 523	1 157	366	1 809	1 375	434	1 830	1 390	440
其他肉类	757	606	151	846	677	169	1 513	1 211	302	2 217	1 774	443	2 105	1 685	420
禽类	4 601	3 681	920	5 857	4 686	1 171	6 813	5 451	1 362	7 971	6 377	1 594	7 685	6 148	1 537
水产品	1 598	959	639	2 035	1 221	814	3 270	1 962	1 308	2 261	1 357	904	3 385	2 031	1 354
蛋类	3 476	2 781	695	4 840	3 872	968	5 742	4 594	1 148	6 780	5 424	1 356	7 057	5 646	1 411
奶类	1 766	1 148	618	2 139	1 390	749	2 280	1 482	798	2 475	1 609	866	2 103	1 367	736
母畜用粮	4 243	3 394	849	4 587	3 670	917	4 775	3 820	955	4 963	3 970	993	4 645	3 716	929
饲料粮合计	30 095	23 415	6 680	35 871	27 862	8 009	41 226	32 076	9 151	45 130	35 125	10 005	42 879	33 362	9 518

除了口粮、饲料用粮，粮食需求还有工业用粮与种子用粮，另外还有一定的系统损耗。

工业用粮一般指工业、手工业用作原料或辅助材料所消费的粮食，主要包括大豆、玉米、谷物等，本书的工业用粮主要包括用来酿酒以及生产淀粉、味精、酱油、醋等产品的粮食（方便面、糕点等已在口粮消费中计算）。2015年我国酒类、淀粉、味精、酱油、醋合计粮食消耗量达到7 669万t，预计2020年、2025年、2030年与2035年分别为8 068万t、8 668万t、9 267万t与9 730万t。

根据《全国农产品成本收益资料汇编2016》数据，2015年我国种子用粮为：水稻2.98kg／亩，小麦15.85kg／亩，玉米2.00kg／亩，大豆5.36kg／亩，薯类（标准粮食单位）20kg／亩。其他作物按照三种粮食平均的种子用粮6.93kg／亩计算。2015年种子用粮1 590万t，预计2020年、2025年、2030年与2035年分别为1 614万t、1 619万t、1 623万t与1 621万t。

系统损耗按照5%计。

综合考虑我国口粮、饲料用粮、工业用粮与种子用粮，得到我国粮食需求总量。预计2020年、2025年、2030年与2035年粮食需求量将分别达到68 136万t、73 311万t、77 402万t与73 745万t，相应的人均粮食消费量（含植物油）分别为479kg、516kg、536kg与514kg（表0-12）。

（4）青贮玉米、优质牧草需求分析

在发达国家农业产业结构中，畜牧业占农业的比重高达70%～80%，而我国畜牧业产值占整个农业产值的比重仅为30%左右。在畜牧业中，发达国家牛、羊等反刍家畜的养殖比例较大，最高达80%以上，而我国仅达25%左右。随着畜牧业（特别是草食性畜牧业）的发展，除需要能量和蛋白等精饲料，反刍动物对青贮饲料和优质牧草的需求也将增加。

目前我国只有规模较大的奶牛饲养企业实行了标准化养殖，青贮玉米在饲料中占比较高。多数小规模饲养场多用一般秸秆替代，产奶率不高，产投比效益差。

在奶牛饲料标准TMR配方中，青贮占50%，干草占17%，精料占33%；精料中，能量料占60%，蛋白料占35%。在TMR配方中，青贮、干草和精料的干物质系数分别是0.25、0.89和0.85。每1 000头基础奶牛群的饲（草）料年干物质消费量=28kg／头×365d×1 000头／1 000=10 220t；每头奶牛每年平均消费10.22t，其中青贮、干草和精料干物质量分别为5.11t、1.74t和3.37t。每头奶牛每年实际消耗的青贮、干草和精料量分别为20.4t、2.0t和4.0t。

表0-12　我国粮食需求总量与人均需求量

单位：万t，kg

品类	2015年			2020年			2025年			2030年			2035年		
	全国	城镇	农村	全国	城镇	农村	全国	城镇	农村	全国	城镇	农村	全国	城镇	农村
口粮合计	21 699	11 259	10 440	20 697	11 994	8 703	19 625	12 188	7 438	18 918	12 545	6 374	17 480	12 736	4 744
饲料粮合计	30 095	18 261	11 834	35 871	23 597	12 274	41 226	28 923	12 304	45 130	33 374	11 756	42 879	33 214	9 665
工业用粮	7 669	4 302	3 367	8 068	5 002	3 066	8 668	5 745	2 923	9 267	6 487	2 780	9 730	6 811	2 919
种子用粮	1 590	892	698	1 614	1 001	613	1 619	1 069	550	1 623	1 136	487	1 621	1 102	519
扣除重复计算麸皮	−3 056	−1 714	−1 342	−3 240	−2 009	−1 231	−3 353	−2 218	−1 136	−3 465	−2 426	−1 040	−3 536	−2 475	−1 061
损耗5%	3 134	1 786	1 348	3 407	2 141	1 265	3 638	2 452	1 187	3 870	2 762	1 108	3 408	2 569	839
食用植物油	1 543	933	609	1 719	1 102	616	1 889	1 234	655	2 059	1 366	694	2 163	1 434	729
总消耗量（含植物油）	62 674	35 719	26 954	68 136	42 828	25 306	73 311	49 392	23 921	77 402	55 244	22 159	73 745	55 391	18 354
总消耗量（不含植物油）	61 131	34 786	26 345	66 417	41 726	24 690	71 422	48 158	23 266	75 343	53 878	21 465	71 582	53 957	17 625
人均需求量（含植物油）	456	463	447	479	486	468	516	527	495	536	546	511	514	515	512
人均需求量（不含植物油）	445	451	437	467	473	457	503	514	482	521	533	495	499	502	492

在肉牛和肉羊标准化饲养中，一般精料和粗料（草）的比例为1：1，草料为青贮玉米；精料中能量占80%（玉米、麸皮等），蛋白占10%～13%（其中粕类占24%）。但我国肉牛和肉羊的规模化、专业化养殖程度低。1头肉牛相当于5个羊单位。

根据规模化养殖优化饲（草）料配方，为满足上述畜产品需求，2020年我国青贮玉米需求总量为3.8亿t，按青贮玉米单产3.8t／亩计，总种植面积需1.01亿亩。2025年我国青贮玉米需求总量为4.4亿t，按青贮玉米单产4.0t／亩计，总种植面积需1.10亿亩。2030年我国青贮玉米需求总量为4.7亿t，按青贮玉米单产4.0t／亩计，总种植面积需1.18亿亩。2035年我国青贮玉米需求总量为5.1亿t，按青贮玉米单产4.0t／亩计，总种植面积需1.27亿亩（表0-13）。

表0-13 未来我国各省份青贮玉米及种植面积需求量

单位：万t，万亩

地区	2020年		2025年		2030年		2035年	
	需求量	面积	需求量	面积	需求量	面积	需求量	面积
全国	38 350	10 092	43 775	10 943	47 323	11 830	50 982	12 745
北京	311	82	355	89	383	96	413	103
天津	376	99	430	107	464	116	500	125
河北	4 991	1 313	5 697	1 424	6 159	1 540	6 635	1 659
山西	876	230	999	250	1 080	270	1 164	291
内蒙古	6 101	1 606	6 965	1 741	7 529	1 882	8 111	2 028
辽宁	916	241	1 046	261	1 131	283	1 218	305
吉林	739	195	844	211	912	228	983	246
黑龙江	4 866	1 280	5 554	1 389	6 004	1 501	6 468	1 617
上海	144	38	164	41	178	44	192	48
江苏	513	135	585	146	633	158	682	170
浙江	114	30	130	32	140	35	151	38
安徽	378	99	432	108	467	117	503	126
福建	133	35	152	38	164	41	177	44
江西	204	54	233	58	252	63	272	68
山东	3 476	915	3 968	992	4 289	1 072	4 620	1 155
河南	2 853	751	3 256	814	3 520	880	3 792	948
湖北	227	60	259	65	280	70	302	75
湖南	438	115	500	125	541	135	582	146
广东	145	38	165	41	179	45	193	48
广西	160	42	183	46	197	49	213	53
海南	9	2	10	3	11	3	12	3

（续）

地区	2020年		2025年		2030年		2035年	
	需求量	面积	需求量	面积	需求量	面积	需求量	面积
重庆	67	18	76	19	83	21	89	22
四川	548	144	625	156	676	169	728	182
贵州	188	49	215	54	232	58	250	63
云南	509	134	582	145	629	157	677	169
西藏	137	36	156	39	169	42	182	45
陕西	1 100	290	1 256	314	1 358	339	1 463	366
甘肃	807	212	921	230	996	249	1 073	268
青海	672	177	767	192	829	207	893	223
宁夏	908	239	1 036	259	1 120	280	1 207	302
新疆	5 444	1 433	6 214	1 554	6 718	1 680	7 237	1 809

注：2020年、2025年、2030年和2035年青贮玉米平均单产分别按3.8t/亩、4.0t/亩、4.0t/亩和4.0t/亩计。

此外，2020年我国奶牛优质干草需求总量为3 625万t，按优质饲草单产0.55t/亩计，种植面积约6 588万亩；2025年我国奶牛优质干草需求总量为4 137万t，按优质饲草单产0.60t/亩计，种植面积约6 893万亩；2030年我国奶牛优质干草需求总量为4 472万t，按优质饲草单产0.60t/亩计，种植面积约7 454万亩；2035年我国奶牛优质干草需求总量为4 818万t，按优质饲草单产0.60t/亩计，种植面积约8 025万亩（表0-14）。

表0-14　未来我国各省份奶牛优质饲草及种植面积需求量

单位：万t，万亩

地区	2020年		2025年		2030年		2035年	
	需求量	面积	需求量	面积	需求量	面积	需求量	面积
全国	3 625	6 588	4 137	6 893	4 472	7 454	4 818	8 025
北京	30	54	34	57	37	61	40	66
天津	36	65	41	68	44	74	48	79
河北	472	858	539	898	582	971	627	1 045
山西	83	151	95	158	103	171	111	184
内蒙古	570	1 037	651	1 085	704	1 173	758	1 263
辽宁	81	147	92	154	100	166	107	179
吉林	63	115	72	120	78	130	84	140
黑龙江	465	846	531	885	574	956	618	1 030
上海	14	25	16	27	17	29	19	31
江苏	48	87	55	91	59	99	64	106
浙江	11	19	12	20	13	22	14	23
安徽	31	57	36	59	39	64	42	69
福建	12	22	14	23	15	25	16	27

（续）

地区	2020年		2025年		2030年		2035年	
	需求量	面积	需求量	面积	需求量	面积	需求量	面积
江西	17	31	20	33	21	36	23	38
山东	321	583	366	610	396	660	426	710
河南	259	471	296	493	320	533	344	574
湖北	17	30	19	32	20	34	22	37
湖南	37	68	43	71	46	77	50	83
广东	13	23	15	24	16	26	17	28
广西	13	23	14	24	15	26	17	28
海南	0	0	0	0	0	0	0	1
重庆	4	8	5	8	5	9	6	10
四川	43	78	49	81	53	88	57	95
贵州	15	27	17	28	18	30	19	32
云南	41	75	47	78	51	85	55	91
西藏	90	164	103	172	112	186	120	200
陕西	105	190	119	199	129	215	139	232
甘肃	72	131	82	137	89	148	96	160
青海	62	112	70	117	76	127	82	136
宁夏	85	155	97	162	105	175	113	188
新疆	515	936	587	979	635	1 058	684	1 140

注：2020年、2025年、2030年和2035年优质饲草平均单产分别按0.55t/亩、0.60t/亩、0.60t/亩和0.60t/亩计。

三、未来粮食生产能力与供需平衡分析

（一）耕地面积与复种指数

1．耕地面积

2015年我国城市化率为56.1%，正处于城市化进程的中期加速阶段，预计2030年我国城市化率将达到70%，2035年达到75%。城市化不仅表现为农村人口转换为城市人口，更突出的表现是土地城市化。目前，我国城镇扩张占用的土地约80%来源于耕地，预计城市化占用耕地的态势将持续较长时间。

2016年国土资源部根据第二次全国土地调查结果，经国务院同意，对《全国土地利用总体规划纲要（2006—2020年）》进行了调整完善。其中，2015年我国耕地保有量18.65亿亩主要考虑了去除不稳定耕地的数量与需要退耕还林的数量。"不稳定耕地"主要是指处于林区、草原以及河流湖泊最高洪水位控制范围内和受沙化、荒漠化等因素影响的耕地。根据第二次全国土地调查的结果，目前全国共有8 474万亩不稳定耕地，其中在林区范围内开垦的为3 710万亩，在草原范围内开垦的为1 333万亩，在河流、湖泊最高洪水位控制线范围内开垦的为1 271万亩，受沙化、荒漠化影响的为2 161万亩。退耕还林要求将全国具备条件的25°以上坡耕地、严重沙化耕地、部分重要水源地15°~25°坡耕地退耕还林还草，并在充分调查和尊重农民意愿的前提下，提出陡坡耕地梯田、重要水源地15°~25°坡耕地、严重污染耕地退耕还林还草需求。

综合考虑各种情景，课题组对未来我国可能的耕地保有量进行了研判：

耕地面积低水平方案：《全国土地利用总体规划纲要（2006—2020年）》与《全国国土规划纲要（2016—2030年）》中确定2020年与2030年我国耕地保有量的面积分别为18.65亿亩与18.25亿亩，本书将此数值作为2020年与2030年我国耕地数量的低水平方案。2020年各省耕地面积采用《全国土地利用总体规划纲要（2006—2020年）》给出的数值，2030年各省耕地面积则根据2009—2015年我国各省耕地面积的变化趋势推算。

耕地面积中水平方案：以2015年各省的耕地实有数据为基础，根据《耕地草原河湖休养生息规划（2016—2030年）》，充分考虑我国25°以上坡耕地的退耕情况，结合2009—2015年我国各省耕地建设占用与开垦的发展态势，推算预测年份我国各省的耕地面积，作为我国耕地的中水平方案。

耕地面积高水平方案：鉴于我国人地关系的紧张态势将长期存在，2030年又面临人口高峰。在粮食安全情景下，假设不稳定耕地继续种植，依据2009—2015年我国各省耕地面积的变化趋势，推算预测年份我国各省耕地面积的可能数值，作为耕地面积的高水平方案。

各方案2025年和2035年预测数根据上述基数按趋势推算。

综合考虑我国耕地后备资源的分布特征以及2009—2014年我国各省耕地面积的变化，我国耕地可能的情景为：在低水平方案情景下，2020—2035年我国耕地保有量分别为2020年18.65亿亩、2025年18.45亿亩、2030年18.25亿亩、2035年18.05亿亩；在中水平方案情景下，2020—2035年我国耕地保有量分别为2020年20.05亿亩、2025年19.61亿亩、2030年19.16亿亩、2035年18.72亿亩；在高水平方案情景下，2020—2035年我国耕地保有量分别为2020年20.17亿亩、2025年20.10亿亩、2030年20.03亿亩、2035年19.96亿亩（表0-15）。

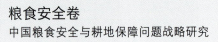

表0-15 未来我国各省份耕地面积情景预测

单位：万亩

地区	2015年	低水平方案				中水平方案				高水平方案			
		2020年	2025年	2030年	2035年	2020年	2025年	2030年	2035年	2020年	2025年	2030年	2035年
全国	202 498	186 500	184 504	182 500	180 504	200 507	196 080	191 632	187 205	201 678	200 998	200 301	199 621
北京	329	166	139	112	85	238	225	211	198	323	318	312	307
天津	655	501	470	438	407	618	592	565	539	639	627	615	603
河北	9 788	9 080	8 842	8 604	8 366	9 790	9 650	9 510	9 370	9 689	9 603	9 516	9 430
山西	6 088	5 757	5 535	5 312	5 090	5 905	5 677	5 448	5 220	6 041	6 007	5 973	5 939
内蒙古	13 857	11 499	11 499	11 499	11 499	14 103	13 992	13 880	13 769	13 956	14 039	14 12'	14 204
辽宁	7 466	6 902	6 874	6 845	6 817	7 469	7 368	7 266	7 165	7 397	7 339	7 28'	7 223
吉林	10 499	9 100	9 100	9 100	9 100	10 553	10 457	10 361	10 265	10 445	10 403	10 36'	10 319
黑龙江	23 781	20 807	20 807	20 807	20 807	24 055	23 959	23 862	23 766	23 817	23 837	23 856	23 876
上海	285	282	253	223	194	244	210	175	141	279	277	275	273
江苏	6 862	6 853	6 716	6 579	6 442	6 853	6 757	6 660	6 564	6 780	6 720	6 659	6 599
浙江	2 968	2 818	2 809	2 800	2 791	2 925	2 853	2 780	2 708	2 927	2 898	2 868	2 839
安徽	8 809	8 736	8 650	8 564	8 478	8 830	8 732	8 633	8 535	8 742	8 693	8 643	8 594
福建	2 004	1 895	1 888	1 880	1 873	1 929	1 841	1 752	1 664	1 982	1 965	1 947'	1 930
江西	4 624	4 391	4 391	4 391	4 391	4 637	4 584	4 530	4 477	4 613	4 602	4 590	4 579
山东	11 417	11 288	11 250	11 211	11 173	11 441	11 298	11 154	11 011	11 330	11 254	11 177	11 101

（续）

地区	低水平方案					中水平方案				高水平方案			
	2015年	2020年	2025年	2030年	2035年	2020年	2025年	2030年	2035年	2020年	2025年	2030年	2035年
河南	12 159	12 035	11 940	11 845	11 750	12 181	12 023	11 865	11 707	12 063	11 979	11 894	11 810
湖北	7 883	7 243	7 243	7 243	7 243	7 728	7 488	7 248	7 008	7 820	7 765	7 710	7 655
湖南	6 225	5 956	5 956	5 956	5 956	6 253	6 196	6 138	6 081	6 212	6 204	6 195	6 187
广东	3 924	3 719	3 397	3 075	2 753	3 917	3 851	3 785	3 719	3 947	3 956	3 965	3 974
广西	6 603	6 546	6 546	6 546	6 546	6 516	6 348	6 180	6 012	6 585	6 563	6 540	6 518
海南	1 089	1 072	1 070	1 067	1 065	1 095	1 086	1 076	1 067	1 083	1 078	1 073	1 068
重庆	3 646	2 859	2 661	2 462	2 264	3 398	3 117	2 835	2 554	3 674	3 667	3 660	3 653
四川	10 097	9 448	9 448	9 448	9 448	9 897	9 597	9 296	8 996	10 074	10 053	10 032	10 011
贵州	6 806	6 286	6 151	6 016	5 881	6 342	5 869	5 396	4 923	6 737	6 682	6 626	6 571
云南	9 313	8 768	8 667	8 566	8 465	8 807	8 272	7 736	7 201	9 227	9 166	9 104	9 043
西藏	665	592	592	592	592	659	646	633	620	665	664	663	662
陕西	5 993	5 414	5 123	4 832	4 541	5 533	5 077	4 620	4 164	6 008	6 019	6 030	6 041
甘肃	8 062	7 477	7 477	7 477	7 477	7 879	7 619	7 358	7 098	8 028	8 000	7 971	7 943
青海	883	831	831	831	831	868	848	828	808	864	853	842	831
宁夏	1 935	1 748	1 748	1 748	1 748	1 961	1 962	1 962	1 963	1 928	1 927	1 925	1 924
新疆	7 783	6 431	6 431	6 431	6 431	7 883	7 886	7 889	7 892	7 803	7 840	7 877	7 914

注：低水平方案是根据国土资源部国土规划推算；中水平方案是考虑 2030 年我国 25°以上耕地全部退耕情景；高水平方案是按照目前我国耕地的变化特征进行推算。

2．复种指数

从统计数据来看，我国耕地复种指数呈现明显的上升趋势，2009—2015年，我国耕地复种指数从117%上升到123%，共上升了6个百分点，平均每年上升1个百分点。按照这一趋势，2020年我国耕地复种指数将达到130%左右，2030年达到140%左右，2035年达到143%左右。

（二）未来种植结构调整与粮食生产能力

1．种植业结构调整

目前我国农业结构主要存在重粮轻饲、种养失调的问题，即我国口粮供给充足，相当一部分水稻、小麦作为饲料粮使用，而专用饲料粮短缺，尤其是蛋白饲料缺口巨大。结合我国未来农产品的消费需求特征，本书认为我国农产品种植结构调整应围绕满足居民农产品基本需求和耕地培育用养结合持续利用需要，主要考虑以下三个方向：

第一，在确保口粮安全的前提下，根据未来口粮需求减少、单产有所提高的趋势，水稻、小麦等口粮作物种植面积可以根据消费需求适度调减；

第二，努力增加大豆、油菜种植面积，恢复油料生产，提高国内蛋白饲料供应水平，豆科作物合理轮作，用地养地结合，一举多得；

第三，积极扩大青贮玉米、优质牧草、绿肥种植面积，为发展现代畜牧业提供优质草料，促进农牧紧密结合。

本书将籽粒玉米按照用途分饲用玉米、用作口粮与工业用粮的玉米两种，本书所讲的粮食作物与传统意义上的粮食作物略有差别，本书仅包括稻谷、小麦、用作口粮与工业用粮的籽粒玉米及其他小杂粮的粮食；考虑到实际的使用方式，本书将豆类与薯类归为经济作物。

2015—2030年，我国农作物总播种面积持续增加，粮食作物播种面积占比有所减少，播种面积占比由45.4%减少到31.2%；经济作物播种面积占比略有增加，播种面积占比由34.5%增加到39.6%；饲料、饲草、绿肥等作物的播种面积有较大规模增长，播种面积占比由20.1%增加到29.2%，整体呈现减粮增饲趋势。2030年后，我国农作物总播种面积会略有下降，2035年总播种面积将为265 583万亩，粮食作物播种面积与经济作物播种面积均有所下降，而饲料、饲草、绿肥种植面积会继续增加（表0-16）。

表0-16　我国农作物播种面积与比例

单位：万亩，%

品类	播种面积					面积比重				
	2015年	2020年	2025年	2030年	2035年	2015年	2020年	2025年	2030年	2035年
农作物总播种面积	250 244	260 213	267 212	274 211	265 583	100	100	100	100	100
粮食作物	113 628	97 696	91 675	85 651	79 097	45	38	34	31	30
稻谷	46 176	44 475	40 919	37 362	33 121	18	17	15	14	13
小麦	36 895	36 173	34 539	32 904	30 375	15	14	13	12	12
玉米（口粮与工业）	26 242	12 286	11 404	10 522	10 825	10	5	4	4	4
其他粮食	4 315	4 762	4 813	4 863	4 776	2	2	2	2	2
经济作物	86 234	101 414	105 012	108 605	104 526	34	39	39	40	39
豆类	12 649	13 980	15 381	16 781	16 038	5	5	6	6	5
大豆	12 412	10 437	11 838	13 238	12 486	5	4	4	5	5
薯类	10 957	13 433	13 657	13 880	14 025	4	5	5	5	5
油料	19 972	21 329	21 968	22 606	18 097	8	8	8	8	7
油菜籽	10 010	11 577	12 267	12 956	9 368	4	4	5	5	4
棉花	5 662	5 183	4 838	4 493	4 198	2	2	2	2	2
麻类	80	111	102	92	56	0	0	0	0	0
糖料	2 359	2 469	2 427	2 385	2 168	1	1	1	1	1
烟叶	1 882	1 871	1 780	1 689	1 986	1	1	1	1	1
药材	3 253	3 285	3 656	4 026	4 269	1	1	1	2	2
蔬菜瓜类	29 420	39 753	41 203	42 653	43 689	12	15	15	16	17
饲料、饲草、绿肥等	50 382	61 103	70 529	79 955	81 960	20	23	26	29	31
玉米（饲用）	41 211	42 868	45 529	48 190	50 960	16	16	17	18	19
青贮玉米	1 500	5 000	8 000	11 000	12 000	1	2	3	4	5
饲草	1 494	5 000	6 000	7 000	8 000	1	2	2	3	3
绿肥	4 000	6 000	8 000	10 000	11 000	2	2	3	4	4

注：播种面积为中水平方案下的播种面积数据。

2．主要粮食作物单产水平

我国粮食作物的单产水平仍有一定的提升空间。从目前的单产水平来看，我国主要粮食作物的单产水平与试验田的单产水平有较大差距，而且这个差距不断扩大；就全国平均水平而言，目前水稻、小麦、玉米、大豆等主要粮食作物实际单产只有相应品种区试产量的50%～65%，仅为高产攻关示范或高产创建水平的35%～55%。2020年各省主要粮食作物的单产能力根据2005—2015年的发展趋势预测。本书在中国种业信息网（www.seedchina.com.cn）、中国水稻信息网（www.chinariceinfo.com）等网站搜集了各省主要粮食作物的品种信息，包括品种的实验产量、适种区域等，去掉极值后取各品种的平均值，作为各省2035年主要粮食品种的单产能力控制上限，考虑到我国"望天田"和旱地的生产受到水分条件的限制，在计算时按照《农用地分等规程》给出的水分修正系数，参照各省的旱地比例，对各省单产水平进行了修正。综合各省产量，得出全国主要粮食作物平均单产水平（表0-17）。

表0-17 我国主要粮食作物单产水平

单位：kg／亩

品类	2015年	2020年	2025年	2030年	2035年
水稻	459	470	480	490	500
小麦	360	367	378	388	399
玉米	393	399	407	415	421
豆类	120	126	130	134	138
薯类	251	266	282	298	314

3．未来粮食总产量

（1）水稻

我国是水稻种植大国，2014年水稻种植面积和产量分别占全球的18.97%和28.36%（FAO，2016）。水稻是我国65%以上人口的主粮，也是我国播种面积、总产出、单产水平最高的粮食作物，在粮食生产和消费中处于主导地位。2013年我国稻谷播种面积约占粮食总播种面积的27%，水稻产量占粮食总产量的比重约为34%。

自20世纪70年代以来，我国水稻播种面积出现明显的下降趋势，主要是由南方稻区双季稻改种单季稻的种植制度变化引起的。从20世纪70年代中期开始，双季稻种植比例逐渐减少，全国水稻播种面积也随之下降，特别是1995年之后，双季稻播种面积开始大幅度下降，双季稻播种比例从1995年的60%左右下降到2015年的不足40%，而单季稻播种面积则开始迅速上升。单季稻增加的耕地主要是由南方地区原双季稻耕地改种而来。尽管2004年开始我国政府采取"三减免，三补贴"措施，对粮食种植实行直补，同时大幅提高粮食收购价格，水稻播种面积有所回升，但近两年水稻播种面积又有下降的苗头。

受口粮消费量降低的影响，预计2020年、2025年、2030年和2035年我国水稻播种面积会持续下降，分别达到44 475万亩、40 919万亩、37 362万亩和33 121万亩；综合单产因素的变化，预计2020年、2025年、2030年和2035年我国稻谷产量将分别为20 903万t、19 641万t、18 307万t和16 561万t。

（2）小麦

小麦是我国三大谷物之一，属于北方地区的主要口粮。2015年我国小麦播种面积与产量占全国相应类别的比重均为21%左右。从播种面积来看，近年来我国小麦播种面积出现了先下降后上升再下降的趋势。20世纪80年代至2000年左右，我国小麦播种面积明显下降，但受国家补贴政策的影响，2004—2011年我国小麦播种面积上升，2011年后，我国小麦播种面积又出现下降趋势。目前，我国正在推行地下水超采区土地休耕制度，以减少地下水用量。作为华北平原最为主要的耗水作物，冬小麦首当其冲，预计到2030年，我国小麦播种面积与水稻相似，将会有所下降，但受粮食安全政策的影响，下降幅度会较为有限，而且退出的冬小麦播种土地多为劣质土地，其对小麦产量影响有限，预计小麦单产会持续上升，受单产增长的影响，2020年我国小麦总产量还会上升，2020年后我国小麦播种面积会减少，产量也会相应下降。

预计2020年、2025年、2030年和2035年我国小麦总产量将分别达到13 036万t、13 275万t、13 056万t、12 767万t和12 120万t。

（3）玉米

玉米是我国三大主粮之一，是我国最主要的饲料粮作物，也是我国淀粉业的主要原料，玉米的生产与消费与我国的粮食安全关系密切。2003年开始，受国家支持玉米种植政策的影响，玉米播种面积与产量持续呈现增长态势。2015年我国玉米播种面积与产量分别达到4 496.8万hm^{2}与26 499万t，均达到历史最高水平。从区域上来看，全国各地玉米种植均出现了不同幅度的增长现象，东北地区对我国玉米产量增长的贡献最为突出，但同时，东北地区大豆的播种面积明显减少，导致我国大豆产量明显降低。玉米的高产导致我国玉米库存量增加，而且我国玉米保护价明显高于国际市场价格，加上粮食补贴政策，我国玉米的市场价格已经畸形。2015年我国首次下调玉米临储价格，而且下调幅度较大，国标三等质量标准为2 000元/t，较2014年下降220～260元/t，但即使这样，我国的玉米价格仍高于国际市场价格，2015年在我国限制三大主粮进口的背景下，我国仍净进口玉米472万t。实际上，目前我国玉米的生产量与需求量大致相等，甚至略低于需求量，但较高的价格阻碍了玉米的消费，引致高粱、大麦等替代品的进口量激增。

随着玉米临储价格的下调，我国玉米批发价也有所降低。我国玉米产区批发价由2014年的2.32元/kg降低到2015年的2.18元/kg，玉米价格的降低将会明显促进玉米的消费量。

2015年农业部发布《"镰刀弯"地区玉米结构调整的指导意见》，提出到2020年，"镰刀弯"地区玉米播种面积调减5 000万亩以上，受此政策影响，2020年我国玉米播种面积应有较大下降，玉米总产量变为22 006万t。但随着我国玉米去库存任务的缓解以及居民畜牧产品消费量的增长，我国玉米消费需求会持续增长，而且预计增长速度会比较快。所以从长期来看，我国玉米生产的压力仍比较大。受需求的拉动，预计2030年我国玉米的播种面积会有所增长，单产水平也会继续提高，总产量会进一步增加，预计2030年我国玉米的总产量将达到24 365万t，2035年我国玉米的总产量将达到26 011万t。

（4）薯类

薯类是高产作物，既可作为粮食作物，又可作为蔬菜，还是重要的饲料与工业原料。尽管近年来我国薯类的播种面积与总产量均呈现明显的上升趋势，但与西方欧美国家相比，我国薯类产业相对较少，薯类种植面积增长会持续较长的时间。预计2020年我国薯类总产量将达到3 573万t，2035年薯类总产量将达到4 404万t。

（5）豆类

大豆是我国畜牧业蛋白原粮的重要来源，也是我国食用植物油的重要来源。近年来，我国大豆的种植利润不如水稻、玉米与小麦，连续多年的国产大豆临储收购政策也没有刺激农户更多地种植大豆，加上国际市场低价大豆的大力竞争，国产大豆产业不断萎缩。2014年我国取消大豆临储收购政策后，并没有如希望的那样扶持东北大豆产业，2015年大豆播种面积和总产量进一步下滑，达到近年来的历史低值，分别为650.6万hm²（合9 759万亩）与1 179万t，较2014年分别减少2.9%与4.3%。大豆播种面积连年递减，且取消临储收购政策、实施直补政策之所以未见明显效果，主要原因是主要竞争作物玉米的收益仍明显高于大豆，即使玉米下调了临储价格，其收益仍明显高于大豆，估计未来两年内这种局势仍会持续，但受《"镰刀弯"地区玉米结构调整的指导意见》的影响，估计2020年我国豆类播种面积较2015年会有所恢复，但面积会比较有限，产量也会略有增长，豆类产量预计会达到1 761万t。从中长期来看，我国豆类的消费量将随着畜牧产品消费量的增长而持续增长，国家政策对大豆的保护倾向也非常明显，预计我国对大豆的扶持政策会持续加强，"粮豆轮作"的种植模式预计会在一定程度上得到恢复。2030年预计我国豆类的播种面积会得到恢复性增长，加上单产的增加，我国豆类的总产量将有所增加，2030年我国豆类总产量预计将达到2 249万t，2035年豆类总产量将达到2 324万t。

综合上述我国五种主要粮食作物的产量，假设此五种主要粮食产量之和在粮食总产量中的比重不变，由此推断耕地面积中水平方案情景下2020年、2025年、2030年和2035年我国粮食总产量分别为61 520万t、61 719万t、61 825万t和61 419万t。由此可见，未来20年内，我国粮食产量基本可以维持在6.1亿~6.2亿t。

（三）未来粮食供需平衡分析

1．全国粮、饲供需平衡分析

在低水平方案耕地保有量情景下，2020年、2025年、2030年和2035年我国的粮食短缺比例分别为15%、21%、25%和21%；在中水平方案耕地保有量情景下，2020年、2025年、2030年和2035年我国的粮食短缺比例分别为10%、16%、20%和17%；在高水平方案耕地保有量情景下，2020年、2025年、2030年和2035年我国的粮食短缺比例分别为9%、15%、19%和14%（表0-18）。

表0-18　我国三种耕地面积情景下粮食供需平衡

单位：万t，%

品类	低水平方案				中水平方案				高水平方案			
	2020年	2025年	2030年	2035年	2020年	2025年	2030年	2035年	2020年	2025年	2030年	2035年
水稻	20 941	19 601	18 261	16 921	20 903	19 641	18 307	16 561	20 941	19 601	18 261	16 921
小麦	13 268	12 977	12 685	12 394	13 275	13 056	12 767	12 120	13 268	12 977	12 685	12 394
玉米	19 057	21 126	23 195	25 264	22 006	23 172	24 365	26 011	22 607	24 032	25 456	26 881

（续）

品类	低水平方案				中水平方案				高水平方案			
	2020年	2025年	2030年	2035年	2020年	2025年	2030年	2035年	2020年	2025年	2030年	2035年
豆类	3 327	2 762	2 196	1 631	1 761	2 000	2 249	2 324	3 598	3 961	4 324	4 687
薯类	1 634	1 691	1 747	1 804	3 573	3 851	4 136	4 404	1 767	2 062	2 356	2 324
总产量	58 227	58 156	58 084	58 013	61 520	61 719	61 825	61 419	62 181	62 632	63 082	63 206
需求量	68 136	73 311	77 402	73 747	68 136	73 311	77 402	73 747	68 136	73 311	77 402	73 747
供需平衡	−9 909	−15 156	−19 318	−15 734	−6 616	−11 592	−15 577	−12 327	−5 955	−10 680	−14 320	−10 541
短缺比例	−15	−21	−25	−21	−10	−16	−20	−17	−9	−15	−19	−14

在肉类完全自给、耕地保有量中水平方案情景下，2020年、2025年、2030年和2035年我国饲料粮的自给率分别在79%、72%、68%和75%水平上，其中能量饲料的自给率分别在93%、85%、79%和86%水平上。玉米在2025年会出现饲料粮不足的现象，2030年自给率将下降到93%左右，2030年后需求量处于稳定水平，产量会继续增加，自给率会恢复到2025年左右的水平。蛋白饲料自给率的形势较为严峻，处在30%左右的水平，主要是受豆粕的影响，2020—2035年我国豆粕的自给率为8%～14%（表0-19）。

表0-19　中水平方案耕地面积情景下我国口粮与饲料粮的自给率

单位：万t，%

品类	2020年			2025年			2030年			2035年		
	产量	需求	自给率	产量	需求	自给率	产量	需求	自给率	产量	需求	自给率
口粮	24 590	20 697	119	23 646	19 625	120	21 881	18 918	116	20 315	17 480	116
饲料粮	28 202	35 871	79	29 511	41 226	72	30 820	45 130	68	32 129	42 879	75
能量饲料	25 787	27 862	93	26 715	31 494	85	27 642	35 125	79	28 570	33 259	86
玉米	16 348	15 924	103	17 327	17 844	97	18 306	19 763	93	19 285	19 823	97
蛋白饲料	2 415	8 009	30	2 797	9 007	31	3 178	10 005	32	3 560	9 620	37
豆粕	540	6 469	8	691	6 861	10	842	7 252	12	993	7 061	14

注：口粮的计算按照CHNS系统各粮食作物的消费比例进行了折算。

2. 不同自给率情景下我国耕地需求量

我国耕地需求量的计算思路是，根据我国各种食品的人均消费量与人口量，计算得到我国各种食品的消费总量，再依据我国各种农产品的单产水平，获得我国各种农产品需要的播种面积，然后除以复种指数，得到需要的耕地面积。2015年我国复种指数为

1.23，受绿肥等作物种植面积增加的影响，预计2020年、2025年、2030年和2035年我国的复种指数将分别达到1.30、1.35、1.40和1.43。

2015年我国在完全自给（即农产品自给率均按照100%计算）水平下，除了自己的20.25亿亩耕地，还需要80 221万亩虚拟耕地用来种植净进口的农产品，两者合计为282 719万亩。按照耕地保障率来计算，2015年我国的耕地自给率仅为72%。2020年我国需要288 154万亩耕地，2025年需要289 856万亩耕地，2030年需要294 035万亩耕地，2035年需要294 035万亩耕地，这样才能保证农产品完全自给。在耕地面积高水平方案（最严格保护耕地）情景下，2035年我国耕地保有量为19.99亿亩；在耕地面积中水平方案情景下，2035年我国耕地面积为18.72亿亩；而在耕地面积低水平方案情景下，2035年我国耕地面积仅为18.05亿亩。如果保证我国农产品自给率在70%的水平上，2035年需要耕地面积20.17亿亩，即使是耕地面积高水平方案也难以满足。如果视耕地面积中水平方案为最有可能的情景，那么2035年我国耕地面积为18.72亿亩，农产品自给率为65%（表0−20）。由此可见，一是我国自身的耕地资源难以保障我国农产品全部自给，耕地压力较大，需要长期严格保护耕地资源，耕地资源宜保有在19亿～20亿亩；二是农产品自给率不宜定位太高，65%～70%较为合适。

表0−20　我国不同农产品自给率情景下耕地需求面积

单位：万亩

自给率	65%	70%	75%	80%	85%	90%	95%	100%
2015年耕地需求面积	183 767	197 903	212 039	226 175	240 311	254 447	268 583	282 719
2020年耕地需求面积	185 689	199 973	214 257	228 541	242 825	257 108	271 392	285 676
2025年耕地需求面积	188 406	202 899	217 392	231 885	246 378	260 870	275 363	289 856
2030年耕地需求面积	191 123	205 825	220 526	235 228	249 930	264 632	279 333	294 035
2035年耕地需求面积	187 301	201 709	216 115	230 523	244 931	259 339	273 746	288 154

（四）提高主要农产品生产能力的途径

1. 粮食主产区耕地实行特殊保护，大力建设高标准基本口粮田，确保口粮安全

从播种面积上看，2015年我国水稻与小麦共有83 071万亩播种面积，其中水稻播种面积为46 176万亩（图0−10），小麦播种面积为36 895万亩（图0−11），水稻产量为21 214万t，小麦产量为13 264万t。

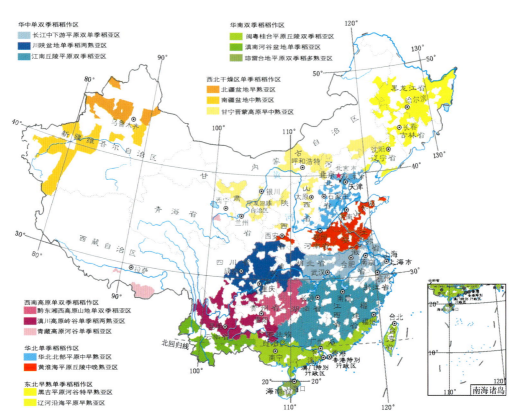

图0-10 中国水稻种植重点保护区

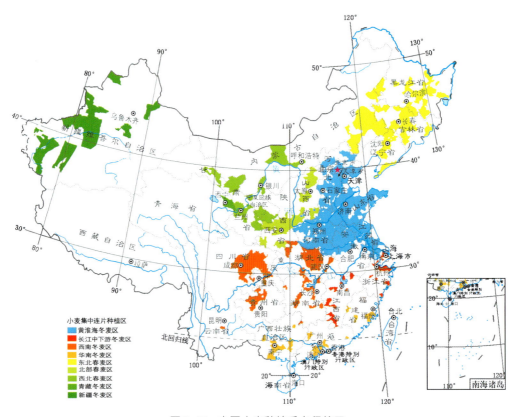

图0-11 中国小麦种植重点保护区

从耕地面积上看，2015年小麦占用耕地36 895万亩，综合考虑水稻的单双季种植情况，2015年水稻生产占用36 306万亩耕地，两者合计为73 201万亩口粮田（耕地面积）。同理，2020年我国需要72 197万亩口粮田（耕地面积），其中小麦36 173万亩、水稻36 024万亩；2030年我国需要63 728万亩耕地口粮田（耕地面积），其中小麦32 904万亩、水稻30 824万亩。综上，2015—2020年我国至少需要7.2亿亩耕地保障口粮安全，2030—2035年需要6.4亿亩作为口粮保证田。

实施基本口粮田保护和建设工程，划定国家重点粮食保障区域，对区域内耕地实行特殊保护（图0-12）。重点需要保护粮食主产区优质的高产农田，尤其是集中连片的优质农田（图0-13）。我国的粮食主产区主要分布在东北地区的松嫩平原、三江平原、内蒙古东部部分地区、辽中南地区、黄淮海平原、长江中下游平原和四川盆地。另外，新疆、桂南、粤西、滇西南以及海南北部也是我国重要的农产品生产区。对粮食主产区的优质耕地要进行特殊保护：一是要严格控制非农占用耕地特别是基本农田，尤其是复种指数较高的农业核心区（如长江中游与江淮区、四川盆地和黄淮海平原区）。加强以防洪排涝、消除水旱灾害为重点的水利建设，同时加强改土增肥，提高基础地力，保证稳产高产。加强综合农业配套设施建设，提高其农产品综合生产能力。二是黄淮海平原区、新疆、内蒙古东部部分地区和东北的松嫩平原区要加强建设高效节水的农业生产体系。三是保障支撑农业生产的生态系统安全，防治土地荒漠化及其他生态灾害。四是严控污染排放，防治土壤污染，华南蔗果区东部、长江中游平原及江淮区、四川盆地北部和黄淮海地区土壤污染比较严重，要重点防范，确保土壤健康、农产品安全。

2．加快农业现代化步伐，积极推进粮食生产的规模化、标准化、农场化

未来城镇化发展迅速，乡村人口仅占总人口的30%，加上人口老龄化，农村劳动力问题将十分突出。一家一户的小农生产效率不高，种粮收益也难保障，土地零散也不利于高标准农田建设的开展。因此，要加快土地制度改革步伐，大力推进规模化经营，国家加大资金、政策支持力度，建设以生产粮食为主的现代化大规模农场，保证种粮的规模效益，确保粮食生产稳步提高。

3．循序渐进，逐步发展青贮玉米、优质牧草规模化种植

根据我国草食性畜牧业发展现状及未来发展趋势，我国青贮玉米需求量约为4亿t左右，需要青贮玉米种植面积1亿亩才能满足需求，这一种植面积也仅占我国目前玉米播种面积的18%左右。其中，内蒙古、新疆、河北、黑龙江、山东和河南的青贮玉米需

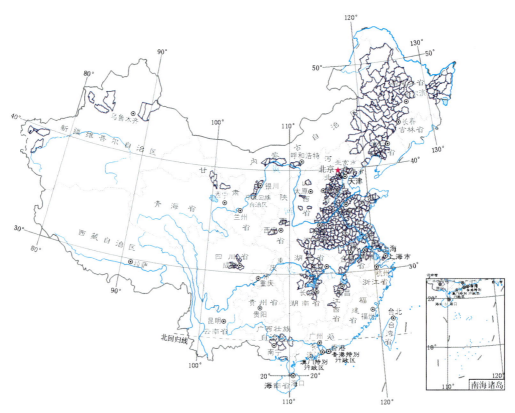

图0-12 中国粮食生产优先保护区

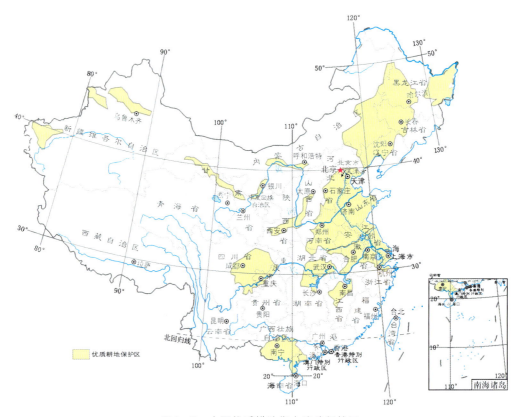

图0-13 中国优质耕地集中连片保护区

求量较大，应该是我国青贮玉米集中重点发展的区域。

以2016年山东青贮玉米为例，青贮玉米产量在3.5t左右，以300元/t的价格销售，亩收入为1 050元。2016年籽粒收获550kg/亩，籽粒价格在1.6元/kg左右，亩收入为880元。此外，收获籽粒还有脱粒、晾晒等方面的劳动和费用支出。所以，从目前的市场来看，青贮玉米收益高于收获玉米籽粒的收益。

但受种植面积的限制，目前我国很多奶牛场以及肉牛场青贮规模最大的是籽粒收获后的玉米秸秆青贮，其次才是全株玉米青贮。青贮玉米长距离运输成本较高，分散的小农户由于种植面积小、田块小，收获困难，因此一般是养殖场在周边同规模种植户签订青贮玉米收购协议。青贮玉米能否实现规模化种植，成为影响青贮玉米供给的重要因素。

4．加大扶持力度，提高国内大豆、油菜籽种植面积和产量，增加粕类供给

目前豆粕和菜籽粕是饲料的主要蛋白原料，增加国内大豆、油菜籽种植面积，提高产量水平，一方面，可以增加国内粕类资源供给，降低对外依存度；另一方面，可以优化粮食主产区种植结构，提高农业资源的可持续生产能力。

（1）提高我国大豆生产水平，尽快恢复大豆生产

大豆的故乡在中国，但近年国内大豆产量却不断下降，2015年只有1 179万t；与此同时，随着国内畜牧业和饲料的发展，豆粕需求量持续大幅度增加，导致大豆进口量不断增加，2015年已超过8 000万t，成为我国供求缺口最大的农产品品种。

从2016年开始，国家将玉米临时收储政策调整为"市场化收购"加"补贴"的新机制；农业部力推农业结构调整，减少玉米种植面积；各主产区也积极推进调减籽粒玉米播种面积，适度扩大增加大豆播种面积，有利于减少国内玉米过量供给，并增加大豆自给率。

我国大豆主要种植在东北地区的一年一熟春大豆区和黄淮流域夏大豆区。东北地区一年一熟春大豆区的大豆产量约占全国总产量的50%左右；黄淮流域夏大豆产量占全国产量的30%左右。

东北地区所有农作物都与大豆具有竞争关系，包括中稻、玉米、春小麦、谷子、高粱、杂豆、薯类、油菜籽、向日葵、甜菜、花生、蔬菜类等，其中与大豆具有竞争关系的最主要农作物是中稻、玉米和春小麦。

黄淮流域与大豆具有竞争关系的农作物有中稻、玉米、其他谷物、杂豆、薯类、花生、芝麻、棉花、蔬菜类等，其中玉米、花生是最主要的竞争作物。

在我国大豆主产区的东北区和黄淮海区中，包括了大兴安岭区、东北平原区、长白山山地区、辽宁平原丘陵区、华北平原区、山东丘陵区、淮北平原区7个二级区，以及大兴安岭北部山地、大兴安岭中部山地、小兴安岭山地、三江平原、松嫩平原、长白山山地、辽河平原、千山山地、辽东半岛丘陵、京津唐平原、黄海平原、太行山麓平原、胶东半岛、胶中丘陵、胶西黄泛平原、徐淮低平原、皖北平原、豫东平原18个三级区，共计556个县。

土地详查数据显示，大豆主产区的556个县共有耕地面积4 678万 hm²。其中，水田350万 hm²，水浇地1 156.6万 hm²（主要集中在黄淮海平原区），旱地3 111万 hm²（东北平原有1 403万 hm²）。坡度小于5°的耕地有3 760万 hm²，占耕地总面积的80%；坡度在2°～6°的耕地649万 hm²，占耕地总面积的14%；坡度大于6°的耕地281万 hm²，占耕地总面积的6%。根据各地区的生态环境建设规划，有一部分耕地要逐渐退耕还林还草。

综合考虑大豆主产区的农业资源特点、农艺技术特点、农作物生产效益及国家政策等因素，根据建立的耕地资源分配与农产品生产模型，以县为基本单元，依据土地详查数据和农作物历史生产数据，对大豆主产区未来大豆可能的最大生产规模进行了预测。根据预测，我国大豆主产区大豆的最高产量可达到2 663万 t；非主产区的大豆产量在630万～700万 t，增加幅度不大。

这样，我国大豆的最大可能生产能力为2 800万～3 400万 t，将比目前大豆产量增加1 500万～1 900万 t，其中增产潜力最大的地区是东北平原区的三江平原和松嫩平原，增产潜力为1 000万～1 280万 t。

东北地区玉米与大豆单产水平比是3.12∶1，即增加1 000万 t大豆产量，就相应减少3 120万 t左右的玉米产量。

在玉米、大豆主产区通过实施玉米、大豆合理轮作，可以改善土壤条件，减少化肥、农药等的投入，提高农业生产的可持续生产能力。

（2）充分挖掘油菜籽生产潜力

长江流域属亚热带地区，气候温和，降水充沛，冬季不甚寒冷，十分适宜油菜生长。而该地区的气候资源对小麦生产并不十分有利，小麦单产不高，品质差。所以，单纯从自然资源条件看，长江流域的油菜种植比小麦种植有优势。扩大长江流域油菜籽的播种面积、提高油菜籽产量，不但可以增加国内蛋白粕和植物油的供给能力，同时也能改善土壤，提高该区域耕地资源的可持续生产能力。

在油菜籽种植机械化水平不能得到提高的情况下，难以实现规模化经营，即使国家给予和小麦一样的优惠政策，也难以提高农民种植油菜籽的积极性。加大油菜籽收获机械的研制和推广，提高油菜籽优良品种的推广和种植，同时适度增加油菜籽种植的补贴力度，是提高我国油菜籽产能的基础。

四、农产品贸易格局与发展趋势

我国农产品需求增长旺盛，水土资源紧张，农业生产压力大，进口农产品对于缓解供需矛盾正在发挥越来越重要的作用，通过贸易来满足国内需求已成为一种必然选择。进口农产品相当于引进了虚拟耕地资源，对于减轻国内水土资源压力意义重大。

（一）农产品进口状况

1. 谷物

2008年之前我国曾是谷物净出口国，2003年谷物净出口量曾达到1 930万t，其中玉米净出口量曾高达1 640万t。但从2009年开始，我国谷物净进口量逐渐增加。2015年谷物进口量达3 248万t，净进口3 217万t，其中大麦、高粱、玉米、稻米、小麦的进口量分别为1 073万t、1 069万t、472万t、306万t和297万t。从2015年的情况来看，美国是中国进口谷物（高粱、小麦和玉米）的第一大来源国，进口量为1 003万t，占谷物进口总量的30.9%；其次是澳大利亚，进口谷物（小麦、大麦和高粱）726万t，占谷物进口总量的22%；处于第三、四位的是乌克兰和法国，进口谷物（玉米、大麦）分别为467万t和443万t，均占谷物进口总量的14%左右（表0-21）。

表0-21 2015年我国分国别谷物进口量

单位：万t

区域	小麦	大麦	玉米	稻米	高粱	合计
总计	297	1 073	473	335	1 070	3 248
美国	60	0	46	—	897	1 003
澳大利亚	126	436	0	—	164	726
乌克兰	—	82	385	—	—	467

（续）

区域	小麦	大麦	玉米	稻米	高粱	合计
法国	0	442	0	0	0	443
加拿大	99	104	—	—	—	203
越南	—	—	—	179	—	179
泰国	—	—	—	93	—	93
巴基斯坦	—	—	—	44	—	44
老挝	—	—	12	5	—	18
保加利亚	—	—	16			16
阿根廷	—	4	0		9	13
哈萨克斯坦	12					12
柬埔寨	—	—	—	11	—	11
其他	0	4	13	2	0	19

2．油料、植物油

进口油料包括大豆、油菜籽、花生、葵花籽等，10多年以来，我国一直是大豆和油菜籽净进口国，进口量也呈持续增加态势。油料净进口主要是由国内植物油和饲料蛋白供给短缺，特别是饲料蛋白供给严重不足造成的。2015年我国油料净进口量达8 724万t，其中大豆为8 169万t，油菜籽为447万t。从2015年的情况来看，巴西是中国进口油料的第一大来源国，进口量为4 008万t，占进口总量的46%；其次是美国，进口量为2 844万t，占进口总量的33%；处于第三位的是阿根廷，进口量为946万t，占进口总量的11%。

由于国内植物油供给严重不足，除了大量进口油料，我国也一直是植物油净进口国。2009年、2012年植物油直接进口量均超过1 000万t，近年来也一直保持在约900万t的较高水平，其中棕榈油是第一大进口品种，约占植物油净进口总量的60%以上，其次是豆油和菜籽油。从2015年的情况来看，马来西亚是中国进口植物油（棕榈油和棕榈仁油）的第一大来源国，进口量为306万t，占进口总量的36%；其次是印度尼西亚（棕榈油和棕榈仁油），进口量为289万t，占进口总量的34%；处于第三位的是加拿大（菜籽油），进口量为58万t，占进口总量的7%。

3．木薯

我国一直是木薯及木薯粉净进口国，以替代部分粮食和其他淀粉类原料。随着国内玉米价格的不断升高，近年来木薯及木薯淀粉净进口量也不断增加。2015年木薯干净进

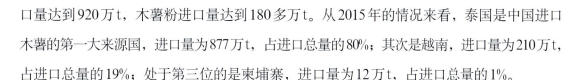

口量达到920万t，木薯粉进口量达到180多万t。从2015年的情况来看，泰国是中国进口木薯的第一大来源国，进口量为877万t，占进口总量的80%；其次是越南，进口量为210万t，占进口总量的19%；处于第三位的是柬埔寨，进口量为12万t，占进口总量的1%。

4．蛋白饲料原料

2009年之前我国一直是蛋白饲料原料的净出口国，但随着玉米酒糟蛋白饲料（DDGS）进口量的增加，从2010年开始，我国成为蛋白饲料原料净进口国。2010年蛋白饲料原料净进口量为397万t，2015年净进口量达到570万t。从2015年的情况来看，美国是中国进口蛋白饲料原料的第一大来源国，进口量为682万t，占进口总量的90%；其次分别是印度尼西亚和马来西亚，进口量分别为37万t和17万t。

5．商品草

我国商品草种植面积从2001年的18.2万hm²提高到2013年的318万hm²，虽然面积增长快，但商品草种植面积仅占草地面积的0.5%，远远无法满足我国巨大的草食性家畜的需求，导致我国需要大量进口商品草来满足国内需求。

进口草料以苜蓿、燕麦草等干草为主，主要用于满足高端养殖市场需求。2001—2015年，我国苜蓿草进口量由0.2万t增加到136.5万t；进口金额从46万美元增加到5.2亿美元；其中，美国是我国苜蓿草最大的进口来源国，2015年自美国进口的苜蓿草占当年进口总量的76.5%。

6．畜禽产品

我国畜禽产品进口呈波动式上升态势。2004年进口量最低，只有29.2万t，2015年进口量最高，达到188.3万t。从进口品种来看，近年猪肉、牛肉和羊肉进口量增加幅度较大，而禽肉进口量相对比较稳定。从2015年的情况来看，巴西是中国进口畜禽产品的第一大来源国，进口量为35万t，占进口总量的19%，进口品种主要是禽肉和牛肉；其次是澳大利亚，进口量为23万t，占进口总量的12%，进口品种主要是牛肉和羊肉；新西兰和德国是第三大进口来源国，进口量均为21万t，但自新西兰主要进口牛肉和羊肉，自德国主要进口猪肉。

7．食糖和棉花

2000—2009年，我国食糖净进口量一直在100万t左右。但由于国内糖料生产成本不断提高，国内外食糖价格差距拉大，食糖净进口量大幅度增加，2015年达到477万t的历史最高水平。从2015年的情况来看，巴西是我国食糖第一大进口来源国，进口量

达到274万t，占进口总量的56%；其次分别是泰国和古巴，进口量分别为60万t和52万t，分别占进口总量的12%和11%。

由于国内外棉花存在质量和价格方面的差距，我国一直是棉花净进口国，但净进口量波动幅度较大。2006年和2012年，净进口量曾出现两个高峰，净进口量分别达到363万t和512万t。美国、印度和澳大利亚是我国进口棉花的主要来源国。

（二）农业资源对外依存度

农产品贸易是连接农业资源丰富地区和匮乏地区的纽带，经济全球化背景下的农产品贸易自由化使农业资源在全球范围内重新分配，全球各国间在资源流动方面的联系越来越紧密，这一方面缓解了输入国农业资源的稀缺，另一方面促进了资源输出国的经济发展。而粮食、棉花、油料、糖等初级农产品都是在耕地资源上生产出来的，其加工成品（如豆粕、DDGS等）也是通过耕地资源间接生产出来的，因此这些大宗农产品及其制成品中都隐含有一定量的耕地资源。本书以"虚拟耕地资源"这一指标来综合衡量我国农产品的贸易特点及其对外依存度。

1. 大宗农产品虚拟耕地资源净进口变化

（1）大宗农产品虚拟耕地资源进口

我国大宗农产品虚拟耕地资源进口量由2000年的1 112万hm^2，增加到2015年的6 576万hm^2。

从分品种的情况来看，2015年大豆、大麦、高粱、油菜籽、棕榈油、木薯干、豆油、食糖、DDGS、棉花、菜籽油、玉米、葵花籽油、稻米和小麦的虚拟耕地资源进口量占我国大宗农产品虚拟耕地资源进口总量的97.6%。

大豆是我国农产品中虚拟耕地资源进口量最大的品种，其占我国虚拟耕地资源进口量的比例保持在60%~70%。2015年大豆虚拟耕地资源进口总量为4 538万hm^2，占虚拟耕地资源进口总量的69%。

2015年我国农产品中虚拟耕地资源进口量处于第二、三、四和五位的分别是大麦、高粱、油菜籽和棕榈油，虚拟耕地资源进口量分别为298万hm^2、277万hm^2、235万hm^{2}和196万hm^2，分别占虚拟耕地资源进口总量的4.5%、4.2%、3.6%和3.0%。

（2）农产品分品种虚拟耕地资源出口

大宗农产品虚拟耕地资源出口量由2000年的436万hm^2，减少到2015年的150万hm^2；

2003年时最高，达到579万hm²。

从分品种的情况来看，2015年豆粕、食糖、豆油、葵花籽和大豆的虚拟耕地资源出口量较大，分别为74万hm²、21万hm²、15万hm²、10万hm²和7万hm²，虚拟耕地资源出口量占我国大宗农产品虚拟耕地资源出口总量的84.6%。

（3）大宗农产品虚拟耕地资源净进口量

我国大宗农产品虚拟耕地资源净进口量由2000年的675万hm²，增加到2015年的6 426万hm²。

从分品种的情况来看，2015年大豆、大麦、高粱、油菜籽、棕榈油、木薯干、豆油、DDGS、棉花、菜籽油和玉米是我国大宗农产品中虚拟耕地资源净进口量较大的品种，约占我国大宗农产品虚拟耕地资源净进口总量的95%。

大豆是我国农产品中虚拟耕地资源净进口量最大的品种，2015年大豆虚拟耕地资源净进口总量为4 531万hm²，占虚拟耕地资源净进口总量的70.5%；处于第二、三、四、五位的分别是大麦、高粱、油菜籽和棕榈油，虚拟耕地资源进口量分别为298万hm²、277万hm²、235万hm²和196万hm²。

2．大宗农产品虚拟耕地资源贸易格局

（1）大宗农产品虚拟耕地资源贸易格局变化

2015年巴西、美国、阿根廷、加拿大、澳大利亚、乌克兰、印度尼西亚、泰国、乌拉圭和法国是我国大宗农产品虚拟耕地资源净进口量排前10位的国家，2015年自上述10个国家虚拟耕地资源净进口量为6 233万hm²，占进口总量的95%。

巴西和美国是中国农产品虚拟耕地资源净进口量第一、二位的两个来源国，2015年虚拟耕地资源净进口量分别为2 315万hm²和1 948万hm²，分别占当年我国虚拟耕地资源净进口总量的36.0%和30.3%。

而日本、朝鲜和韩国是我国大宗农产品虚拟耕地资源净出口国，2014年的净出口量分别为56万hm²、14万hm²和10万hm²。

（2）2015年大宗农产品虚拟耕地资源分国别进口特点

中国从主要进口国进口虚拟耕地资源量及农产品构成如表0-22所示。

①巴西：中国自巴西进口农产品虚拟耕地资源2 315万hm²，主要包括大豆、食糖、豆油和棉花等，分别占自巴西进口虚拟耕地资源总量的96.2%、2.1%、1.2%和0.4%。

②美国：中国自美国进口农产品虚拟耕地资源1 954万hm²，主要包括大豆、高粱、

DDGS、棉花和玉米等，分别占自美国进口虚拟耕地资源总量的80.8%、11.9%、4.6%、1.5%和0.4%。

③阿根廷：中国自阿根廷进口农产品虚拟耕地资源611万hm²，主要包括大豆和豆油，分别占自阿根廷进口虚拟耕地资源总量的85.9%和12.6%。

④加拿大：中国自加拿大进口农产品虚拟耕地资源366万hm²，主要包括油菜籽、大豆、菜籽油、大麦和小麦，分别占自加拿大进口虚拟耕地资源总量的56.1%、16.3%、14.2%、7.9%和5.4%。

表0-22　2015年我国主要虚拟耕地资源进口量及农产品构成

单位：万hm²，%

项目	总计	巴西	美国	阿根廷	加拿大	澳大利亚	乌克兰	印度尼西亚	泰国	乌拉圭	法国	马来西亚
虚拟耕地资源净进口量	6 576.3	2 314.7	1 953.5	610.5	366.0	239.5	167.7	166.3	162.8	128.8	123.1	96.0
大豆占比	69.0	96.2	80.8	85.9	16.3	—	0	—	—	100.0	—	—
大麦占比	4.5	—	0	0.2	7.9	50.6	13.6	—	—	—	99.8	—
高粱占比	4.2	—	11.9	0.4	—	17.8	—	—	—	—	0	—
油菜籽占比	3.6	—	0	—	56.1	10.4	—	—	—	—	0	—
棕榈油占比	3.7	—	0	—	0	—	—	90.5	0	—	0	92.4
木薯干占比	2.0	—	—	—	—	—	—	0.2	65.2	—	—	—
豆油占比	1.8	1.2	0	12.6	—	—	5.8	—	—	0.2	—	—
食糖占比	1.4	2.1	0.1	0	0	2.7	—	0	6.7	0	0	0.2
DDGS占比	1.4	0	4.6	—	0	—	—	—	—	—	0	—
棉花占比	1.3	0.4	1.5	0	—	6.1	—	—	—	—	—	0
玉米占比	1.2	0	0.4	0	—	0	38.9	—	—	—	0	—
菜籽油占比	1.2	—	0	—	14.2	1.8	3.5	—	—	—	0	0
葵花籽油占比	1.1	—	0.3	0	—	38.2	—	—	—	—	0	0
稻米占比	1.0	—	—	—	—	—	—	—	11.1	—	0	—
小麦占比	0.9	—	0.6	—	5.4	10.5	—	—	—	—	0.1	—
木薯淀粉占比	0.6	—	0	—	—	—	—	0	16.8	—	0	0
其他占比	1.2	0.1	0	0.6	0.1	0.1	0	9.3	—	—	0.1	7.3

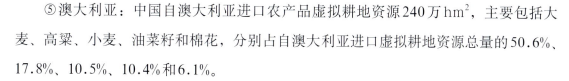

⑤澳大利亚：中国自澳大利亚进口农产品虚拟耕地资源240万hm²，主要包括大麦、高粱、小麦、油菜籽和棉花，分别占自澳大利亚进口虚拟耕地资源总量的50.6%、17.8%、10.5%、10.4%和6.1%。

⑥乌克兰：中国自乌克兰进口农产品虚拟耕地资源168万hm²，主要包括玉米、葵花籽油、大麦、豆油和菜籽油，分别占自乌克兰进口虚拟耕地资源的38.9%、38.2%、13.6%、5.8%和3.5%。

⑦印度尼西亚和马来西亚：印度尼西亚和马来西亚是中国棕榈油的主要进口来源国，中国自这两个国家进口虚拟耕地资源分别为166万hm²和96万hm²，几乎全部来自棕榈油及棕榈仁油的进口。

⑧泰国：中国自泰国进口农产品虚拟耕地资源163万hm²，主要包括木薯干、木薯淀粉、稻米和食糖，分别占自泰国进口虚拟耕地资源总量的65.2%、16.8%、11.1%和6.7%。

⑨乌拉圭：乌拉圭是除美国、巴西、阿根廷外的第四大中国大豆进口来源国，中国自乌拉圭进口虚拟耕地资源129万hm²，几乎全部是大豆虚拟耕地资源进口。

⑩法国：中国自法国进口农产品虚拟耕地资源123万hm²，几乎全部是大麦的虚拟耕地资源进口；法国是中国大麦的主要进口来源国。

3. 大宗农产品虚拟耕地资源对外依存度

2015年虚拟耕地资源进口总量达到6 576万hm²，出口量下降到150万hm²，净进口量增加到6 426万hm²，按照2015年我国耕地面积为13 499.9万hm²，我国大宗农产品虚拟耕地资源对外依存度为32.2%。其中，对巴西和美国的对外依存度较高，分别达到14.6%和12.6%；处于第三、四位的是阿根廷和加拿大，分别为4.3%和2.6%（表0-23）。

表0-23　2015年我国主要虚拟耕地资源净进口来源国

单位：万hm²，%

项目	虚拟耕地资源净进口量	对外依存度
总计	6 426	32.2
巴西	2 315	14.6
美国	1 948	12.6
阿根廷	610	4.3
加拿大	365	2.6
澳大利亚	239	1.7

(续)

项目	虚拟耕地资源净进口量	对外依存度
乌克兰	168	1.2
印度尼西亚	162	1.2
泰国	161	1.2
乌拉圭	129	0.9
法国	123	0.9
马来西亚	94	0.7

（三）蔬菜国际竞争力强、对外出口优势明显，花卉出口曙光初现

蔬菜是高度劳动密集型农产品。随着蔬菜产业的快速发展，中国已经成为世界最大的蔬菜生产国。2015年种植面积和产量分别为3.30亿亩和7.85亿t，种植面积占全国农作物种植面积的13%，近十年来平均增长速度达2%；蔬菜产业已成为种植业中仅次于粮食的第二大产业。

1. 蔬菜净出口量保持在600万t左右的水平

我国一直是蔬菜净出口国，2000年的净出口量为254万t，到2007年持续增加到600万t的水平，2008—2016年的净出口量一直保持在600万t左右的水平。

我国蔬菜净出口金额由2000年的15亿美元持续增加到2007年的40亿美元左右。2008—2016年，尽管蔬菜净出口量变化不大，但是蔬菜净出口金额仍继续保持快速增加态势，2016年的净出口金额达到了101亿美元，成为我国农产品中净出口金额最高的农产品品种。

2. 蔬菜出口由传统的东亚、东南亚向俄罗斯、北美和欧洲扩展

在品种结构上，蔬菜出口形成了以我国传统蔬菜和国外引进产品相结合的格局，近年，一方面，对传统优良蔬菜品种进行了提纯复壮和改良，品质、产量有所提高；另一方面，从国外引进了大量优良品种，尤其是从进口国引进适销对路的菜种，极大地丰富了出口品种数量，提高了蔬菜品质。

从出口市场分布看，目前我国蔬菜出口市场已经覆盖190多个国家和地区，遍布世界各地。市场区域由东亚及东南亚，向欧盟、北美、俄罗斯及周边独联体国家稳步发展，东亚及东南亚仍是我国蔬菜出口的主要市场。

2016年我国蔬菜净出口金额超过1亿美元的国家有越南、日本、马来西亚、印度

尼西亚、美国、韩国、泰国、俄罗斯联邦、巴西、阿拉伯联合酋长国、菲律宾、荷兰、新加坡、意大利、德国和巴基斯坦,净出口金额分别为15.7亿美元、12.9亿美元、7.2亿美元、7.1亿美元、6.8亿美元、6.2亿美元、4.4亿美元、3.7亿美元、3.0亿美元、1.7亿美元、1.5亿美元、1.4亿美元、1.2亿美元、1.1亿美元、1.1亿美元和1.0亿美元,合计占当年净出口总额的75.61%。

越南和日本是我国蔬菜净出口第一、第二位的市场,2016年净出口数量分别为68万t和97万t。

3.蔬菜出口潜力巨大

（1）从国际市场需求来看

全球蔬菜消费需求的相对增长和人口数量的绝对增长,以及农产品市场的全面开放,为我国蔬菜出口市场的持续扩大提供了可能。

一方面,蔬菜需求总量随世界人口增加和消费增长而快速增长,出口贸易随着经济全球化、交通运输快捷化、保鲜加工现代化以及蔬菜生产区域化而日益活跃。20世纪80年代以来,世界蔬菜国际贸易量持续上升,年增幅在5%左右,30个种类蔬菜的国际贸易量已超过7 000万t。

另一方面,在WTO框架下,世界各国进一步开放农产品市场,为蔬菜出口铺平了道路,使参与蔬菜国际贸易的国家和地区不断增加。目前,亚洲市场稳中有增,欧洲蔬菜出口比重逐年递减,成为净进口区,以美国为代表的美洲进口量稳中有升,从中长期看,也将成为主要进口区。

（2）从我国蔬菜出口优势来看

第一,同周边其他国家相比,我国自然资源优势明显。几乎所有蔬菜作物一年四季在我国都有其适宜的生产区域;可利用气候差异和反季节性生产来最大限度地发挥我国自然资源优势。比如东盟、东亚,受农业资源条件限制和海洋季风影响,蔬菜种植面积小,产量有限,夏季台风、高温、暴雨等恶劣气候灾害频繁发生,蔬菜生产难度大、成本高、质量差。俄罗斯和独联体国家冬春寒冷漫长,无霜期短,蔬菜生产条件差,成本高。而我国东南沿海至华南长江中上游地区,秋冬露地生产条件好,再加之近年三北地区大量的节能日光温室反季节蔬菜生产发展较快,形成了对俄罗斯及周边国家出口的绝对优势。

第二,地理位置优势。我国蔬菜出口区位优势显著,与出口区域接海邻壤,距离相

对较小，生活消费习性、文化渊源相近，出口贮运成本和时间成本较低。如日本、韩国、东盟10国、西亚及独联体国家，与我国距离近，运销方便快捷。近年中欧贸易活跃，欧盟各国净进口量增大，随着"一带一路"倡议的推进，这一优势也将凸显。

第三，生产成本优势明显。蔬菜生产成本中，劳动力成本占比最大，约占蔬菜生产成本的70%左右。我国劳动力成本低，使得蔬菜生产具有明显的成本优势，最终实现具有国际竞争力的利润优势和价格优势。

但是，由于我国蔬菜生产技术落后，蔬菜质量安全水平亟待提高；我国蔬菜在生产、分级包装过程中，缺乏对优良品种、优质产品、精选产品的精细包装，难以实现优质优价。

随着国内高端设施农业发展，特别是工厂化蔬菜种植规模的扩大，高产、优质、优价的蔬菜品种出口量将不断提高。

4. 精品特色花卉出口前景光明

中国幅员辽阔，气候地跨三带，是世界公认的花卉宝库。而花卉产业是集经济效益、社会效益和生态效益于一体，集劳动密集、资金密集和技术密集于一体的绿色朝阳产业。在欧美，花卉消费是一个巨大的市场，随着我国的消费升级，花卉行业必将蕴含巨大的投资机会。我国拥有发展花卉产业的突出优势，同时花卉产业对于调整农业种植结构、提高农民收入、满足人民生活需求具有重要意义。20世纪80年代，随着改革开放的步伐，我国花卉产业从无到有、从小到大，作为一项新兴产业迅猛发展。近几年来，我国花卉产业发展十分快速（图0-14），花卉种植面积、销售额和出口额均持续上升。截至2015年底，我国花卉生产面积已达130.55万hm²，销售额1 302.57亿元，出口创汇6.19亿美元。特色花卉、盆景出口增长迅速，正处于快速发展的初期，前景一

图0-14　2000—2015年我国花卉种植面积变化

片光明。我国已成为世界上最大的花卉生产基地、重要的花卉消费国和花卉进出口贸易国，在世界花卉生产贸易格局中占据重要地位。

（四）农产品贸易对策

1．粮食进口多元化

受到耕地、灌溉水资源短缺的制约，为保证农产品供给，我国农业必须"走出去"，深入实施"两种资源，两个市场"战略，从全球范围解决我国农产品不足问题。

无论是北美的美国、加拿大，还是欧洲的乌克兰、法国等国家，其农业非常发达，已有成熟、完善的农业产业体系。为满足全球（特别是中国）过去20多年来对农产品的需求，国际大的农业公司和贸易集团（如ADM、邦基、嘉吉、路易·达夫、丰益国际和日本的丸红、伊藤忠等）在南美的巴西、阿根廷以及东南亚的印度尼西亚、马来西亚等国家，与当地政府、农业土地拥有者、农业生产者等进行了深度合作，为当地生产者提供农资、资金、技术，并通过其强大的全球农产品加工、运输和贸易体系，掌控了全球农产品资源。在某种程度上说，国际农业公司和贸易集团的经营活动为满足过去20多年我国农产品需求的快速增长起到了重要作用。

为保障我国粮食供给安全，中粮集团积极实施"走出去"战略，购并"来宝谷物"，从而在南美拥有了自己的基地；在乌克兰投资，建设生产、加工和贸易基地。我国政府为提高非洲的农业生产能力，在很多非洲国家建设了多个不同类型的示范农场。国内一些大、中、小型企业及私人也纷纷在俄罗斯、非洲等地建设农场。

从近期来看，要加强与现有传统主要农业贸易国（如美国、巴西、阿根廷、加拿大、澳大利亚、印度尼西亚、马来西亚等）的农业合作关系，以保障农产品的有效供给。

从中期来看，应发展同乌克兰、俄罗斯、哈萨克斯坦等中东欧和中亚地区农业资源相对比较丰富的国家之间的合作。俄罗斯远东地区纬度跨度较大，依据我国黑龙江省农业种植条件，以其最北纬度作为农作物可以生长的界限，俄罗斯远东地区各种用地类型的面积中，森林面积最大，约621 397.75 km^2；其次为农田、自然植被混合区，面积约160 525.5 km^2；农田面积较小，面积约73 531 km^2。在进行农业生产潜力分析时，必须考虑该地区的生态环境平衡，在这个前提下，仅将农田与农田、自然植被混合区考虑为可以进行农作物耕种的区域，参考2010年黑龙江省粮食平均产量4 973 kg/hm^2，则可以推算出俄罗斯远东地区粮食生产潜力可达11 639万t。

中亚地区的哈萨克斯坦位于中亚和东欧，国土横跨亚、欧两洲，是世界上面积最大的内陆国。哈萨克斯坦具有发展农业的良好条件：国土广袤，大部分领土为平原和低地；位于北温带，光热资源丰富；境内拥有众多的河流、湖泊和冰川，水资源较为丰富，能够满足该国生产和生活用水的基本需求。苏联时期，哈萨克斯坦农业基本实现了规模化、机械化经营，为种植业和养殖业的发展奠定了较为坚实的基础。近年来，哈萨克斯坦平均年产粮食1 700万～1 900万 t。在哈萨克斯坦生产的粮食中，超过80%为小麦，10%为大麦，玉米、大米等其他粮食作物所占比重较低。哈萨克斯坦是世界主要粮食出口国之一，2011年粮食产量增长翻番，共产粮2 690万 t。近年来，哈萨克斯坦粮食出口量受到国际市场粮食行情的影响，变化起伏较大，最高为2007年的688万 t，最低为2011年的349万 t，出口的粮食中超过90%为小麦。

从远期来看，东非地区农业资源丰富、农业发展潜力巨大，我国应加强与东非地区国家的农业合作，保障未来我国农产品的有效供给。东非耕地面积6 200万 hm²，占非洲耕地面积的25%；而肯尼亚、坦桑尼亚、乌干达、赞比亚、马达加斯加、塞舌尔的耕地面积合计为3 000万 hm²，占非洲耕地面积的12.2%，占东非耕地面积的49.2%。东非的可耕地面积5 526万 hm²，其中肯尼亚、坦桑尼亚、乌干达、赞比亚、马达加斯加、塞舌尔6国的可耕地面积为2 585万 hm²，占东非可耕地面积的46.8%。

2. 提高全球粮食生产能力，保障食物供给安全

据多方预测，21世纪末，全球人口将达90亿人；除了中国，包括亚洲、非洲、中南美洲等发展中国家在内的脱贫、温饱、小康应该是必然的发展趋势，对农产品的需求量也将持续大幅度增加。届时全球是否会出现粮食危机，成为国际关注的焦点。在保证我国粮食供给安全的基础上，也应保障全球粮食安全。

根据全球农业资源分布、农产品生产和贸易格局，未来全球性八大"粮仓"将在确保人类粮食和食物安全方面处于重要地位（图0-15）。

(1) 以美国和加拿大为主的北美"粮仓"

美国拥有可耕地面积1.55亿 hm²，是全球耕地面积最大的国家（FAO，2014）；另外，美国还有2.51亿 hm²的草场，农业资源丰富，从而使其成为全球最大的玉米和大豆生产国。在贸易方面，美国是全球第一大小麦出口国、第二大玉米出口国、第二大大豆出口国。加拿大拥有可耕地面积4 602万 hm²，是全球最大的油菜籽生产国。在贸易方面，加拿大是全球最大的油菜籽出口国。

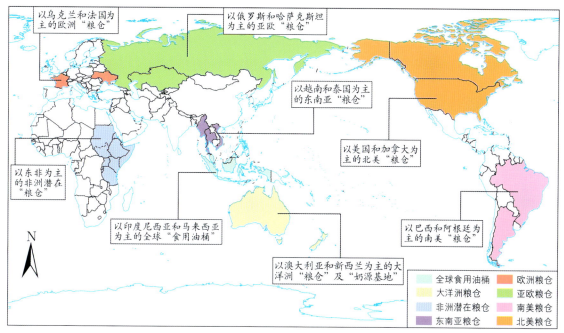

图0-15　全球八大粮仓的分布

尽管北美耕地面积增加潜力有限，但现有农业用地的充分利用，仍将有较大的生产潜力。未来北美仍将是全球最重要的农产品生产区域，也是我国大豆、小麦、高粱、大麦以及油菜籽、菜籽油等农产品的重要进口来源区域。

（2）以巴西和阿根廷为主的南美"粮仓"

巴西拥有可耕地面积8 002万hm²，草场面积为1.96亿hm²。巴西是全球最大的糖料生产国、第二大大豆生产国和第三大玉米生产国。在贸易方面，巴西是全球最大的食糖、大豆和玉米出口国。阿根廷拥有可耕地面积3 920万hm²，草场面积1.08亿hm²。阿根廷是全球第三大大豆生产国和第四大玉米生产国。在贸易方面，阿根廷是全球最大的豆油出口国。

随着未来全球农产品需求量的增加，南美巴西、阿根廷、乌拉圭、巴拉圭等国家的农业用地面积和农作物种植面积仍将继续增加，是未来我国大豆、玉米、蔗糖以及畜禽产品的重要进口来源区域。

（3）以俄罗斯和哈萨克斯坦为主的亚欧"粮仓"

俄罗斯和哈萨克斯坦分别拥有耕地面积1.23亿hm²和2 940万hm²，草场面积分别为9 300万hm²和1.87亿hm²，农业资源丰富，生产潜力巨大；目前俄罗斯和哈萨克斯坦分别是全球第三大、第九大小麦生产国。在贸易方面，俄罗斯和哈萨克斯坦分别是全球第五大、第九大小麦出口国。

俄罗斯西伯利亚和与我国接壤的远东地区，是种植小麦、大豆、油菜籽以及牧草的重要区域，具有向亚洲以及我国出口粮食的能力。

（4）以乌克兰和法国为主的欧洲"粮仓"

乌克兰拥有耕地面积3 253万hm²，草场面积785万hm²，是全球第五大玉米生产国，也是全球最大的葵花籽和葵花籽油生产国。乌克兰土地资源丰富，生产成本低，而且地理位置优越，随着各国（包括私人）投资的不断增加，粮食生产潜力巨大。

法国拥有耕地面积1 833万hm²，草场面积944万hm²，是全球第五大小麦生产国、第三大小麦出口国。

（5）以越南和泰国为主的东南亚"粮仓"

东南亚国家是全球最重要的稻米生产地区。在贸易方面，泰国和越南还是全球第二、第三大稻米出口国。未来该区域仍将是全球重要的稻米产区。

（6）以东非为主的非洲潜在"粮仓"

非洲是全球粮食净进口国，但是东非地区农业丰富，拥有可耕地资源6 640万hm²，草场面积达2.64亿hm²，其中，坦桑尼亚、肯尼亚、乌干达、莫桑比克农业资源丰富，非常适宜玉米的生产，2014年这四个国家玉米产量分别只有674万t、351万t、276万t和136万t，仅占全球总产量的1.1%。东非是未来满足非洲地区粮食需求的重要地区。

（7）以澳大利亚和新西兰为主的大洋洲"粮仓"及"奶源基地"

澳大利亚拥有可耕地面积4 696万hm²，草场面积3.59亿hm²，是全球拥有草场面积最大的国家，是全球第九大小麦生产国、第六大油菜籽生产国。在贸易方面，澳大利亚是第四大小麦出口国和重要的油菜籽出口国，也是第五大肉类出口国和第九大奶类出口国。

新西兰是全球最重要的乳品生产国，新西兰恒天然的牛奶价格直接影响全球牛奶市场。

未来澳大利亚农产品生产潜力巨大，同时也是全球奶制品、畜产品的重要出口区域。

（8）以印度尼西亚和马来西亚为主的全球"食用油桶"

印度尼西亚和马来西亚分别拥有可耕地面积2 350万hm²和755万hm²。印度尼西亚、马来西亚是全球最大的棕榈油生产国，其产量占全球产量的85%以上；全球85%以上的棕榈油贸易量来自这两个国家。这两个国家未来仍将是棕榈油的主要生产国和出口国。

五、结论与建议

（一）基本结论

随着我国人口总量的增长与食品消费水平的提高，未来我国人地关系的紧张格局仍会持续存在，土地生产能力难以全面保障我国的农产品消费需求，耕地保护政策仍需要严格执行。

1．口粮消费减少，畜产品消费增加，饲（草）料需求增长幅度较大

（1）随着社会经济发展，收入增加，生活水平提高，畜产品消费增长趋势不可避免

2015年我国人均消耗口粮量为158kg，2030年将降至131kg，2035年将降至122kg。2015年我国人均畜产品消费量为118kg，2030年将升至167kg，2035年将增至183kg。

2015年我国口粮消费总量超过2.1亿t，2030年将降至1.9亿t，2035年将降至1.7亿t。2015年饲料粮消费总量为3.0亿t，2030年将升至4.5亿t，达到历史最高水平，2030年后我国饲料粮用量会有所降低，预计2035年将降至4.3亿t。

（2）肉类需求结构中牛羊肉比重上升，奶制品需求增长，青贮玉米、优质牧草需求倍增

2015年人均肉类消费量中牛肉、羊肉为6.5kg，占肉类的16.3%；2030年将为11.9kg；2035年将增至13.2kg，占肉类的比重提高到25.0%。

2015年人均奶制品消费量为32.1kg，2030年将提高到42.8kg，2035年将继续提升至48.9kg。

2015年我国青贮玉米种植面积不足2 000万亩，优质牧草种植面积约1 500万亩；2030年青贮玉米需求种植面积1.18亿亩，优质牧草需求种植面积7 454万亩；2035年我国青贮玉米需求种植面积1.27亿亩，优质牧草需求种植面积8 025万亩。

（3）未来粮食人均消费和总需求均将有较大增长

2015年我国粮食消费总需求量6.27亿t，人均粮食消费量456kg；2030年我国粮食消费总需求量将达7.74亿t，人均粮食消费量将为536kg，总量比2015年增长23.4%，

人均粮食消费量比2015年增长17.5%；2035年我国粮食消费总需求量略有下降，为7.37亿t，人均粮食消费量将为514kg。

2. 未来全国口粮安全有保证，饲料粮供需差较大，饲料粮安全保障将是未来农业生产长期面临的重要问题

（1）粮食总产量增幅有限，自给率恐难超过85%

在耕地面积保有量18.25亿亩、19.16亿亩、20.03亿亩的低水平、中水平、高水平三种方案情景下，在保障合理轮作的前提下，供需形势最严峻的2030年我国粮食总产量分别为5.81亿t、6.18亿t、6.31亿t，与需求总量7.74亿t相比，供需缺口分别是1.93亿t、1.56亿t、1.43亿t，自给率分别是75%、80%、82%。

（2）口粮可以确保安全，饲料特别是蛋白饲料将有较大缺口

2030年耕地面积保有量中水平方案情景下，口粮生产量2.19亿t，是需求量的116%，可以完全满足需求。饲料粮生产量3.08亿t，仅及需求量的68%，其中，能量饲料2.76亿t，是需求量的79%；蛋白饲料生产量0.32亿t，仅是需求量的32%。

3. "应保尽保"应是耕地保护的基本原则，提高质量、培育地力应是耕地持续利用的根本方向

（1）耕地总量不足，人均耕地水平低，承载压力越来越大

理论上，实现2030年我国农产品完全自给需要耕地29亿亩，人均需要2亩。而按照耕地面积保有量18.25亿亩、19.16亿亩、20.03亿亩的低水平、中水平、高水平三种情景，人均耕地分别为1.26亩、1.32亩、1.39亩，差距相当大。即使按照70%的自给率，未来我国耕地需求也均在20亿亩以上。

（2）耕地后备资源消耗殆尽，补充耕地潜力十分有限

我国长期以来鼓励开垦荒地，甚至开发了一些不应开发的耕地。全国近期可开发利用耕地后备资源仅为3 000万亩。其中，集中连片耕地后备资源不足1 000万亩，而且主要是湿地滩涂、西部的草地与荒漠、南方的荒坡地，把这种土地开发成耕地的成本很高，而且开发后的收益非常有限。因此，耕地后备资源开发潜力十分有限，现有耕地愈显珍贵。当然，一些陡坡土地水土流失严重，确不适宜继续耕种，退耕也是必要的。

（3）虚拟耕地资源进口，补充产能不足，但不能过分依赖

目前我国虚拟耕地资源净进口量达到9.6亿亩，大宗农产品虚拟耕地资源对外依存度超过32%。未来，通过全球贸易，实现虚拟耕地资源进口，补充国内产量不足，依然

是必然选择。

综上，我国粮食自给率应不低于80%，耕地对外依存度应在70%左右。因此，耕地面积保有量应维持在19亿~20亿亩。而且，应下大力气建设高标准、旱涝保收、高产稳产田。

（二）主要建议

1．国家加大投入，集中力量建设高标准商品粮基地，实施集约化、标准化、规模化的商品粮生产

实施基本口粮田保护和建设工程，划定国家重点粮食保障区域，对区域内耕地实行特殊保护，重点需要保护粮食主产区优质的高产农田，尤其是集中连片的优质农田。

在东北地区的松嫩平原、三江平原、内蒙古东部部分地区、辽中南地区、黄淮海平原、长江中下游平原和四川盆地等区域，加大资金投入和政策扶持，建设高标准商品粮基地，确保大城市口粮需求。

加快土地制度改革步伐，大力推进规模化经营，建设以生产粮食为主的现代化大规模农场，保证种粮的规模效益，确保粮食生产稳步提高。

2．积极引导推进大豆、油菜、豆科牧草、青贮玉米生产，努力实现合理轮作

未来蛋白饲料不足问题将长期困扰农业生产，应全方位积极引导，推进国内大豆、油菜、豆科牧草生产，增加国内粗类资源供给，降低对外依存度。同时，推进粮豆合理轮作，提高农业资源的可持续生产能力。

循序渐进发展青贮玉米，为草食性牲畜发展创造条件，适应牛奶、牛羊肉需求发展。

3．依托"一带一路"倡议，拓宽海外农业资源利用的深度和广度

鉴于目前我国农产品进口来源国集中度和对外依存度高，为确保安全，我国农产品进口必须实行多元化方针。继续保持和传统主要农业贸易国的良好合作关系，积极发展同乌克兰、俄罗斯、哈萨克斯坦、乌兹别克斯坦等农业资源大国的全方位的农业深度合作，逐步拓展与东非地区国家的农业合作领域，带动该地区农业发展。积极倡导和推进全球八大粮仓生产能力建设，提高全球粮食安全保障程度，为实现我国粮食贸易安全奠定稳固基础。

专题报告

专题报告一

中国粮食安全与土地资源承载力研究

一、粮食安全与土地资源承载力的研究进展

（一）粮食安全

1. 粮食安全概念

据《2016中国农村统计年鉴》，我国粮食的统计口径除包括稻谷、小麦、玉米、高粱、谷子、其他杂粮，还包括薯类和大豆。其产量的计算方法，豆类按去除豆荚后的干豆计算，薯类按5kg鲜薯折1kg粮食计算。我国粮食的统计口径比国际通行的谷物大，相当于谷物、薯类、大豆之和。

一般来讲，粮食本身具有三个特性：一是粮食不仅是生活资料，更是战略物资，历史时期多次的朝代更迭与饥荒有关，现代也多将粮食作为外交工具频繁使用；二是粮食生产具有较强的周期性与波动性，且政策调控手段具有一定的滞后期与盲区；三是粮食生产的价格弹性大，需求弹性小。

国际上没有"粮食安全"的说法，仅有食物安全概念。

1974年11月，联合国粮食及农业组织（Food and Agriculture Organization of the United Nations，FAO）在罗马召开第一次世界粮食首脑会议，通过了《世界粮食安全国际约定》，首次提出了"食物安全"（Food Security），即"保证任何人在任何时候都能获得维持生存与健康所需要的足够的食品"。

这个概念衍生出对于粮食安全的四项细化要求：数量足够；价格稳定、合理；人民有能力购买；食品质量安全。

国内关于"粮食安全"存在三种主要的概念，即粮食安全（Grain Security）、食物安全（Food Security）与食品安全（Food Safety），最重要的是粮食安全概念。我国"粮食安全"概念与国际"食物安全"概念相对应，而我国"食品安全"概念主要是从食品质量上来讲的，《中华人民共和国食品安全法》第十章附则第九十九条规定："食品安全，指食品无毒、无害，符合应当有的营养要求，对人体健康不造成任何急性、亚急性或者慢性危害。"

我国使用"粮食安全"概念具有较强的历史背景：一是，我国在过去很长时期内经

济较为落后，粮食长期作为我国居民饮食的主体内容；二是，除了口粮，我国肉、蛋、奶等高蛋白产品也多由粮食转化而来，从这个角度上讲，国家粮食数量的多寡关系到整个国家的安全，故我国使用"粮食安全"概念多用于研究国家粮食的总需求量（消费量）方面，而家庭与个人层次的研究偏少。

1992年我国政府对我国的粮食安全给出定义，指"能够合理有效地对全体国民供应质量达标、结构合理、数量充足的粮食及食物"（高帆，2005）。这个概念不仅强调了粮食供求关系平衡，更强调了粮食的质量和合理结构，我国政府从国家的视角将粮食安全定义为给国民提供粮食的责任，在字面意义上更偏重于粮食产量。2004年，国家粮食局调控司认为，从本质上讲，粮食安全是指一个国家满足出现的各种不测事件的能力，同时和国家经济发展水平及外贸状况有着密切的联系；在字面意义上更偏重于粮食储备量。

2．粮食安全的层次

联合国粮农组织按照空间大小，将粮食安全划分为全球粮食安全、国家（地区）粮食安全、家庭（个人）粮食安全与个人营养安全四个层次。从全球层面讲，粮食安全仅与生产总量有关；在国家层面上，一个国家的粮食安全与国家食物净进口量、国家食物产量紧密相关，这两者也就是国家的食物总获取量；在家庭及个人层面上，家庭收入水平起到了关键性的作用，其不仅直接影响食物的获得数量与质量，还关系到家庭成员的医疗、健康与其他生活必需品与非必需品的获得性。值得注意的是，联合国粮农组织并未将地区粮食安全放入框架中，这是极有道理的。一个国家作为一个行政主体，会通过行政手段平衡区域间粮食的丰缺水平，因此，区域上的粮食安全因为会有国家层面强有力的行政干预，相对国家与家庭层面显得不是那么重要。从这个角度讲，国家尺度上的粮食安全最为重要（图1-1）。

按照时间划分，粮食安全可以分为年内粮食安全、几年粮食安全与多年粮食安全。如果按照粮食的生产消费流程，粮食安全包括粮食生产、粮食流通、粮食贸易与粮食储备四个主要层面。

3．粮食安全的测度

粮食安全一般可以采用五个指标进行测度。

（1）人均粮食占有量

人均粮食占有量表明一国（地区）平均每人占有粮食多寡的情况，人均粮食占有量越高，粮食安全水平也越高。

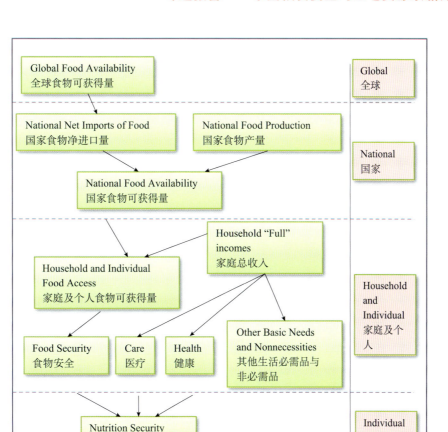

图1-1　食物安全的四个层次

资料来源：Smith L C，E L Obeid A E，Jensen H H，2000. The geography and causes of food insecurity in developing countries [J]. *Agricultural Economics*，22 (2)：199—215.

$$G=\frac{GP+GI-GO}{POP}$$ （式1-1）

式中，G表示人均粮食占有量；GP表示国家（地区）粮食总产量；GI为粮食进口量；GO为粮食出口量；POP为国家（地区）人口总量。联合国粮农组织认为，一个国家人均粮食年占有量应该达到400kg以上才为安全水平。

（2）粮食对外依存度

粮食对外贸易依存度是指一国（地区）粮食从国际市场上的净进口量占国内（地区）粮食总消费量的比重。

$$R=\frac{GI-GO}{D}\times100\%$$ （式1-2）

式中，R为粮食对外依存度；GI为粮食进口量；GO为粮食出口量；D为国内（地区）的粮食消费总量。粮食对外依存度越高，表明粮食自给水平越低。一般认为，粮食对外依存度低，则粮食安全水平高。联合国粮农组织认为一国的粮食自给率应该高于95%才为安全水平。

（3）粮食储备

粮食储备是粮食年度末的粮食结转储备量。粮食储备量占次年粮食消费总量的比例就是粮食库存与消费比。联合国粮农组织认为一国（地区）粮食库存与消费比最低范围是17%～18%，即粮食年度末粮食库存量至少应相当于次年粮食消费量的17%～18%，其中，6%为缓冲库存（后备库存），11%～12%为周转库存（供应库存）。周转库存相当于两个月左右的口粮消费，以便衔接下一季度的谷物收成。库存消费比低于17%为不安全，低于14%为粮食紧急状态。

中国粮食年度是4月1日至次年3月31日。

（4）粮食生产波动系数

粮食生产波动系数反映一国（地区）粮食生产的稳定程度，直接影响粮食供求平衡，通常采用粮食产量年际波动程度来表征，波动系数越大，一般认为粮食安全水平越低。可以采用方差表征。

（5）贫困阶层的粮食安全水平

饥饿和贫困在世界各国或地区都不同程度地存在，一国或地区粮食安全水平的高低主要取决于贫困阶层粮食需求的满足程度，尤其是在粮食短缺时期，贫困阶层的粮食获取权往往会进一步被剥夺，造成大的粮食饥荒。

上述均为单指标评价，不少学者与机构根据粮食安全定义，建立多个粮食综合评价体系或模型，表1-1是经济学人智库建立的世界粮食安全指标（Global Food Security Index，GFSI）。GFSI将宏观的国家粮食安全与微观的家庭（个人）粮食安全结合在一起，来测度一国的粮食安全程度，主要考虑三个方面，一是支付能力，二是供应能力，三是质量与安全，三者在GFSI中的权重分别是40%、44%和16%（表1-1）。

表1-1　世界粮食安全指标（GFSI）体系

支付能力	供应能力	质量与安全
	粮食供应的充足性	
家庭食物消费支出占比	（1）平均粮食供给 （2）长期接受食物援助的依存度	食物多样性
		营养标准
低于世界贫困县的贫困人口比重	农业研发的公共支出	（1）是否有国家饮食指南 （2）是否有国家营养计划 （3）是否有营养监督管理

支付能力	供应能力	质量与安全
人均国内生产总值（PPP）	农业基础设施 （1）是否有充足的粮食存贮设施 （2）道路基础设施 （3）港口基础设施	微量营养元素的饮食可获得性 （1）维生素A （2）动物源性铁 （3）植物源性铁
农产品进口关税	农业生产的波动性	蛋白质质量
是否参与食物安全网项目	政局稳定风险	食品安全 （1）是否有食品安全与健康的监管机构 （2）可以获取干净饮用水的人口比重 （3）国家是否有正规的食品行业
农民获得资金的困难程度	腐败程度	
	城市吸收能力	
	食物损耗	

资料来源：The Economist Intelligence Unit Limited 2016.Global food security index 2016 [EB/OL].http：//food security index.eiu.com.

根据世界粮食安全指标，2016年美国粮食安全地位排名世界第一，其次为爱尔兰，日本排名第22位，韩国排名第28位，中国排名第42位，排名落后的多为非洲国家（表1-2）。

表1-2　2016年世界粮食安全国家排名

排名	国家	得分	排名	国家	得分	排名	国家	得分
1	美国	86.6	14	葡萄牙	80.0	29	波兰	72.4
2	爱尔兰	84.3	16	奥地利	79.3	30	阿拉伯联合酋长国	71.8
3	新加坡	83.9	17	芬兰	78.9	31	希腊	71.5
4	澳大利亚	82.6	17	以色列	78.9	32	沙特阿拉伯	71.1
4	荷兰	82.6	19	西班牙	77.7	33	巴林	70.1
6	法国	82.5	20	卡塔尔	77.5	34	匈牙利	69.3
6	德国	82.5	21	比利时	77.4	35	马来西亚	69.0
8	加拿大	81.9	22	意大利	75.9	36	乌拉圭	68.4
8	英国	81.9	22	日本	75.9	37	阿根廷	68.3
10	瑞典	81.3	24	智利	74.4	37	哥斯达黎加	68.3
11	新西兰	81.1	25	捷克共和国	73.9	39	墨西哥	68.1
12	挪威	81.0	26	阿曼	73.6	40	斯洛伐克	67.7
13	瑞士	80.9	27	科威特	73.5	41	巴西	67.6
14	丹麦	80.0	28	韩国	73.3	42	中国	65.5

（续）

排名	国家	得分	排名	国家	得分	排名	国家	得分
42	罗马尼亚	65.5	67	巴拉圭	54.2	91	马里	39.3
44	巴拿马	64.4	68	哈萨克斯坦	53.7	92	塔吉克斯坦	38.6
45	土耳其	63.6	69	萨尔瓦多	53.3	93	多哥	37.9
46	白俄罗斯	63.1	70	玻利维亚	51.6	94	坦桑尼亚	36.9
47	南非	62.9	71	印度尼西亚	50.6	95	孟加拉国	36.8
48	俄罗斯	62.3	72	乌兹别克斯坦	49.8	96	叙利亚	36.3
49	哥伦比亚	61.0	73	危地马拉	49.6	97	几内亚	35.0
50	保加利亚	60.6	74	菲律宾	49.5	98	埃塞俄比亚	34.7
51	泰国	59.5	75	印度	49.4	98	苏丹	34.7
52	塞尔维亚	59.4	75	尼加拉瓜	49.4	100	也门	34.0
53	突尼斯	57.9	77	洪都拉斯	48.2	101	安哥拉	33.7
54	博茨瓦纳	57.8	78	加纳	47.8	102	赞比亚	33.3
55	秘鲁	57.7	78	巴基斯坦	47.8	103	老挝	32.7
56	厄瓜多尔	57.5	80	缅甸	46.5	104	马达加斯加	31.6
57	阿塞拜疆	57.1	81	乌干达	44.2	105	马拉维	31.4
57	埃及	57.1	82	尼泊尔	42.9	106	布基纳法索	31.0
57	越南	57.1	83	肯尼亚	42.7	107	刚果	30.5
60	约旦	56.9	84	科特迪瓦	42.3	108	海地	29.4
60	委内瑞拉	56.9	85	喀麦隆	41.6	108	莫桑比克	29.4
62	摩洛哥	55.5	86	塞内加尔	41.0	110	尼日尔	29.0
63	乌克兰	55.2	87	卢旺达	40.7	111	乍得	28.6
64	多米尼加共和国	55.1	88	贝宁	40.2	112	塞拉利昂	26.1
65	斯里兰卡	54.8	89	柬埔寨	39.8	113	布隆迪	24.0
66	阿尔及利亚	54.3	90	尼日利亚	39.4			

4．关于中国粮食安全的争论

改革开放后，我国经济发展与城镇化得到了快速、持续的发展。根据《中国统计年鉴2016》的数据，2015年我国GDP总量为682 635.1亿元人民币，仅次于美国，人均GDP也达到49 992元人民币，约为7 575美元，2020年我国要实现全面小康社会，预计人均GDP超过1万美元，至2030年达到中等发达国家水平。同时，我国已经进入了城镇化的中期加速阶段，2015年我国城镇化率为56.1%，预计2020年将达到61.5%左右，2030年将达到70.0%左右（李雪松、娄峰、张友国，2016）。经济发展与城镇化的快速发展引起了我国居民膳食消费水平与营养结构的快速改善。根据国家统计局的肉类生产数据与海关总署的肉类进出口数据，1995—2015年中国人均肉类表观消费量由43.4kg上升到63.1kg，增长了45.3%。而且，随着经济发展，中国城乡居民的肉类消费量将继续保持增长态势。

中国肉类生产量与消费量的快速增加，导致了中国饲料用粮需求量不断扩张，中国饲料粮供求缺口已经开始显现，2003年开始，中国由粮食净出口国转变为粮食净进口国，而且粮食进口数量快速增长，由2003年的净进口量53万t增长到2015年的12 313万t（含大豆）。如此大量的粮食进口量引起了各方对中国粮食安全以及世界农业生产与贸易格局的变化等问题的广泛关注。

学术界在中国粮食安全问题方面也分为鲜明的两派：一是以茅于轼为代表的乐观派，认为我国没有粮食安全问题，粮食缺口完全可以通过国际市场进口解决，甚至提出粮食安全和耕地面积并无直接关系，严守18亿亩耕地红线政策错误（茅于轼，2008、2010）；而另一派则对我国粮食安全保持谨慎甚至悲观的态度，这也是我国官方的观点并直接导致了目前我国主流农业政策的制定（张永恩、褚庆全、王宏广，2009；Lester Russell Brown，1995）。

综上所述，上述研究明晰了粮食安全的概念与计算体系，便于在世界范围内考虑我国粮食安全现状，同时为国家制定相关的粮食安全政策提供了可靠的依据。但目前，我国多数粮食安全研究，多以国家拟定的95%自给率为考核目标，多就粮食谈粮食、就安全谈安全，重生产轻消费、重数量轻质量，研究较多狭隘，理论研究与系统研究不够，且对国外研究成果的借鉴也不足。最关键的是，目前我国统计数据存在严重问题，难以通过统计数据获得准确的研究结论。

（二）土地资源承载力

1. 土地概念与土地利用分类

粮食安全问题也推动了土地资源承载力研究的快速发展。

土地是地球陆地表层各种自然要素与人类活动长期相互作用形成的综合体，包含岩石、土壤、水文、植被、人文等。根据土地用途的差异、利用的方式、经营的特点和覆盖的特征等因素，有不同的土地利用分类。在国家层面上，继1984年版、2002年版、2007年版，中华人民共和国质量监督检验检疫总局和中国国家标准化管理委员会于2017年11月1日联合发布《土地利用现状分类》，共分为12个一级类、73个二级类（表1-3）。

表1-3 土地利用现状分类与编码

编码	一级类	二级类
01	耕地	水田、水浇地、旱地
02	园地	果园、茶园、橡胶园、其他园地
03	林地	乔木林地、竹林地、红树林地、森林沼泽、灌木林地、灌丛沼泽、其他林地
04	草地	天然牧草地、沼泽草地、人工牧草地、其他草地
05	商服用地	零售商业用地、批发市场用地、餐饮用地、旅馆用地、商务金融用地、娱乐用地、其他商服用地
06	工矿仓储用地	工业用地、采矿用地、盐田、仓储用地
07	住宅用地	城镇住宅用地、农村宅基地
08	公共管理与公共服务用地	机关团体用地、新闻出版用地、教育用地、科研用地、医疗卫生用地、社会福利用地、文化设施用地、体育用地、公共设施用地、公园与绿地
09	特殊用地	军事设施用地、使领馆用地、监教场所用地、宗教用地、殡葬用地、风景名胜设施用地
10	交通运输用地	铁路用地、轨道交通用地、公路用地、城镇村道路用地、交通服务场站用地、农村道路、机场用地、港口码头用地、管道运输用地
11	水域及水利设施用地	河流水面、湖泊水面、水库水面、坑塘水面、沿海滩涂、内陆滩涂、沟渠、沼泽地、水工建筑用地、冰川及永久积雪
12	其他土地	空闲地、设施农用地、田坎、盐碱地、沙地、裸土地、裸岩石砾地

本书中的土地资源承载力主要是指耕地承载力。根据《土地利用现状分类》，我国耕地是指种植农作物的土地，包括熟地，新开发、复垦、整理地，休闲地（含轮歇地、休耕地）；以种植农作物（含蔬菜）为主，间有零星果树、桑树或其他树木的土地；平均每年能保证收获一季的已垦滩地和海涂。耕地中包括南方宽度小于1.0m、北方宽度小于2.0m固定的沟渠路和地坎（地埂），临时种植药材、草皮、花卉、苗木等的耕地，临时种植果树、茶树和林木且耕作层未破坏的耕地，以及其他临时改变用途的耕地。

随着时间演进，世界人口呈快速的增加趋势，每增加10亿人口的时间间距明显缩短，资源、环境、人口之间的矛盾随着人口的骤增变得更加突出，由此引起的人地关系紧张、资源短缺、生态环境恶化等问题一直是学术界关注的重点和焦点，也是各国政府面临的难点。面对严峻的人口态势，各国政府尤其是土地资源匮乏的发展中国家愈来愈关心土地资源是否具有相应的生产潜力满足未来人口的食物需求。1976年联合国粮农组织开始进行"发展中国家土地的潜在人口承载能力"的研究工作，到1983年分别研究了非洲、西南亚、东南亚、南美洲和中美洲117个发展中国家（不包括中国）的土地人口承载力。结果表明，如果继续使用传统耕作方法，发展中国家拥有的全部可垦土地将只能勉强养活预期人口，其中无法靠本国土地资源供养预期人口的国家将不少于64个。联合国粮农组织在《世界粮食不安全状况2015》中提出，2015年全球仍有7.95亿人遭受食物不足的困扰。

我国耕地面积占世界耕地总量不足10%，而人口占世界近20%的水平。截至2016年末，全国耕地面积为13 495.66万 hm²（合20.25亿亩），人口是138 271万人，人均耕地面积仅为1.46亩，约为世界人均耕地水平的45%，人多地少的矛盾极为突出。而从土地生产力的自然属性来看，一定时期土地的生产能力是有限的，其承载的人口数量也有一定的限额。超负荷地使用土地，会导致土壤侵蚀、沙化、盐碱化、沼泽化等退化现象，进而降低土地生产力和承载能力。在今后相当长的一段时期，我国人口将继续增加，根据国家卫生和计划生育委员会估测，实行全面二孩政策后，预计2030年中国总人口为14.5亿人，蔡昉等学者认为2030年前后我国人口高峰期人口为14.39亿人左右。

人口数量不断增加，加之生态退耕和城市化加速发展等因素，导致耕地数量不断减少，耕地资源已经成为我国经济发展的制约性资源，可以说，我国的人地关系正经历着有史以来最为紧张的时期。由此，土地承载力问题也得到了学术界的持续关注。

2．土地资源承载力研究简述

土地作为人类赖以生存的资源与环境，为人类持续地提供生产和生活资料。由于人口的激增和经济的快速发展，人地关系愈发紧张，人类对土地的索取需求增加，土地原有的物质资料供应能力和环境容纳能力能否满足今后人类的发展需求，最大能力是多少？这个问题受到学术界和政府的普遍关注。土地到底能承受多少人口？由此，引发出一个非常重要概念——土地资源承载力，或称土地资源人口承载（能）力。原中国科学院自然资源综合考察委员会将土地资源承载力定义为"在未来不同时间尺度上，以可预见的技术、经济和社会发展水平及与此相适应的物质生活水准为依据，一个国家或地区利用自身的土地资源所能持续稳定供养的人口数量"。世界各国对土地资源承载力的研究虽然时间有别、方法有异，但研究内容基本围绕上述土地资源承载力定义展开。

(1) 土地承载力研究简评

土地资源承载力研究包括土地生产潜力研究和人口承载量研究两部分。前者根据"一定的生产条件"计算土地生产潜力；后者在确定生产潜力的基础上根据"一定的生活水平"，计算出土地能够承载人口的数量，即土地资源承载量。因此，土地生产潜力计算是人口承载力研究的基础。

土地生产潜力是指一个地区在条件合宜的条件下，其土地所能生产作物的最大能力。国外学者对土地生产潜力的研究较早，对影响土地生产潜力的各限制因素进行了综合推算，包括光合生产潜力、光温生产潜力、光温水土生产潜力等，如美国的 Bonner J（1962）、Loomis R S 和 Williams W A（1963）等。其中影响较大的是，Loomis R S 和 Williams W A 利用量子效率等概念进行生物学产量的生产潜力计算。土地生产潜力是理论上的土地所能生产作物的最大生产能力，可作为研究在一定生产条件下土地现实生产能力的基础和依据。在利用土地生产潜力计算现实生产能力的应用中，国际上的研究成果可以分为两类。一类是适用于大尺度的综合的生产潜力模型，比较著名的有：利用降雨量和均温因素估算生物生产量的迈阿密模型（Miami Model）、利用实际蒸散量估算生物生产量的桑斯韦特模型（Thornthwait Model）、利用生长期和生产量的相关性而总结的经验模型（Gessner 和 Lieth 模型）；另一类是适用于计算小范围某种作物的生产潜力模型，其中影响较大的为联合国粮农组织的农业生态区法（AEZ）。

我国的土地生产潜力研究兴起于20世纪80年代初期，其研究成果主要以原中国科学院自然资源综合考察委员会主持的"中国土地的人口承载潜力"项目（1986—1990年）为代表，该项目将农业生态区法应用于我国实际，发展了水分平衡模型，其成果归结为《中国土地资源生产能力及人口承载量研究》（陈百明，1992）一书，对土地生产潜力的理论和应用研究均具有较大的推动作用。

上述模型方法需要预测的指标较多，包括未来耕地的数量和单产、作物结构安排、生产资料投入水平等，因此不同学者从不同角度的预测结果，往往会存在较大的差异。如原中国科学院自然资源综合考察委员会在1990年前后采用综合预测法，认为我国粮食最大可能生产能力为8.3亿t，而联合国粮农组织采用农业生态区（AEZ）法，认为在2000年的投入水平下，我国耕地粮食生产潜力为食用粮5.9亿t。

既然从理论上计算土地生产潜力的不确定性较大，近年来不少学者以土地生产力水平和土地资源消长的现实条件为基础，根据已有的食物消费水平，参照可以预见的生活标准，估算某一时点区域土地所能供养的最大人口规模。土地生产潜力往往采用历史最大生产水平或试验的最高单产水平，结合当地现行的或合理的作物结构和品种，计算区域最大粮食生产能力。如联合国粮农组织考虑现行作物结构和品种，假定所有可耕土地均用以种植粮食作物，对117个发展中国家（不包括中国）土地的人口承载能力进行估算。结果表明，在当前的人口增长趋势下，到2000年，低水平的农业投入下，共有65个国家预期人口超过其潜在人口支持力，高投入水平下，才能减为19个国家。国内，张晋科等（2006）学者采用粮食作物审定品种的区域试验产量，计算了我国各生态区域的粮食产出能力，其认为2004年我国耕地粮食总生产能力为9.2亿t；李秀彬等（2009）采用我国耕地历史最高单产水平的方法，综合考虑了作物种植结构和耕地面积的变化，认为2004年我国耕地的现实粮食生产能力为57 437万t。以现实生产力为基础，变量和不确定性减少，结果可信性强。

计算土地资源人口承载量还与居民的消费水平密切相关，研究者多将消费水平分为三个情景：生理满足情景/温饱情景、现实情景、富足情景/未来情景。

生理满足情景中的消费水平主要是以满足人体的生理性需求为主，食物结构主要以植物性产品——粮食为主。这样估算出来的土地人口承载量，消费水平大多在每年250~300kg粮食或每天2 200~2 400kcal热量，其计算出的土地人口承载量可作为上限值。温饱情景与生理满足情景相似，标准略高。李秀彬等（2009）将1990年我国人口平均粮食消费水平362kg确定为"温饱水平"，计算得到2033年我国耕地可承载15.87亿人口。

现实情景是根据现有食物消费水平，参照可以预见的生活标准对人口承载量进行计算。《中国土地资源生产能力及人口承载量研究》中，2000年中国土地承载能力的估算也是基于现实条件考虑的，其预测2000年有望达到基本自给的400kg水平，大体可维持每天人均摄取2 700kcal热量、75g蛋白质和50g脂肪的营养水平。在这样的消费水平下，农业采取高投入，我国的土地资源可以供养12.8亿人口。

富足情景/未来情景往往是在经济持续发展的情况下，预测某个时点居民消费所能达到的水平。

在计算方法上，目前表征食物消费水平的方式主要有两种：一种是以人均需要或消费的粮食、食用油、肉、蛋、奶等实物的数量为标准；另一种是以对热量、蛋白质的生理需求或实际摄入量为标准。前者能直观地反映出实际消费的状况，但难以比较区域间的差异；后者便于生活习惯和饮食方式不同的区域相比，但往往会忽略掉部分地区部分食物。目前国内大部分研究采用前一种方式。

（2）存在问题与发展方向

①土地资源人口承载力研究中，土地生产潜力研究是主流，尤其是针对粮食生产能力的研究占据了主体地位，但该方法由于涉及因素较多，研究结果往往差异较大；

②计算方法由静态分析走向动态预测。随着计算机技术的快速发展，各类数学模型、灰色预测、系统动力学等模型、方法得到广泛应用。数学模型的大量使用提高了土地承载力研究的定量化水平和可信程度。

③由粮食单一指标走向综合指标体系研究。目前土地人口承载量研究多以粮食为标准定量测算。随着人们生活水平的提高，居民的粮食直接消费量出现明显的下降趋势，而对肉、蛋、水产品、瓜果等副食的消费量呈增加趋势，单纯以粮食为指标进行土地人口承载量已不能客观地反映区域的人口承载状况。

二、耕地资源及粮食生产能力

我国是世界上人口最多的发展中国家，2016年我国大陆总人口已经达到了13.83亿人，预计2030年达到人口峰值14.5亿人左右。21世纪初期，是我国工业化、城市化的关键阶段，至2020年我国要实现小康社会，2030年达到中等发达国家水平，这就意味着我国人均收入与消费水平明显提升，需要土地提供更多、更优质的农产品。这可从我国旺盛的农产品进口贸易得到印证。截至2015年，我国粮食生产已经连续12年增产，粮食总产量达到6.61亿t，但同年我国农产品净进口量达到1.2亿t，尤其是大豆，近年来进口量连续突破，2015年进口量达到8 169万t。同时，随着我国城市化的快速发展，需要更多的土地转化为建设用地，土地供应紧张的态势将长期持续。进入21世纪后，我国将生态建设、生态安全、生态文明确立为国家发展的重大战略，继"退耕还林"等六大生态工程之后，生态建设还会占用一定数量的耕地资源。由此可见，随着人口持续增长和经济高速增长，我国土地资源面临农业生产—建设需求—生态文明三方面的矛盾，经济发展与生态建设无疑成为21世纪初期中国农地的有力竞夺者。

作为世界上人口最多的发展中国家，改革开放后我国经济长期保持快速的发展态势，居民收入也不断增加。21世纪初期是我国经济发展与城镇化的关键阶段，2015年我国城镇化率为56.1%，处于城镇化率30%～70%的加速发展中期阶段，预计2030年城镇化率达到70%左右。这就意味着我国人均收入与消费水平明显提升，膳食结构会明显改善。人口基数较大且仍在增长，消费水平与质量正快速提高，必然要求有更多、更优质的农产品供给，我国的粮食需求量也将会持续增加，我国粮食供求平衡偏紧的状态也将长期存在。耕地作为土地利用中的一种重要类型，是粮食生产的重要载体和物质基础，保持一定数量的耕地是粮食安全的关键因素和首要条件。进入21世纪后，随着经济社会的快速发展，城市化进程加快，城乡居民收入大幅度增加，居民的生活方式和粮食需求结构也随之发生了显著的变化；同时我国的人口数量也在不断增加，人们对粮食质量和数量的需求加重了耕地的压力。

（一）耕地资源现状与变化趋势

1. 耕地资源现状

据《2016中国农村统计年鉴》，2015年我国共有耕地13 499.87万hm²（20.25亿亩），园地1 432.33万hm²（2.15亿亩），林地25 299.20万hm²（37.95亿亩），草地21 942.06万hm²（32.91亿亩），其他农用地2 372.22万hm²（3.56亿亩）。

就耕地来看，2015年我国耕地面积1.35亿hm²（20.25亿亩），其中，水田、水浇地9.11亿亩，旱地11.14亿亩。

从省级层面来看，东北黑龙江省、吉林省、内蒙古自治区，中纬度的河北省、山东省、河南省、四川省是我国耕地资源较丰富的区域，7省（自治区）的耕地面积均在650万hm²（合9 750万亩）以上，其中黑龙江省耕地最多，为1 585.4万hm²（合23 781万亩）。

从人均耕地资源来看，我国人均耕地资源数量为1.5亩，在全部31个省（自治区、直辖市）中人均耕地资源数量大于全国平均值的省份多分布在东北和西部地广人稀的地区；人均耕地资源数量第一、二位的是黑龙江和内蒙古，分别为6.2亩和5.5亩，东部沿海人均耕地资源数量普遍较小，其中北京市和上海市的人均耕地资源数量仅分别约为0.2亩与0.1亩（表1-4）。

表1-4　2015年我国各省份耕地面积

单位：万亩，%，万人，亩

地　区	耕地面积	耕地面积占全国的比重	人口数量	人均耕地面积
全国	202 498	100.0	137 462	1.5
北京	329	0.2	2 171	0.2

（续）

地 区	耕地面积	耕地面积占全国的比重	人口数量	人均耕地面积
天津	655	0.3	1 547	0.4
河北	9 788	4.8	7 425	1.3
山西	6 088	3.0	3 664	1.7
内蒙古	13 857	6.8	2 511	5.5
辽宁	7 466	3.7	4 382	1.7
吉林	10 499	5.2	2 753	3.8
黑龙江	23 781	11.7	3 812	6.2
上海	285	0.1	2 415	0.1
江苏	6 862	3.4	7 976	0.9
浙江	2 968	1.5	5 539	0.5
安徽	8 809	4.4	6 144	1.4
福建	2 004	1.0	3 839	0.5
江西	4 624	2.3	4 566	1.0
山东	11 417	5.6	9 847	1.2
河南	12 159	6.0	9 480	1.3
湖北	7 883	3.9	5 852	1.3
湖南	6 225	3.1	6 783	0.9
广东	3 924	1.9	10 849	0.4
广西	6 603	3.3	4 796	1.4
海南	1 089	0.5	911	1.2
重庆	3 646	1.8	3 017	1.2
四川	10 097	5.0	8 204	1.2
贵州	6 806	3.4	3 530	1.9
云南	9 313	4.6	4 742	2.0
西藏	665	0.3	324	2.1
陕西	5 993	3.0	3 793	1.6
甘肃	8 062	4.0	2 600	3.1
青海	883	0.4	588	1.5
宁夏	1 935	1.0	668	2.9
新疆	7 783	3.8	2 360	3.3

　　数据来源：国土资源部，国家统计局。

2．耕地变化及驱动分析

（1）2009年后我国耕地面积变化特征

　　2009年以来，我国耕地总面积整体处于持续减少的态势。2009—2015年，我国耕地面积从20.31亿亩减少到20.25亿亩，共减少0.06亿亩，平均每年减少100万亩（图1-2）。

从2009—2015年我国各省耕地面积的变化来看，我国多数省份的耕地面积出现下降趋势，31个省级单位中有22个省级单位耕地面积减少，这与我国经济发展所处的阶段密切相关。耕地面积减少最为严重的地区为吉林省至云南省一带，河南省耕地面积减少量最大，为8.6万hm²，西部甘肃省的耕地面积减少量也较大。而广东省、新疆维吾尔自治区、内蒙古自治区的耕地面积增加较多，2009—2015年分别增加了8.37万hm²、6.58万hm²和4.87万hm²（表1-5）。

图1-2 2009—2015年我国耕地面积变化情况

表1-5 2009—2015年我国各省份耕地面积变化情况

单位：万hm²

地区	2009年	2010年	2011年	2012年	2013年	2014年	2015年	2009—2015年变化
全国	13 538.5	13 526.8	13 523.9	13 515.8	13 516.3	13 505.7	13 499.9	−38.6
北京	22.7	22.4	22.2	22.4	22.1	22.0	21.9	−0.8
天津	44.7	44.4	44.1	43.9	43.8	43.7	43.7	−1.0
河北	656.1	655.1	656.5	655.8	655.1	653.5	652.6	−3.6
山西	406.8	406.4	406.5	406.4	406.2	405.7	405.9	−1.0
内蒙古	918.9	918.8	918.9	918.7	919.9	923.1	923.8	4.9
辽宁	504.2	503.1	501.3	499.9	499.0	498.2	497.7	−6.5
吉林	703.0	701.7	702.1	701.4	700.6	700.1	699.9	−3.1
黑龙江	1 586.6	1 585.8	1 584.9	1 584.6	1 586.4	1 586.0	1 585.4	−1.2
上海	19.0	18.8	18.8	18.8	18.8	18.8	19.0	0

（续）

地区	2009年	2010年	2011年	2012年	2013年	2014年	2015年	2009—2015年变化
江苏	461.3	459.6	458.8	458.5	458.2	457.4	457.5	−3.8
浙江	198.7	198.4	198.2	197.9	197.9	197.7	197.9	−0.8
安徽	590.7	589.5	588.7	588.1	588.3	587.2	587.3	−3.4
福建	134.2	133.8	133.8	133.8	133.9	133.6	133.6	−0.5
江西	308.9	308.5	308.5	308.4	308.7	308.5	308.3	−0.6
山东	766.8	765.8	764.7	763.6	763.4	762.1	761.1	−5.7
河南	819.2	817.7	816.2	815.7	814.1	811.8	810.6	−8.6
湖北	532.3	531.2	530.1	529.0	528.2	526.2	525.5	−6.8
湖南	413.5	413.7	413.8	414.6	415.0	414.9	415.0	1.5
广东	253.2	256.9	260.1	261.4	262.2	262.3	261.6	8.4
广西	443.1	442.5	442.2	441.4	441.9	441.0	440.2	−2.8
海南	73.0	73.0	72.7	72.7	72.7	72.6	72.6	−0.4
重庆	243.8	244.3	245.0	245.1	245.6	245.5	243.1	−0.8
四川	672.0	672.0	673.6	673.2	673.5	673.4	673.1	1.1
贵州	456.3	456.6	456.1	455.2	454.8	454.0	453.7	−2.5
云南	624.4	624.0	623.4	622.5	622.0	620.7	620.9	−3.5
西藏	44.3	44.2	44.2	44.2	44.2	44.3	44.3	0
陕西	399.8	399.2	399.0	398.5	399.2	399.5	399.5	−0.2
甘肃	541.0	539.7	538.8	538.3	537.9	537.8	537.5	−3.5
青海	58.8	58.8	58.8	58.9	58.8	58.6	58.8	0
宁夏	128.8	128.7	128.5	128.3	128.1	128.6	129.0	0.2
新疆	512.3	512.1	513.5	514.8	516.0	517.0	518.9	6.6

数据来源：国土资源部。

（2）我国耕地面积变化的驱动因素

近年来我国耕地资源数量减少的主要途径有四种：建设占用、生态退耕、灾毁耕地、农业结构调整；耕地资源增加的主要途径有两种：补充耕地与农业结构调整，其中补充耕地又包括土地整理、增减挂钩补充耕地、工矿废弃地复垦与其他补充四类。从总量来看，我国大部分年份增加的耕地面积要小于减少的耕地面积。2014年，我国通过土地整治、农业结构调整等增加耕地面积28.07万hm^2，因建设占用、灾毁耕地、生态退耕、农业结构调整等原因减少耕地面积38.80万hm^2，年内净减少耕地面积10.73万hm^2。2015年全国因建设占用、灾毁、生态退耕、农业结构调整等原因减少耕地面积30.00万hm^2，通过土地整治、农业结构调整等增加耕地面积23.40万hm^2，年内净减少耕地面积6.60万hm² (图1-3)。

图1-3　2009—2015年我国耕地增减面积
数据来源：国土资源部。

目前，我国耕地数量减少的主要原因是建设占用，2010—2014年，我国年均建设占用耕地面积为32.0万hm²，占年均总减少面积（39.6万hm²）的80.8%。其次，分别为农业结构调整、灾毁耕地与生态退耕，其减少耕地占比分别为12.5%、4.7%与2.0%。2010—2014年，我国耕地增加的主体是土地整理、增减挂钩补充耕地，年均补充量为29.0万hm²，农业结构调整年均也可补充耕地4.1万hm²。

从区域上看，2014年，我国耕地增加主要集中在北部的新疆、内蒙古与中纬度地区的江苏、河南、陕西、四川；而减少耕地区域较为集中，主要集中在黄淮海平原及其周边省份。

（3）耕地利用集约度的变化

土地资源是有限的。在土地资源供给约束下，经营者通过增加对单位土地面积的资本和劳动投入来提高产品产量或经营收益。当土地资源供给变得充足时，经营者根据自己的预算，也可能增加经营的土地面积，而减少单位土地面积上的资本和劳动投入，以降低成本、提高收益。单位土地面积上资本和劳动投入高的利用方式，被称为对于土地资源的集约利用；反之，称为粗放利用。可见，土地集约或粗放利用的本质是资本、劳动等经济要素与土地间的替代（或资源替代）。

从国家层面来看，中华人民共和国成立以来，我国耕地利用集约度逐步提高，化肥、农用柴油、农药、农膜和农业固定资产等资本投入要素的集约度均呈上升趋势。1952—2016年，我国有效灌溉总面积从1 995.9万hm²上升到了6 714.1万hm²，增长了

2.4倍；化肥施用量从7.8万t增长到了5 984.1万t。耕地利用集约度的增加是我国粮食产量增长到目前6亿多t的最关键因素（图1-4）。

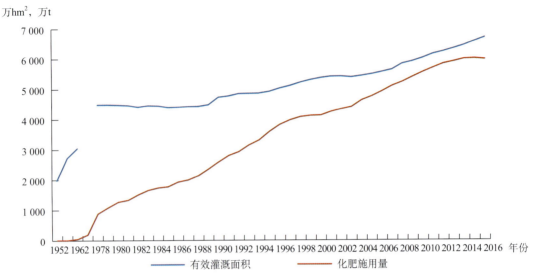

图1-4　1952—2016年我国有效灌溉面积与化肥施用量
资料来源：《中国农村统计年鉴》。

从农户层面来看，虽然劳动投入下降，但是机械化的快速发展弥补了我国劳动投入减少的负面影响，而我国粮食生产中的物质与服务投入在逐年增加（图1-5）。

目前，我国耕地利用集约度已经达到了非常高的水平。

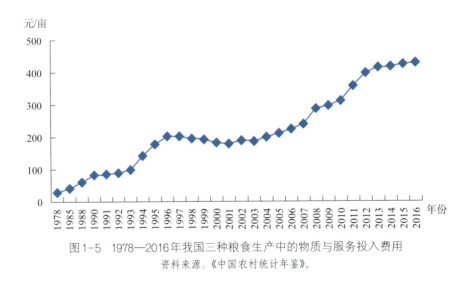

图1-5　1978—2016年我国三种粮食生产中的物质与服务投入费用
资料来源：《中国农村统计年鉴》。

3．耕地资源面临的问题

（1）人多地少，耕地生产压力长期存在

2015年我国人均耕地仅为1.47亩，黑龙江与内蒙古的人均耕地面积较多，也仅分别为6.24亩与5.52亩。同时，我国总人口仍呈增长态势，2009—2015年我国人均耕地面积减少了0.05亩，预计至2030年我国人均耕地面积仍会继续减少，人地紧张的关系会持续存在（表1-6）。

表1-6　2009年、2015年我国各省份人均耕地面积

单位：亩

地区	2009年		2015年		2009—2015年变化	
	全国人均	农村人均	全国人均	农村人均	全国人均	农村人均
全国	1.52	2.85	1.47	3.36	−0.05	0.51
北京	0.18	1.29	0.15	1.12	−0.03	−0.17
天津	0.55	2.48	0.42	2.44	−0.13	−0.04
河北	1.40	2.45	1.32	2.71	−0.08	0.26
山西	1.78	3.30	1.66	3.69	−0.12	0.39
内蒙古	5.61	12.21	5.52	13.90	−0.09	1.69
辽宁	1.74	4.42	1.70	5.22	−0.04	0.80
吉林	3.85	8.25	3.81	8.53	−0.04	0.28
黑龙江	6.22	13.98	6.24	15.14	0.02	1.16
上海	0.13	1.30	0.12	0.95	−0.01	−0.35
江苏	0.89	2.02	0.86	2.57	−0.03	0.55
浙江	0.56	1.37	0.54	1.57	−0.02	0.20
安徽	1.45	2.50	1.43	2.90	−0.02	0.40
福建	0.55	1.14	0.52	1.40	−0.03	0.26
江西	1.05	1.84	1.01	2.09	−0.04	0.25
山东	1.21	2.35	1.16	2.70	−0.05	0.35
河南	1.30	2.08	1.28	2.41	−0.02	0.33
湖北	1.40	2.59	1.35	3.12	−0.05	0.53
湖南	0.97	1.70	0.92	1.87	−0.05	0.17
广东	0.37	1.08	0.36	1.16	−0.01	0.08
广西	1.37	2.25	1.38	2.60	0.01	0.35
海南	1.27	2.49	1.20	2.66	−0.07	0.17
重庆	1.28	2.64	1.21	3.09	−0.07	0.45
四川	1.23	2.01	1.23	2.35	0	0.34
贵州	1.93	2.57	1.93	3.33	0	0.76
云南	2.05	3.10	1.96	3.47	−0.09	0.37
西藏	2.25	3.01	2.05	2.84	−0.20	−0.17

（续）

地区	2009年		2015年		2009—2015年变化	
	全国人均	农村人均	全国人均	农村人均	全国人均	农村人均
陕西	1.61	2.81	1.58	3.43	−0.03	0.62
甘肃	3.18	4.57	3.10	5.46	−0.08	0.89
青海	1.58	2.72	1.50	3.02	−0.08	0.30
宁夏	3.09	5.73	2.90	6.47	−0.19	0.74
新疆	3.56	5.92	3.30	6.25	−0.26	0.33

数据来源：国土资源部。

（2）耕地资源总体质量不高

根据我国第二次土地资源调查资料，2009年底全国耕地面积为13 538.5万hm²（合203 076.8万亩）。从耕地的坡度分布来看，我国2°以下耕地面积占比为57.1%，2°～15°的坡耕地面积占30.9%，15°～25°的坡耕地面积占比为7.9%，25°以上的坡耕地面积占比为4.1%。从耕地类型来看，我国耕地多为旱地，占比55%，其次为水田，占比24%，水浇地占比为21%。根据国土资源部《2015年全国耕地质量等别更新评价主要数据成果》，全国耕地平均质量等别为9.96等（共15等，1等耕地质量最好，15等耕地质量最差），优等地、高等地、中等地、低等地面积占全国耕地评定总面积的比例分别为2.90%、26.59%、52.72%、17.79%。其中高于平均质量等别的1～9等耕地占全国耕地评定总面积的39.92%，低于平均质量等别的10～15等耕地占60.08%。

从优、高、中、低等地在全国的分布来看，优等地主要分布在湖北、湖南、广东3省，总面积为352.01万hm²（5 280.17万亩），占全国优等地总面积的90.28%；高等地主要分布在河南、江苏、山东、湖北、安徽、江西、四川、广西、广东9省（自治区），总面积为2 859.63万hm²（42 894.42万亩），占全国高等地总面积的79.89%；中等地主要分布在黑龙江、吉林、云南、辽宁、四川、新疆、贵州、河北、安徽、山东10省（自治区），总面积为5 233.17万hm²（78 497.61万亩），占全国中等地总面积的73.73%；低等地主要分布在内蒙古、甘肃、黑龙江、山西、河北、陕西6省（自治区），总面积为2 049.24万hm²（30 738.64万亩），占全国低等地总面积的85.55%。

由此可见，我国坡耕地与旱地面积还占相当大的比例，低质耕地分布广泛。

（3）长期过度利用耕地资源，生态环境问题突出

长期以来，人口增长与经济发展使耕地资源承受过重的需求压力。因此，我国耕地

利用主要采用"过量投入追求高产出"的方式，但是这种生产方式带来了严重的生态环境问题，主要是农业面源污染与地下水耗竭。

以化肥施用为例，2014年我国平均每公顷耕地面积平均施用了443kg的化肥，相当于世界平均水平的3.26倍，也远超过国际公认的每公顷化肥施用量的上限水平（225kg）（图1-6）。

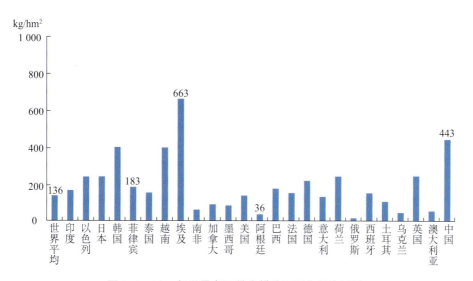

图1-6　2014年世界各国单位耕地面积化肥施用量

数据来源：《中国统计年鉴》。

同时，由于我国农业生产过度依赖灌溉，农业干旱缺水态势持续加剧，尤其是随着北方耕地资源的持续大规模开垦，北方农业水资源胁迫程度持续恶化。根据《中国水资源公报2015》，我国北方大部分地区水资源开发利用率均超过了国际公认的40%警戒线，华北地区甚至达到了119%。

近期，我国也出台了相关政策法规，鼓励地下水超采区进行土地休耕。其中，2014年中央1号文件《关于全面深化农村改革加快推进农业现代化的若干意见》首次提出农业资源休养生息试点，并将地下水超采漏斗区作为试点之一；2015年11月《中共中央关于制定国民经济和社会发展第十三个五年规划的建议》（简称"十三五"规划建议）中进一步明确实行耕地轮作休耕制度试点；随后，习近平在《关于"十三五"规划建议的说明》中，将地下水漏斗区作为耕地轮作休耕制度的三个试点地区之一（其他两地为重金属污染区和生态严重退化地区），要求安排一定面积的耕地用于休耕，并对休耕农民给予必要的粮食或现金补助。同时，北京、河北等地方政府也纷纷制订响应方案，进一步保障土地休耕制度的落实。

（4）耕地后备资源消耗殆尽

国土资源部2014—2016年开展的第二轮全国耕地后备资源调查评价工作显示，全国耕地后备资源总面积8 029.15万亩。其中，可开垦土地7 742.63万亩，占96.4%，可复垦土地286.52万亩，占3.6%。全国耕地后备资源以可开垦荒草地（5 161.62万亩）、可开垦盐碱地（976.49万亩）、可开垦内陆滩涂（701.31万亩）和可开垦裸地（641.60万亩）为主，占耕地后备资源总量的93.2%。其中，集中连片的耕地后备资源2 832.07万亩，占耕地后备资源总量的35.3%；零散分布的耕地后备资源面积5 197.08万亩，占耕地后备资源总量的64.7%。

实际上，我国长期以来鼓励开垦荒地，现全国已无多少宜耕土地后备资源。国土资源部列出的这些耕地后备资源，不仅分散，而且多数受水资源的限制，近期难以开发利用，全国近期可开发利用耕地后备资源仅为3 307.18万亩。其中，集中连片耕地后备资源940.26万亩，零散分布耕地后备资源2 366.92万亩。其余4 721.97万亩耕地后备资源，受水资源利用限制，短期内不适宜开发利用。

而且，我国耕地后备资源以荒草地为主，占后备资源总面积的64.3%，其次为盐碱地、内陆滩涂与裸地，比例分别为12.2%、8.7%、8.0%。这些后备耕地多分布在我国中西部干旱半干旱区与西南山区，其中新疆、黑龙江、河南、云南、甘肃5省（自治区）后备资源面积占到全国近一半，而经济发展较快的东部11个省份之和仅占到全国的15.4%。集中连片耕地后备资源集中在新疆（不含南疆）、黑龙江、吉林、甘肃和河南，占69.6%；而东部11个省份之和仅占全国集中连片耕地后备资源面积的11.0%。

近期可开垦的集中连片的后备耕地，主要分布在新疆与黑龙江两省（自治区），其中新疆268.21万亩，黑龙江197.01万亩。近期可开垦的零散分布的后备耕地，分布较为均匀，其中湖南（311.77万亩）、黑龙江（304.20万亩）、贵州（223.81万亩）和河南（202.36万亩）较多。

可以看出，我国的耕地后备资源可以大致划分为三类：一是湿地滩涂，具有重要的生态保护功能；二是西部的草地与荒漠，西部多缺水，开垦耕地将会耗费更多的上游河流水与地下水；三是南方的荒坡地，将这种土地开发成耕地的成本很高，而且开发后的收益非常有限。

（5）我国现有耕地资源利用不充分

近年来，受快速城镇化与工业化的影响，我国农村人口外流明显，农户对农业收入的依赖明显降低，耕地对农户的重要性也在下降，多地出现了耕地闲置现象，这种现象在山区尤为明显。

根据中国家庭金融调查与研究中心对全国29个省262个县的住户调查数据，2011年全国约有12.3%的农用地处于撂荒闲置状态，而2013年全国农用地闲置率增加到15%。

北京师范大学中国收入分配研究院联合国家统计局进行了中国家庭收入调查（CHIP）。CHIP2013年调查共覆盖了15个省份126城市234个县区7 175户城镇住户样本与11 013户农村住户样本。本书主要针对农村住户，去掉数据缺失的新疆维吾尔自治区，研究区域涵盖14个省（直辖市）、196个县，包括北京、山西、辽宁、江苏、安徽、山东、河南、湖北、湖南、广东、重庆、四川、云南和甘肃。CHIP2013年农村住户的调查信息主要包括家庭住户成员个人信息、住户收支与资产及农业经营情况等。剔除家庭没有土地的样本、家庭分项收入大于总收入的样本以及关键数据明显失真或缺失的样本，最后获得8 480个样本（表1-7）。

表1-7　研究区域与样本分布

	省份	调查县数	调查户数
东部地区	北京	5	149
	辽宁	16	465
	江苏	18	541
	山东	18	875
	广东	14	597
中部地区	山西	10	457
	安徽	17	673
	河南	22	917
	湖北	15	646
	湖南	16	765
西部地区	重庆	8	424
	四川	15	714
	甘肃	11	615
	云南	11	642
总计		196	8 480

从闲置耕地面积上看，2002年我国闲置耕地面积比例为0.32%，即100亩耕地中仅有0.32亩耕地出现闲置现象，闲置水平较低；至2013年，我国闲置耕地面积比例发展

到5.72%，即100亩耕地中即有5.72亩耕地出现了闲置现象。从有闲置耕地的农户数量上看，2002年有闲置耕地农户的数量比例为1.64%，2013年此数值发展为15.0%，增长了13.36个百分点。由此可见，2002年我国耕地撂荒现象处于起始阶段，至2013年，我国的耕地撂荒现象已经较为普遍了；2013年有闲置耕地农户比例（15.0%）比闲置耕地面积比例（5.72%）高，说明农户并非将家中所有的耕地均进行撂荒，撂荒耕地具有选择性。

从区域上看，中西部的耕地闲置比例要比东部地区高。东、中、西部闲置耕地占比分别是0.81%、6.91%与7.65%。从各省（自治区、直辖市）情况来看（表1-8），重庆市、山西省的耕地闲置面积比例较高，2013年两者的闲置耕地占比分别为24.08%与18.76%。山西省是我国黄土高原的重点覆被区，重庆市是我国典型的山区行政区，两者的耕地质量在全国均处于较低水平。广东省的耕地闲置面积比例也达到了14.15%。华北平原及其周边地区、两湖地区的耕地闲置比例较低，这些地区多为平原地区，耕地质量较高，为我国传统的农业生产区。闲置农户的比例与耕地面积闲置比例的空间分布较为一致。

表1-8　我国闲置耕地与闲置农户的比例

单位：%

区域	地区	闲置耕地比例		闲置农户比例	
		2002年	2013年	2002年	2013年
东部地区	辽宁	0.01	0.62	0.46	2.09
	北京	0.47	4.24	1.39	8.94
	山东	0.22	0.43	2.19	2.02
	江苏	0.09	1.23	0.71	4.35
	广东	0.21	14.15	2.51	32.19
中部地区	山西	0	18.76	0	24.09
	河南	0.33	1.20	0.44	1.48
	安徽	0.15	3.91	2.31	20.35
	湖北	0.09	4.60	0.58	18.13
	湖南	0.26	6.10	1.34	19.27
西部地区	云南	1.73	4.29	8.59	12.44
	甘肃	0.24	6.45	0.98	14.53
	重庆	0.49	24.08	4.08	37.41
	四川	0.14	7.54	1.24	22.50
平均		0.32	5.72	1.64	15.50

中国科学院地理科学与资源研究所对全国25个省份、142个山区县的235个山区村和2 994个农户的调查结果显示：

2000年以来，在农业劳动力大量析出、劳动力价格上升和农业机械化受阻的共同作用下，中国山区耕地利用边际化特征和现象明显，约80%调查村出现耕地撂荒现象，但总体撂荒程度不高，基于县样本面积加权平均的全国山区县2014—2015年耕地撂荒率为14.32%。

山区县耕地撂荒率在省级层面上呈现出南高北低的总体分布格局，其中，长江流域一带的耕地撂荒率最高，华北地区以及东北的长白山区最低。

由此可见，我国已经有上亿亩的耕地处于闲置状态。一方面，我国有如此大面积、大范围的耕地撂荒闲置；另一方面，受耕地总量动态平衡、增减挂钩、先补后占等政策的影响，我国又在大力支持开发荒地，以补充耕地。根据国土资源部的数据，2000—2013年，我国新开发耕地247万 hm²，相当于现有耕地面积的1.83%。这种矛盾现象，值得深思。

（二）粮食生产能力分析

1．我国粮食生产成就非凡

中华人民共和国成立以来，我国历届政府均十分重视粮食生产，粮食总产量整体呈现出明显的增长态势，粮食总产量在1966年、1978年、1984年、1996年和2012年分别跨上2亿t、3亿t、4亿t、5亿t和6亿t台阶。尤其是2003年后，我国的粮食增产趋势更为明显，2003—2015年，我国粮食总产量从4.31亿t直线上升到6.61亿t，2016年国家着力调减粮食生产，产量较2015年略有下降，为6.60亿t。2003—2015年，我国粮食总产量增长了2.30亿t，增长率为53.4%（图1-7）。

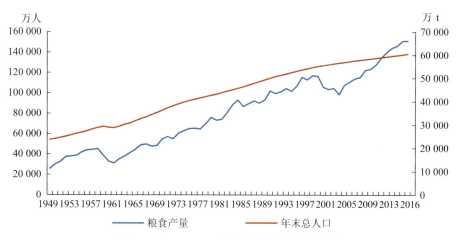

图1-7　1949—2016年我国粮食生产屡上台阶

我国的粮食生产以三种主粮（水稻、小麦、玉米）为主，2015年三种主粮产量可占我国粮食主产量的92.3%。2003年以来，我国三种主粮的生产总量均呈现明显的增加态势，尤其是玉米，增加最为明显，2003—2015年共增加128.8%（图1-8）。

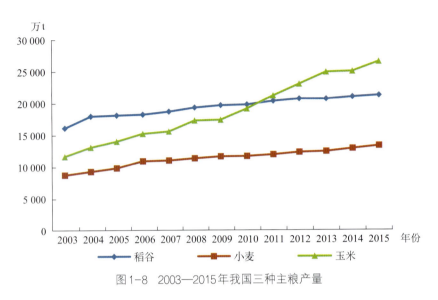

图1-8　2003—2015年我国三种主粮产量

目前，我国粮食总产量基本稳定在6.6亿t水平，实现了粮食供求基本平衡，基本满足了广大人民群众日益增长的消费需求，为我国社会稳定与经济快速发展奠定了物质基础。取得这样的成就，主要原因有三：

（1）家庭联产承包责任制的广泛推行

家庭联产承包责任制是20世纪80年代初期中国大陆农业领域的一项方向性改革。1978年11月24日晚上，安徽省凤阳县凤梨公社小岗村率先分田到户，1979年小岗村农业生产获得大丰收。1980年5月，邓小平公开肯定小岗村"大包干"的做法，家庭联产承包责任制开始广泛推行。家庭联产承包责任制解放了我国农村的生产力，开创了我国农业发展史上的第二个黄金时代。

（2）粮食托市收购政策的实施

2003年以来，针对农民生产成本逐步增长与"卖粮难"现象，国家推出重点粮食品种最低收购价政策、临时收储、种粮补贴政策，极大地刺激了农民粮食生产的积极性，使得粮食产量逐年提高。

（3）国家农田水利设施的建设与先进农业技术的推广

近年来我国一直重视农田水利设施建设，国家灌溉农田面积不断增长，同时粮食新品种、先进农业技术也不断推广，农业抗灾能力不断增强，单产水平逐年提高。

2. 粮食生产重心向北方与粮食主产区转移

秦岭—淮河以南的区域是我国传统的粮食生产区，素有"南粮北运"传统；但近三十年来，我国的粮食生产重心正逐步向北方转移，"南粮北运"格局转变为"北粮南运"。1980—2014年，我国北方粮食产量占全国总产量的比重从40.27%上升到55.89%（图1-9）。

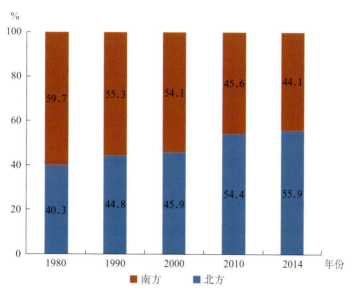

图1-9　我国南北方粮食产量比重

根据我国粮食生产与销售情况，国务院将我国粮食生产区域按照省级尺度划分为粮食主产区、产销平衡区、粮食主销区三大类型。其中，我国的粮食主销区为北京、天津、上海、福建、广东、海南与浙江；粮食主产区为黑龙江、吉林、辽宁、内蒙古、河北、江苏、安徽、江西、山东、河南、湖北、湖南、四川；产销平衡区为山西、广西、重庆、贵州、云南、西藏、陕西、甘肃、青海、宁夏与新疆。近年来我国粮食主产区的粮食产量增长明显，在全国总产量中的比重明显增加。1980—2014年，我国粮食主产区的粮食产量比重从69.27%上升到75.81%，上升了6.54个百分点；产销平衡区的粮食产量比重也略有上升，上升了2.2个百分点；粮食主销区的比重有所下降，从14.22%下降到了5.49%，共下降了8.73个百分点（图1-10）。

在粮食主产区中，东北地区的贡献最为突出。1980—2014年，我国东部、中部、西部与东北四个地区的粮食产量分别增加了35.8%、98.6%、66.6%与225.4%，在全国粮食总产量的比重也发生了明显的变化。东北地区粮食产量占全国总产量的比重从20世纪80年代初的11.05%上升到2014年的18.99%，共上升了7.94个百分点（图1-11）。

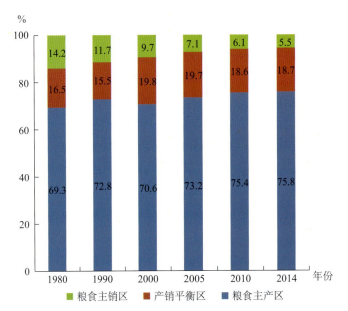

图1-10　我国粮食产销区粮食产量比重变化

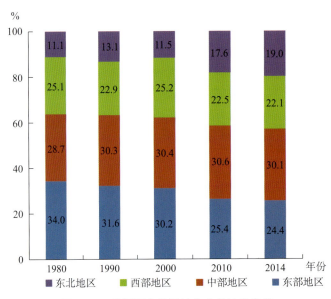

图1-11　我国四大地区粮食产量比重变化

3．粮食进口量增加快，自给率逐步降低

尽管近年来我国粮食总产量快速提升，但是我国粮食进口量也明显增加，2015年我国粮食净进口量已经达到了12 313万t，粮食进口量占粮食生产量的比重达到19.8%（图1-12）。

我国粮食进口主要以大豆为主，2015年大豆的净进口量达到了8 140万t，占当年粮食总进口量的66.1%。此外，2015年我国还进口了676万t的食用植物油，如果按照转基因大豆19%的出油率计算，676万t植物油相当于进口了3 557.9万t大豆，两者相加共计 11 697.9 万 t。

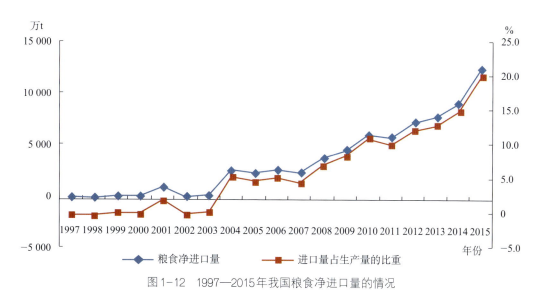

图 1-12　1997—2015 年我国粮食净进口量的情况

除了大豆，我国饲料用粮（包括大麦、高粱、酒糟、木薯等）进口量也快速增加，2015 年进口 3 927.2 万 t 饲料用粮（表 1-9）。

表1-9　我国饲料用粮的进口量

单位：万 t

品类	2013年	2014年	2015年
大麦	233.5	541.3	1 073.2
高粱	107.8	577.6	1 070.0
酒糟	400.2	541.3	682.1
木薯淀粉	142.1	190.6	182.0
木薯	723.6	856.4	919.9
小计	1 607.2	2 707.2	3 927.2

4．居民人均粮食占有量处于历史最高水平

粮食总产量增长，引致我国人均粮食生产量的增加，2003—2015 年我国人均粮食生产量由 333.6kg 增加到 452.1kg，12 年间增长了 118.5kg。同时，由于粮食贸易逆差，我国人均粮食占有量（表观消费量）呈现出更为明显的增长态势，2003—2015 年，我国人均粮食占有量从 334.0kg 增加到 541.7kg，12 年间增长了 207.7kg。我国人均粮食占有量正处于历史最高水平（图 1-13）。

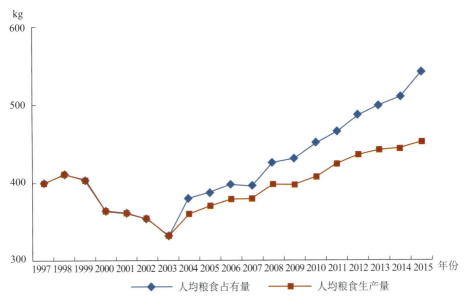

图1-13　1997—2015年我国人均粮食占有量与生产量

5．粮食生产的影响因素

2009—2014年粮食总产量一直在增加，但粮食产量增加幅度逐渐减小，粮食总产增加量由最高值2 473.1万 t 下降到508.8万 t，2010年之后粮食总产增加量连续三年下降，下降速度非常快且有持续下降的趋势。

本书应用 LMDI 方法，从耕地利用的角度把影响粮食总产量的因素分为耕地规模、复种指数、粮食作物播种面积比重和粮食作物单产四个方面。

LMDI方法把引起目标变量变化的原因分解为若干个因素，通过乘积恒等式计算出影响因素的大小。若影响因素为正值，则对目标产量起着正面的促进作用；若影响因素为负值，则对目标产量起着负面的抑制作用。LMDI方法能较好地解决残差问题，目前在能源消费、碳排放、水资源利用强度变化等领域得到广泛应用；运用LMDI方法能研究粮食产量的变化，可以直观地看到各因素对粮食总量影响程度的强弱，为制定粮食政策提供依据。

驱动因子对研究目标变化的贡献率可根据下式测算：

$$X_{k\text{-}effect}=L\ (A_t,A_0)\ \ln\ (X_{kt}/X_{k0}) \qquad (式1\text{-}3)$$

$$其中，L\ (A_t,A_0)\ =\ (A_t-A_0)\ /\ln\ (A_t/A_0)$$

式中，$X_{k\text{-}effect}$ 为驱动因子 X_k 的效应值；A_0 与 A_t 分别为观察对象 A 在始期与末期的观测值；X_{k0} 与 X_{kt} 分别为驱动因子 X_k 在始期与末期的观测值。

粮食产量的LMDI模型构建为：

$$\text{粮食产量}T = \text{耕地规模} \times \frac{\text{农作物播种面积}}{\text{耕地规模}} \times \frac{\text{粮食作物播种面积}}{\text{农作物播种面积}} \times \frac{\text{粮食产量}}{\text{粮食作物播种面积}}$$

$$= L \times M \times P \times G \tag{式1-4}$$

式中，T表示粮食产量；L表示耕地规模；M表示复种指数；P表示粮食作物比重；G表示粮食作物单产。

因素分解结果显示：

表1-10　2009—2014年耕地利用对粮食产量影响的因素分解

单位：万t，%

时段	总产变化	粮食作物单产	复种指数	粮食作物播种面积比重	耕地规模
2009—2010年	1 565.60	1 127.55	741.64	−257.30	−46.29
2010—2011年	2 473.10	2 119.77	568.68	−203.08	−12.27
2011—2012年	1 837.20	1 506.44	438.16	−73.01	−34.40
2012—2013年	1 235.80	834.83	437.67	−38.88	2.18
2013—2014年	508.80	96.09	347.41	112.73	−47.44

2009—2014年粮食作物单产效应都为正值，对粮食产量的增加起到促进作用。随着近几年社会经济的发展和科学技术的进步，特别是高产作物（如玉米）播种面积比重的增加，粮食作物平均单产持续提高，对粮食总产量增加一直起着决定性作用；但从发展趋势看，该作用在逐渐减小（表1-10）。

2009—2014年复种指数效应一直是正值，对粮食产量的增加起着促进作用。合理利用各地热量、土壤、水利、肥料、劳动力和科学技术等条件，提高复种指数和土地利用率，对粮食增产有积极影响；复种指数提高，是近两年粮食增产的次要因素。

2009—2014年粮食作物播种面积比重效应的数值由负到正，对粮食产量的影响由抑制到促进，表明随着国家一系列粮食生产优惠政策的实施，农民种粮积极性有较大提高，促进了粮食增产。

2009—2014年耕地规模效应数值基本为负值，由于这五年来耕地面积逐年递减，对粮食产量基本上起抑制作用。一方面，说明粮食增产不能单纯依靠增加耕地面积，而要从提高耕地利用率、利用效率和种植结构调整等多渠道开拓；另一方面，也说明耕地利用强度增加、压力加大。

我国不同区域粮食产量变化的驱动因素也有很大的差异（表1-11）。

表1-11　2009—2014年我国各省份粮食产量变化的耕地利用因素分解

单位：万t

地区		总产变化	耕地规模	复种指数	粮食作物播种面积比重	粮食作物单产
东北地区	辽宁	162.9	−20.1	121.4	−43.0	104.6
	吉林	1 072.8	−12.3	310.7	62.3	712.1
	黑龙江	1 889.1	−2.0	43.6	97.0	1 750.5
	小计	3 124.8	−34.4	475.7	116.3	2 567.2
东部地区	北京	−60.8	−2.9	−41.6	−13.0	−3.3
	天津	19.7	−3.8	12.2	11.5	−0.2
	河北	450.0	−12.4	23.4	46.6	392.4
	上海	−9.2	−1.0	−11.2	−6.4	9.4
	江苏	260.5	−28.3	81.4	12.5	194.9
	浙江	−31.7	−3.9	−70.8	60.7	−17.7
	福建	0.1	−2.7	16.5	−32.1	18.4
	山东	280.2	−27.8	133.7	146.5	27.8
	广东	42.8	47.2	30.7	−94.6	59.5
	海南	−1.0	−1.0	7.7	−23.2	15.5
	小计	950.6	−36.6	182	108.5	696.7
中部地区	山西	388.8	−3.2	22.9	29.2	339.9
	安徽	345.9	−19.2	−13.5	44.1	334.5
	江西	140.9	−2.5	76.0	−20.9	88.3
	河南	383.3	−50.7	127.6	218.3	88.1
	湖北	275.1	−28.3	211.2	25.9	66.3
	湖南	98.6	10.0	252.3	−156	−7.7
	小计	1 632.6	−93.9	676.5	140.6	909.4
西部地区	内蒙古	771.3	10.5	130.2	−44.5	675.1
	广西	71.1	−6.9	33.2	−26.3	71.1
	重庆	7.4	7.6	69.8	−70.7	0.7
	四川	180.2	6.9	58.9	−41.4	155.8
	贵州	−29.8	−5.7	170.8	−107.2	−87.7
	云南	283.8	−10.0	225.8	−94.4	162.4
	西藏	7.5	−0.1	6.3	−2.4	3.7
	陕西	66.5	−0.8	30.7	−51.4	88
	甘肃	252.5	−6.2	71.6	−27.7	214.8
	青海	2.1	−0.4	8.1	−6.1	0.5
	宁夏	37.2	−0.6	8.3	−32.7	62.2
	新疆	262.4	11.5	203.4	−51.2	98.7
	小计	1 912.2	5.8	1 017.1	−556.0	1 445.3

（1）产量变化

2009—2014年四大区域粮食总产量都在增加。东北三省耕地粮食增加最大；东部地区上海、海南和北京经济发展水平高，非农建设占用了大量耕地，直接粮食播种面积大量减少，粮食总产出现了负增长；中部地区是重要的粮食生产基地，自然条件优越，耕地资源丰富且质量好，粮食单产和复种指数均高，各省粮食总产量都在增加；西部地区耕地面积广且耕地处于平衡状态，除了贵州，各省粮食产量都在增加。贵州是我国唯一没有平原支撑的内陆山区农业省份，播种面积少且自然灾害多，粮食生产条件差和生产能力低。

（2）耕地规模因子

东北地区耕地面积广，但由于退耕还林还草工程的影响，东北各省的耕地面积也都在迅速减少，规模效应对粮食生产影响较大。东部地区经济发达，地理位置优越，非农建设占用土地比例大，耕地资源紧张，规模效应除广东省以外都是负值，广东省耕地的增加量也在逐年减少、接近平衡，各省耕地都不利于粮食增产。"中部崛起"战略加快了中部耕地减少的速度，建设用地成为各省耕地减少的主要原因，规模效应除湖南省以外都为负值，耕地资源流失严重。西部地区耕地自然条件差，城市化水平低，土地开发整理与复垦增加了耕地面积且建设占用耕地较少，西部各省耕地增减趋于平衡，规模效应对粮食产量影响较小。

（3）复种指数因子

复种指数的高低受地区热量、土壤、水分、肥料、劳动力和科学技术等条件的制约。热量条件好、无霜期长、总积温高、水分充足是提高复种指数的基础，经济发达和农业科学技术水平高，则为复种指数的提高创造了条件。东北地区、东部地区、中部地区和西部地区各省程度效应多为正值，复种指数是增加粮食产量的有效途径，程度效应促进粮食总产量增加，中东部部分省份（如上海、北京、浙江和安徽）由于土地利用方式和农业结构调整，复种指数降低，经济发展水平的快速提高不利于复种指数和粮食产量的增加。

（4）粮食作物播种面积比重因子

粮食种植率受市场和自然因素影响。东北地区和中东部地区受市场影响比较大，各省结构效应有正有负；西部地区自然条件差和市场需求小，粮食种植率低；西部地区各省结构效应均为负值，种植结构是西部各省粮食产量较少的重要因素。

（5）粮食作物单产因子

粮食总产量主要取决于耕地利用的强度（即粮食单产），人多地少的国情，要求必须提高粮食的单产。东北地区各省强度效应与程度效应作用相同，对粮食总产起积极的作用；中部地区北京、天津和浙江经济发展水平高，建设用地多，耕地紧张，粮食单产低影响粮食总产，除这三省（直辖市）之外，东部地区强度效应对粮食产量起着正面作用；中部地区除湖南省之外，各省都在粮食总产增加中发挥着重要作用，湖南省强度效应虽为负值但影响较小，中部各省粮食单产都有利于粮食生产。

三、口粮与饲料粮消费需求

恩格尔定律（Engel's Law）与班尼特法则（Bennett's Law）显示，随着家庭和个人收入的增加，收入中用于食品方面的支出比例将逐渐减小，居民饮食趋向多样化，粮食等低价值食物消费量趋于减少，畜禽产品、乳制品、水果等高价值食物消费量则趋于增加。改革开放后，中国经济与城镇化均进入持续快速发展时期，城乡居民的收入水平也不断提高。根据《中国统计摘要2016》数据，1978—2015年，我国城镇居民人均可支配收入从343.4元增长到31 790.3元，增长指数为1 396.9%（1978年为100）；我国农村居民人均纯收入从133.6元增长到10 772.0元，增长指数为1 510.1%（1978年为100）。居民收入水平的迅速提高，引起膳食结构的快速改善。根据国家统计局公布的肉类生产数据与海关总署的肉类进出口数据，1995—2015年中国人均肉类表观消费量由43.4kg上升到63.1kg，增长了45.4%。随着经济发展，中国城乡居民的肉类消费量将继续保持增长态势。同时，居民口粮的消费量会减少，30年来，我国居民年人均口粮消费量减少了47%。中国膳食结构的变化引起了粮食消费量的不断增长，而且明显快于我国粮食产量的增长速度，引致我国粮食进口量的不断增加。从2003年开始，中国由粮食净出口国转变为粮食净进口国，而且粮食进口数量快速增长，由2003年的净进口量53万t增长到2015年的12 313万t（包含大豆）。如此大量的粮食进口量引起了学者们对中国粮食安全以及世界农业生产与贸易格局变化等问题的广泛关注。

面对这种形势，2013年12月10日中央经济工作会议提出"要依靠自己保口粮，集中国内资源保重点，做到谷物基本自给、口粮绝对安全。"这个国家战略确定了口粮重中之重的战略地位，同时，也表明了中国政府在粮食安全问题上的基本态度和战略转变。在这种背景下，研究我国口粮需求量及其需求结构，不仅可指示粮食安全，而且对我国的土地利用规划等政策具有较大的指导意义。

（一）城乡居民食物在外消费比例

中国食品消费量与需求量问题一直是研究热点，但研究结果差别较大。原因主要是数据问题：多数研究均采用国家统计局公布的居民食品消费量数据，但此数据的可靠性受到广泛质疑，且此数据仅为居民家庭的购买量，未纳入外出就餐以及其他来源的食物消费，从而导致食品（尤其是畜牧产品）消费数据明显偏低。例如，2014年国家统计局公布我国居民人均肉类消费量仅为25.6kg，而人均表观消费量为64.8kg。研究食品消费量还可以通过畜牧等产品的产量加上人口进行计算，但是，国家统计局公布的畜产品产量又明显偏高，尽管国家统计局根据1996年第一次全国农业普查与2006年第二次全国农业普查数据，对我国肉类产量进行了两次调减（1996年肉类产量平均调减22.31%，2006年肉类产量平均调减11.95%），但目前国家统计局公布的畜产品产量数据仍然偏高。

不少学者通过实地调查估算了城乡居民在外就餐的食品消费量，但结果同样差别较大，其主要原因：一是调查区域与样本不同且数量有限，二是各地食物消费种类差别较大，多数研究均没有考虑不同食物的加总问题。对这些问题的疏忽有可能会导致对我国城乡居民食品消费量及其结构差异做出错误的判断。

我们基于2011年中国健康与营养调查（China Health and Nutrition Survey，CHNS）数据，并结合食物成分表重新估算了我国城乡居民的各类食品消费量及在家与在外消费特征。

中国健康与营养调查（公共卫生科学数据中心，www.phsciencedata.cn）是由北卡罗来纳大学人口研究中心（The Carolina Population Center at the University of North Carolina at Chapel Hill）、美国国家营养与食物安全研究所（The National Institute of Nutrition and Food Safety）和中国疾病与预防控制中心（The Chinese Center for Disease Control and Prevention）合作开展的调查项目，旨在检验健康、营养和计划生育政策的影响以及研究中国社会经济的转变如何作用于整个人口健康和营养状况。该调查自1989年开始，截至目前已调查了9次，本书应用2011年调查数据。2011年调查范围涉及黑龙江、辽宁、山东、江苏、河南、湖北、湖南、贵州、广西、北京、上海、重庆，共涉及311村（社区）、5 928户（其中城镇2 336户，农村3 592户）、23 057人。农村是指调查样本中的郊区村与农村。CHNS中的营养膳食结构调查部分中，营养膳食结构调查采用连续3天24小时回顾法收集所有调查户中2岁及以上家庭成员的食物摄入量信息。主要的调查指标包括家庭3天食物消费量、每人每天餐次统计、每天膳食名称、制作方法、制作地点、进食时间、进食地点等。利用该数据可以估算我国城乡居民不同食品类型的消费量，测算我国城乡居民在家消费与在外消费的食品量。

计算时，口粮方面主要利用《中国食物成分表》（2002年版）中的标准，将各类食物先折算成能量，再折算成相应的成品粮，最后将成品粮转换成粮食原粮加总（薯类按照1∶5标准折算）。成品粮向原粮的转换标准方面，小麦粉与小麦的转换系数为0.85，大米与稻谷的转换系数为0.73，玉米粉与玉米的转换系数为0.93，马铃薯粉与马铃薯的转换系数为0.94。肉禽、水产品、蛋类均采用直接加总的方式，奶类按照《中国食物成分表》（2002年版）中的标准，折算成鲜奶（表1-12）。

表1-12　各类食物的成品粮转换系数

单位：kcal/100g

食物	食物能量	成品粮能量	转换系数
小麦粉	344	317	1.09
挂面	346	317	1.09
面条	284	317	0.90
馒头	221	317	0.70
米饭（蒸）	116	346	0.34
米粥	46	346	0.13
米粉	346	346	1.00
玉米面	341	335	1.02
马铃薯粉	337	76	4.43
豆腐	81	359	0.23
豆浆	14	359	0.04
豆腐干	140	359	0.39
全脂牛奶粉	478	54	8.85
酸奶	72	54	1.33
奶酪	328	54	6.07
奶油	879	54	16.28

1．城乡居民食物的在外消费特征

（1）口粮

从总量来看，2011年我国居民平均消费口粮量为119.93kg，其中家内消费量为108.03kg，外出消费量为11.89kg，外出消费比例为9.91%。城镇方面，2011年我国城镇居民平均消费口粮量为105.89kg，其中家内消费量为93.34kg，外出消费量为12.56kg，外出消费比例为11.86%。农村方面，我国农村居民平均消费口粮量为126.96kg，其中家内消费量为115.40kg，家外消费量为11.56kg，在外消费比例为9.11%（表1-13）。

表1-13　2011年我国城乡居民年人均口粮消费

单位：kg，%

	总消费量	家内消费	家外消费	外出消费比例
全国	119.93	108.03	11.89	9.91
城镇	105.89	93.34	12.56	11.86
农村	126.96	115.40	11.56	9.11

（2）肉蛋奶

2011年，我国居民人均肉类消费量（猪、牛、羊、禽）为32.84kg，以猪肉为主，2011年我国猪肉消费量为22.94kg，占肉类消费总量的69.85%；其次为禽肉消费量6.89kg，占肉类消费总量的20.98%。我国牛羊肉消费量偏低，2011年我国牛肉消费量为2.41kg，羊肉消费量仅为0.61kg，两者合计为3.02kg，牛羊肉消费量占我国肉类消费量的9.20%。城乡方面，2011年，我国城镇居民人均肉类消费总量与猪、牛、羊、禽类消费量均高于农村居民。从总量来看，城镇居民人均肉类消费量为36.95kg，农村居民人均肉类消费量为30.79kg，城镇居民比农村居民消费量高6.16kg，农村居民肉类消费量约为城镇居民消费量的83.33%。城镇居民猪、牛、羊、禽类的消费量分别是24.76kg、3.18kg、0.73kg、8.29kg，而农村居民的消费量分别为22.03kg、2.02kg、0.55kg、6.19kg，分别占城镇居民消费量的88.97%、63.52%、75.34%、74.67%（表1-14）。

从家内家外的消费量来看，所有肉类消费均以家内消费为主，平均在外消费比例为16.8%，其中，猪肉的在外消费比例最低，为14.8%；其次为禽肉，为18.8%；牛羊肉的在外消费比例较高，牛肉的在外消费比例为25.0%，羊肉的消费比例为33.3%。从城乡来看，农村居民的肉类在外消费比例要略高于城镇居民，农村居民肉类在外消费比例为17.5%，而城镇居民肉类在外消费比例为15.4%。从子类来看，城乡居民牛肉的在外消费比例差别较小，均为25%左右，猪肉方面，农村居民的在外消费比例略高于城镇居民的在外消费比例2个百分点（表1-14）。

水产品方面，2011年我国居民平均消费水产品11.21kg，城镇居民消费13.10kg，农村居民消费10.26kg，农村居民消费量占城镇居民消费量的78.32%。从家内家外的消费量来看，我国居民平均水产品家内消费9.61kg，家外消费1.60kg，在外消费比例约为14.3%。城乡方面，农村居民水产品的在外消费比例要高于城镇居民，农村居民在外消费比例为15.5%，而城镇居民水产品在外消费比例为12.2%，农村居民水产品在外消费的比例高出城镇居民约3个百分点（表1-14）。

蛋类及其制品方面，2011年我国居民平均消费蛋类10.90kg，城镇居民消费蛋类约为12.68kg，农村居民消费10.01kg，农村居民消费量占城镇居民消费量的78.94%。在外消费角度，我国居民平均蛋类家内消费9.86kg，家外消费1.05kg，在外消费比例约为10.1%。城乡方面，城镇居民的在外消费比例略高于农村居民，但差别较小，城镇居民蛋类在外消费比例为10.2%，而农村居民在外消费比例为9.0%（表1-14）。

奶类方面，2011年我国居民平均消费奶类13.56kg，城镇居民消费22.44kg，农村居民消费9.10kg，农村居民消费量占城镇居民消费量的40.55%。在外消费角度，我国居民平均家内奶类消费11.86kg，在外消费1.69kg，在外消费比例约为12.5%。城乡方面，2011年我国农村居民奶类的在外消费比例高于城镇居民，农村居民在外消费比例为14.3%，而城镇居民奶类在外消费比例为11.2%，农村居民在外消费的比例约高出城镇居民3个百分点（表1-14）。

表1-14　2011年我国城乡居民年人均肉类消费量

单位：kg，%

品类	全国平均				城镇居民				农村居民			
	总消费	家内	家外	在外消费比例	总消费	家内	家外	在外消费比例	总消费	家内	家外	在外消费比例
肉类	32.8	27.4	5.5	16.8	37.0	31.2	5.7	15.4	30.8	25.4	5.4	17.5
猪肉	22.9	19.5	3.4	14.8	24.8	21.4	3.3	13.3	22.0	18.6	3.4	15.5
牛肉	2.4	1.8	0.6	25.0	3.2	2.4	0.8	25.0	2.0	1.5	0.5	25.0
羊肉	0.6	0.4	0.2	33.3	0.7	0.5	0.3	42.9	0.6	0.3	0.2	33.3

（续）

品类	全国平均				城镇居民				农村居民			
	总消费	家内	家外	在外消费比例	总消费	家内	家外	在外消费比例	总消费	家内	家外	在外消费比例
禽肉	6.9	5.6	1.3	18.8	8.3	6.9	1.3	15.7	6.2	4.9	1.3	21.0
水产品	11.2	9.6	1.6	14.3	13.1	11.6	1.6	12.2	10.3	8.6	1.6	15.5
蛋类	10.9	9.9	1.1	10.1	12.7	11.4	1.3	10.2	10.0	9.1	0.9	9.0
奶类	13.6	11.9	1.7	12.5	22.4	19.9	2.5	11.2	9.1	7.8	1.3	14.3

2．与国家统计局数据对比

2011年国家统计局公布的城镇居民口粮消费量为城镇居民家庭人均购买的成品粮数量，为方便对比，本书综合考虑小麦与稻谷的差异，采用0.8的折算系数还原为原粮。2011年我国城镇居民家庭人均购买的成品粮数量为80.70kg，折算回原粮为100.88kg。表1-15中国家统计局的粮食总消费量为我国所有居民人均消耗的原粮数量，系根据城镇居民人均原粮消费量乘以城镇人口加上农村居民原粮消费量乘以农村人口除以所有人口计算获得，2011年为134.90kg，相比CHNS数据，国家统计局的人均原粮消费量较高，高出CHNS数据12.48个百分点。城市方面，国家统计局公布的城镇居民的口粮（原粮）消费量略为偏低，低于CHNS数据4.74%；农村方面，国家统计局公布的农村居民口粮（原粮）消费量明显偏高，高出CHNS数据34.45个百分点（表1-15）。

表1-15　国家统计局与CHNS人均年消费量数据对比

单位：kg，%

品类	国家统计局			CHNS			国家统计局/CHNS×100		
	总消费量	2011年城镇	2011年农村	总消费量	2011年城镇	2011年农村	总消费量	2011年城镇	2011年农村
原粮	134.90**	100.88*	170.70	119.93	105.89	126.96	112.48	95.27	134.45
猪肉	17.58	20.60	14.40	22.94	24.76	22.03	76.63	83.20	65.37
牛羊肉	2.98	4.00	1.90	3.02	3.91	2.57	98.68	102.30	73.93
禽类	7.63	10.60	4.50	6.89	8.29	6.19	110.74	127.86	72.70
鲜蛋	7.81	10.10	5.40	10.90	12.68	10.01	71.65	79.65	53.95
水产品	10.12	14.60	5.40	11.21	13.10	10.26	90.28	111.45	52.63
鲜奶	9.56	13.70	5.20	13.56	22.44	9.10	70.50	61.05	57.14

注：*表示根据0.8的系数由成品粮折算获得；**表示由总消费量除以总人口获得。

肉类（猪牛羊禽）消费总量方面，国家统计局公布的数据为28.18kg，较CHNS数据偏低4.66kg，相当于CHNS数据家内的肉类消费量（27.35kg）。国家统计局公布的城镇居民肉类消费数据为35.20kg，略低于CHNS数据（36.95kg）；国家统计局公布的农村居民肉类消费数据为20.80kg，仅为CHNS数据的67.55%。

从猪肉的消费数据来看，无论是全国居民平均消费量还是城镇居民消费量或农村居民消费量，国家统计局公布的数据普遍偏低。2011年全国居民平均猪肉消费量为17.58kg，仅为CHNS数据的76.63%，低23.37个百分点，甚至低于CHNS数据的家内消费量（19.54kg）；国家统计局公布的城镇居民猪肉消费量数据为20.60kg，为CHNS数据的83.20%，相当于CHNS调查数据的家内消耗量（21.42kg）；国家统计局公布的农村居民猪肉消费量数据为14.40kg，为CHNS数据的65.37%，比CHNS调查数据的家内消耗量（18.59kg）还要低4.19kg。

从牛羊肉的消费量来看，国家统计局公布的城镇居民牛羊肉消费量数据与CHNS数据相差不大，均为4kg左右；而国家统计局公布的农村居民牛羊肉消费量数据（1.90kg）为CHNS数据（2.57kg）的73.93%，相当于农村居民家庭内部的牛羊肉消费量（1.86kg）。

从禽类的消费量来看，国家统计局公布的禽类平均消费量为7.63kg，略高于CHNS数据（6.89kg）。城镇居民禽类消费量数据（10.60kg）比CHNS数据（8.29kg）要高2.31kg，国家统计局公布的农村居民禽类消费量（4.50kg）比CHNS数据（6.19kg）要低1.69kg，为CHNS数据的72.70%，与CHNS在家消费量（4.94kg）相差不大。鲜蛋方面，国家统计局公布的城镇居民与农村居民鲜蛋消费量分别为10.10kg与5.40kg，而CHNS数据相对应的数据分别为12.68kg与10.01kg，国家统计局公布的城镇数据与农村数据分别为CHNS对应数据的79.65%与53.95%。

水产品方面，国家统计局公布的城镇居民水产品消费量数据（14.60kg）比CHNS数据（13.10kg）要高1.50kg，而国家统计局公布的农村居民水产品消费量（5.40kg）比CHNS数据（10.26kg）要低4.86kg，为CHNS数据的52.63%。

鲜奶方面，国家统计局公布的城乡居民鲜奶消费量数据明显低于CHNS数据，分别为CHNS数据的61.05%与57.14%。

由此可见，城镇方面，国家统计局公布的禽类与水产品消费量数据略为偏高，牛羊肉消费量与实际较为吻合；农村方面，口粮消费量明显偏高，其他类型食品消费量均出现了明显偏低现象，重点体现在鲜蛋、水产品与鲜奶产品上。国家统计局公布的食品消费数据多与CHNS数据的家庭内部数据相吻合，因此推断缺失户外消费数据是导致国家统计局数据偏小的主要原因。

（二）城乡居民口粮、饲料粮消费特征

1．口粮消费

（1）人均口粮消费

我国是世界上人口最多的发展中国家，从居民生活角度讲，粮食供给涉及居民的身心健康与生活水平；从经济发展角度讲，粮食生产与供给是我国工农产业的重要组成部分；从社会发展角度讲，粮食供给关乎社会稳定。其中，口粮的供给是基础，也是关键。

目前，对我国粮食消费与需求的研究数据多采用国家统计局公布的居民食品消费量数据，但此数据仅为居民家庭的购买量，未纳入外出就餐以及其他来源的食物消费，从而导致食品消费数据明显被低估。

本书利用中国健康与营养调查（China Health and Nutrition Survey，CHNS）2011年的调查数据，估算我国城乡居民各类食品的在外消费比例，以此为依据，对国家统计局数据进行校正，从而估算我国各地区口粮的消费量。根据2011年CHNS对我国城乡居民食品消费量的调查，我国城、乡居民外出口粮消费比例分别是11.9%与9.1%。

以国家统计局公布的居民食品消费量数据为基础，按照上述我国城乡居民外出口粮消费比例，补充在外消费粮食量，则2015年我国人均口粮（原粮，包括外出消费和方便面、糕点等，下同）消费量平均为158kg，其中城镇居民为146kg，农村居民为173kg。

从全国格局来看，我国居民口粮消费量呈现自东南向西北逐渐增加的格局。东部地区口粮消费量最少，形成北京—海南岛的口粮消费低水平带；中部地区为口粮消费中等水平，形成吉林—云南省的中消费水平带；西部地区口粮消费水平较高。

我国城镇居民口粮消费量的空间格局与全国平均水平大体相似，也为自东南向西北逐渐减少。长江中游湖北省与湖南省、南部的福建、广东、广西、海南等省（自治区）为我国城镇居民口粮低消费区；中部河北—云南一线与河北—江西一线为中消费区；西部黑龙江—西藏为高消费区。我国农村居民的口粮分布可以分为三个区域：一是东北、

华北低消费区；二是山西—云南一线与浙江—广东一线中消费区；三是西北高消费区与安徽—广西高消费区。

从城乡差距来看，我国东北地区、华北地区城乡口粮消费差距较小，而南部地区差距较大。

（2）口粮消费总量

按照2015年人口13.75亿人计，我国口粮共消耗21 699万t，其中城镇居民消费量为11 259万t，农村居民口粮消费量为10 440万t。

从全国消费总量上看，我国口粮消费量大致可以按照人口"胡焕庸线"划分为两大区域，"胡焕庸线"以东为口粮中高消费区，以西为低消费区；在东部的中高消费区，又可以分为高消费区与中消费区，高消费区为河北—广东一带，中消费区为山西—云南一带。山东省、河南省、广东省、四川省成为我国口粮消费量最高的四个省，四省口粮消费量均在1 200万t以上。

2．饲料粮消费量

计算饲料用粮量，单位产品的粮食转化系数至为关键，但目前我国各学者采用的粮食转化系数差别较大，而且，多数研究采用的粮食转化系数都停留在全国尺度上。实际上全国各地的畜牧生产方式差别较大，单位肉蛋奶等产品消耗的粮食量也差别明显（表1-16）。

表1-16 不同学者采用的粮食转化系数

作者	猪肉	牛肉	羊肉	禽肉	禽蛋	水产品	牛奶
封志明（2007）	3.00	3.00	3.00	3.00	1.80	1.20	0.50
秦富、陈秀凤（2007）	2.96	2.52	2.52	1.85	1.85	0.74	0.24
聂振邦（2005）	2.45	0.60	0.50	2.70	1.56	0.77	0.38
郭华、蔡建明、杨振山（2013）	7.00	7.00	7.00	7.00	3.00	1.50	0.50
唐华俊、李哲敏（2012）	2.53	0.70	0.51	1.77	1.70	1.02	0.39
辛良杰、王佳月、王立新（2015）	2.90	2.60	3.10	2.40	1.70	1.00	0.40
宋涛（2005）	4.00	8.00		2.10		2.10	
周道玮等（2013）	6.00	2.00	2.00	4.00	2.00		0.50
Cheng，G Q等（1997）	3.50	3.20	3.20	2.10		3.00	1.84
Guo，S T（2001）	4.00	4.00	4.00	4.00	0.80	2.50	0.30
Zhou Zhang Y等（2008）	4.70	4.03	2.42	2.79	1.55	3.13	1.15
罗其友、米健、高明杰（2014）	2.80	1.00	1.00	2.00	2.00	0.90	0.30
马永欢、牛文元（2009）	3.00	2.00	2.00	2.00	2.00	1.00	0.33

本书主要利用《全国农产品成本收益资料汇编2016》进行省级尺度粮食转化系数的核算。

(1) 畜产品粮食转化系数

饲料粮与口粮消费计算方法相同，以国家统计局公布的居民食品消费量数据为基础，利用中国健康与营养调查（China Health and Nutrition Survey，CHNS）2011年的调查数据，估算我国城乡居民各类畜产品的在外消费比例，对国家统计局数据进行校正，从而估算我国各地区畜产品消费量，再根据各类畜产品耗粮系数，计算所需饲料粮量。

本书中的粮食转化系数是指生产单位畜牧产品的胴体重需要的饲料粮数量（表1-17），主要利用《全国农产品成本收益资料汇编2016》中"耗粮数量"与"主产品产量"指标。由于《全国农产品成本收益资料汇编2016》统计了平均饲养周期内的"耗粮数量"，其中生猪、肉鸡、肉牛、肉羊、淡水鱼的饲养天数指仔畜（禽、鱼苗）购进到产品出售之间的天数，蛋鸡的饲养天数指从育成鸡到淘汰鸡之间的天数，奶牛的饲养天数按365d计算。因此"耗粮数量"需要考虑仔畜（禽、鱼苗）购进前的部分；由于猪崽与羊崽的耗粮数量较小，计算时未考虑；肉牛牛崽的耗粮数量为100kg（陈静等，2012）。在计算禽蛋的粮食转化系数时，雏鸡至育成鸡消耗的粮食也应考虑在内，本书将《全国农产品成本收益资料汇编2016》中肉鸡消耗的粮食与蛋鸡消耗的粮食加总，作为蛋鸡在一个产蛋周期内消耗的粮食总量。由于《全国农产品成本收益资料汇编2016》缺少渔业养殖的相关资料，本书采用《中国农业年鉴2008》中淡水鱼农户精养的标准，粮食转化系数统一为49.13kg/50kg鱼，约为0.98kg/kg鱼。至于牛奶的耗粮系数，本书考虑了奶牛从出生到育成牛之间的消耗粮食数量，简单地利用肉牛从出生到出栏的粮食消耗量代替，为478.2kg。考虑到奶牛一般为4年淘汰，因此牛奶的耗粮系数计算方式为：每年消耗的粮食量加上四分之一的牛犊至成牛粮食量（119.6kg），再除以当年的牛奶产量。

本书屠宰率的取值：生猪为0.70（关红民、刘孟洲、滚双宝，2016；胡慧艳等，2015），肉牛为0.55（党瑞华等，2005），肉羊为0.47（张宏博等，2013；吴荷群等，2014），肉鸡按全净膛率0.70计算（夏波等，2016）。

在计算饲料粮消费量时，除了计算出栏牲畜消耗的饲料粮，还需要计算母畜消耗的饲料粮，母猪的数量按照《中国畜牧兽医年鉴2015》取2014年各省的数值，母牛的存栏数量按存栏牛数的45%计算，母羊的数量按出栏羊数的70%计算。奶牛消耗饲料粮的计算，还要考虑奶牛牛犊与奶牛育成牛的饲料粮消耗量。目前我国奶牛中泌乳牛的比重仅占40%，本书假设牛犊比重为30%，育成牛比重为30%，每年牛犊消耗320kg粮食，育成牛消耗1 000kg粮食。

由于水产品来源可分为捕捞与养殖两部分，在计算饲料粮消费量时，应仅计算养殖部分，2015年我国水产养殖量占水产品总产量的比例为73.7%；同时考虑水产养殖结构，2015年我国内陆养殖中鱼类养殖产量占水产品养殖总量的比例为88.7%，综合考虑水产养殖占比与鱼类养殖占比，最后计算得到的水产饲料粮消费量按照65%折算。

表1-17　粮食转化系数

地区	猪肉	牛肉	羊肉	牛奶	禽蛋	禽肉	水产品
全国	2.72	2.1	2.2	0.40	1.91	2.3	0.98
北京	2.42	2.1	2.2	0.30	2.04	1.9	0.98
天津	2.65	2.1	2.2	0.40	1.82	1.9	0.98
河北	2.44	1.5	1.6	0.37	1.85	2.3	0.98
山西	2.97	2.1	2.2	0.40	2.02	1.9	0.98
内蒙古	2.62	2.1	2.2	0.40	1.89	1.7	0.98
辽宁	2.83	2.1	2.2	0.40	1.85	2.1	0.98
吉林	2.89	2.1	2.2	0.40	1.90	2.1	0.98
黑龙江	3.14	2.7	4.1	0.30	2.07	2.2	0.98
上海	2.72	2.1	2.2	0.30	1.91	2.3	0.98
江苏	2.66	2.1	2.2	0.40	1.89	2.3	0.98
浙江	2.58	2.1	2.2	0.30	1.84	2.2	0.98
安徽	2.91	2.1	2.2	0.30	1.84	2.3	0.98
福建	2.87	2.1	2.2	0.40	1.99	4.1	0.98
江西	2.75	2.1	2.2	0.37	1.91	2.3	0.98
山东	2.69	2.1	1.6	0.40	1.91	2.0	0.98
河南	2.66	2.0	1.5	0.40	1.85	2.1	0.98
湖北	2.91	2.1	2.2	0.37	2.03	2.5	0.98
湖南	2.77	2.1	2.2	0.40	1.85	2.3	0.98
广东	2.87	2.1	2.2	0.37	1.96	4.2	0.98
广西	2.41	2.1	2.2	0.40	1.97	3.2	0.98
海南	2.70	2.1	2.2	0.37	1.85	2.7	0.98
重庆	2.49	2.1	2.2	0.60	2.07	2.3	0.98

（续）

地区	猪肉	牛肉	羊肉	牛奶	禽蛋	禽肉	水产品
四川	2.26	2.1	2.2	0.40	1.79	2.3	0.98
贵州	2.81	2.1	2.2	0.60	1.91	2.3	0.98
云南	2.89	2.1	2.2	0.37	2.01	2.4	0.98
西藏	2.72	2.1	2.2	0.37	1.91	2.3	0.98
陕西	3.08	2.0	2.1	0.50	1.94	2.3	0.98
甘肃	2.85	2.1	2.2	0.40	1.78	2.3	0.98
青海	2.61	2.1	2.2	0.37	1.91	2.3	0.98
宁夏	2.81	2.7	2.8	0.40	1.78	2.1	0.98
新疆	2.40	1.7	1.9	0.30	1.81	2.3	0.98

（2）人均畜产品消费

根据在家消费与在外消费比例，将畜牧产品的损耗率也按照相关标准换算到人均消费量中去。2015年我国城乡居民人均消费肉类39.9kg（其中，猪肉31.4kg，占78.7%；牛羊肉6.5kg，占16.3%），禽类14.6kg，水产品18.2kg，蛋类13.2kg，奶类32.1kg。

（3）饲料粮消费总量

2015年我国共消费饲料粮总量为30 095万t，其中能量饲料23 415万t，占比77.8%；蛋白饲料6 680万t，占比22.2%。

（4）饲料粮生产量与供需平衡

2015年全国共供给自产饲料粮22 201万t，其中，玉米占70.8%，稻谷占9.4%，小麦占8.8%，豆类占6.1%，薯类占4.5%，其他占0.4%。从供需平衡的角度看，2015年我国饲料粮缺口为8 753万t，主要短缺的是蛋白饲料。

从省域角度看，我国饲料粮生产可以分为三大区：一是东北部高产区，包括东北三省、内蒙古自治区、华北平原大部分地区等，这些省区饲料粮生产总量为13 317.4万t，占全国饲料粮总产量的60.0%，其中，黑龙江省饲料粮产量最高，为3 108.0万t，占全国总产量的14.0%；二是从新疆维吾尔自治区至江苏省一带的中部中产区；三是青藏高原至东南沿海的南部低产区（不包括四川省）（图1-14）。

从供需平衡的角度看，我国南北差异明显，南方诸省饲料粮明显不足，北方有余，尤其是黑龙江、吉林、内蒙古三省（自治区），饲料粮供大于需量明显，2015年三省区供大于需量分别为2 423.1万t、1 664.2万t与1 140.2万t。广东省供需平衡差距明显，短缺量为3 508.4万t（图1-14）。

由此可见，我国饲料粮生产区与消费区完全相反，是形成我国"北粮南运"现象的主要因素。

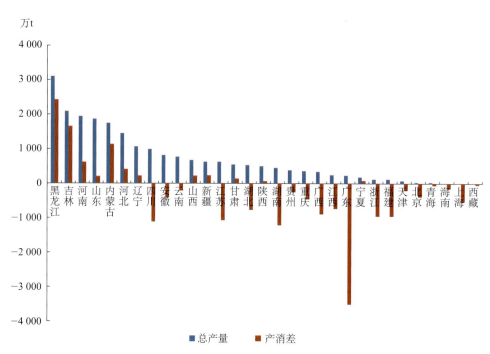

图1-14　2015年我国各省份饲料粮供需平衡特征

（三）食物消费发展趋势

1. 国内外食物消费发展特征

（1）近年来我国城乡居民直接粮食消费量逐渐减少，而畜牧产品消费量逐步增加

从整体趋势来看，我国城乡居民直接粮食消费量逐渐减少，而畜牧产品消费量逐步增加。但在时间演变态势上，城乡居民的发展特征差别明显。对城乡居民来讲，2000年均为一个重要的时间节点。城镇居民方面，2000年前，城镇居民的口粮（原粮）消费水平下降很快，而2000年后趋于稳定；农村居民方面，2000年前，农村居民的口粮（原粮）消费下降缓慢，而2000年后出现明显的下降趋势，且一直持续到现在（图1-15）。

2013年后国家统计局开展的城乡一体化住户收支与生活状况调查，统计范围有所变化，数据也相应有所调整。从城乡居民消费的发展特征来看，2013—2015年，我国城乡居民口粮（原粮）消费量仍在减少，城镇居民减少8.8kg，农村居民年均减少19.0kg；肉禽蛋、水产品消费量均在增加（图1-16）。

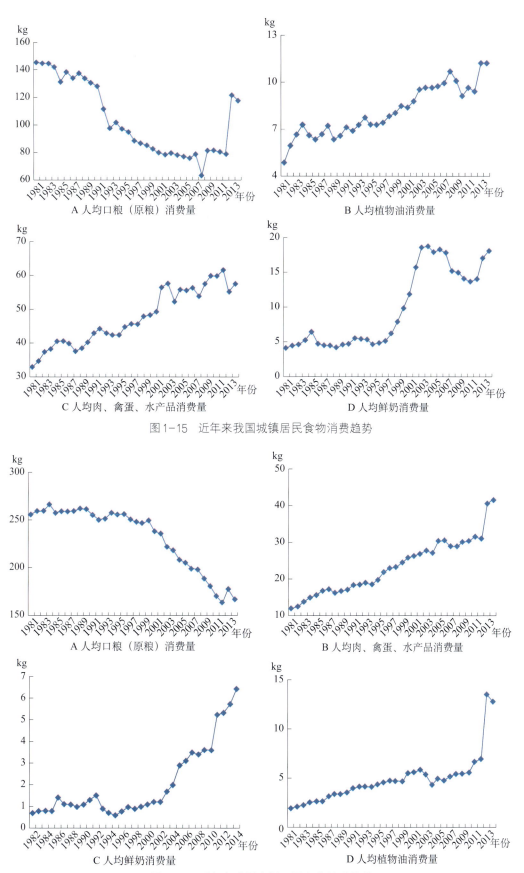

图1-15 近年来我国城镇居民食物消费趋势

图1-16 近年来我国农村居民食物消费趋势

（2）发达国家和地区食物消费水平变化趋势

一个国家（地区）人均粮食消费量的变化与国家（地区）的经济发展水平联系紧密。参考美、德、日、韩等发达国家和地区的经验，中国大陆地区2012年人均GDP为6 093美元。统一按照通货膨胀率将人均GDP折算成2012年水平，2012年中国大陆人均GDP相当于日本1979年水平（6 198美元）、韩国1995年水平（6 870美元）、中国台湾地区1991年水平（6 382美元）。按照世界银行2012年发布的 *China 2030：Building a modern，harmonious，and creative high-income society* 报告，中国大陆2010—2020年人均GDP增长率将为6.8%~9.5%，2020—2030年人均GDP增长率为3.9%~7.6%。按2010—2020年人均GDP增长率7%、2020—2030年人均GDP增长率6.0%计算，以2014年（7 476美元）为起点，那么2030年中国大陆人均GDP将达到20 662美元。按照1998—2013年中国通货膨胀率2.3%折算成2012年不变价格，2030年中国大陆人均GDP为14 612美元，相当于日本1986年水平（14 971美元）、韩国2005年水平（15 039美元）、中国台湾地区2005年水平（14 632美元）。

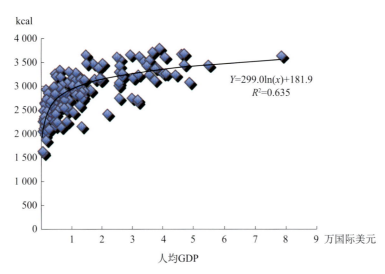

图1-17　2009年不同收入水平国家的人均日能值摄入水平

为了考察我国未来人均粮食消费的演变趋势，我们绘制了2009年世界主要国家人均GDP水平与人均日能值摄入量的关系图。从图1-17中可以看出，人均日能值摄入量与经济发展水平呈 $Y=299.0\ln(x)+181.9$（$R^2=0.635$）的函数关系。当经济发展水平较低，即人均GDP处于10 000国际美元以下时，人均日能值摄入量对经济水平发展的弹性较大，即随着经济的发展，人均日能值摄入量快速增加；当人均GDP超过10 000国际美元时，人均日能值摄入量增加放缓。从世界发达国家的经验来看，人均日能值摄入量最高值略高于 3 500kcal。2009 年我国人均 GDP 为 6 747.2 国际美元，正处在人均日能值摄入量快速上升期，而且我国 2009 年人均日摄入能值处于 3 036 kcal，距离 3 500kcal 强尚有近 500kcal 的差距。由此可见，至 2030 年我国经济达到中等发达国家水平时，人均日能值摄入量还会有一定的上升空间。

从美国食物消费的发展经验来看，在经济与城镇化快速发展的相当长一段时间内，居民的食品需求与消费结构会逐步优化，淀粉类食物需求下降，而高蛋白的肉制品与乳制品食品消费需求增加，随后会出现淀粉类食物与高蛋白类食物消费同时增加的现象。从数量上看，美国人均直接消费的谷物从 1909 年的 136kg 下降到 20 世纪 70 年代初期的 60kg，随后又上升到现在的 88kg；而 20 世纪 30 年代后，美国居民的人均肉类消费一直呈明显的增长趋势，由 1930 年的 60kg 增长到 2011 年的 115kg（图 1-18）。

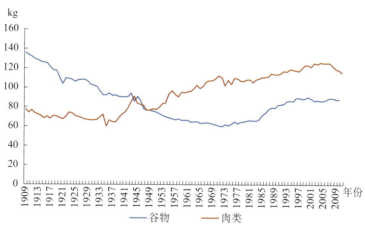

图 1-18　1909—2011 年美国人均谷物消费与肉类消费变化特征
数据来源：美国农业部经济研究局（www.ers.usda.gov）。

我国台湾地区的饮食结构与大陆最为相近，其饮食结构的变化具有较为重要的指示意义。随着经济的发展，我国台湾地区居民的膳食结构发生了明显的变化，人均谷物消费量从 1961 年的 165kg 下降到 2012 年的 86kg，而人均肉类消费量则从 1961 年的 15.6kg 上升到 2012 年的 75.2kg，蛋类、水产品、乳品类、油脂类、蔬菜瓜果类等食物消费量也均有明显的增长（表 1-18）。

表1-18　我国台湾地区居民膳食结构

单位：kg

年份	谷物	薯类	蔬菜	果品	肉类	蛋类	水产品	乳品	油脂
1961	165.0	58.1	57.2	19.9	15.6	1.6	25.3	9.4	4.8

(续)

年份	谷物	薯类	蔬菜	果品	肉类	蛋类	水产品	乳品	油脂
1971	164.6	21.4	91.3	45.0	26.4	4.1	34.3	10.4	7.8
1981	128.8	6.9	115.6	80.5	43.0	8.6	35.8	24.8	11.3
1991	99.5	21.2	94.7	138.7	64.5	13.4	39.7	50.0	23.7
2001	89.4	21.7	110.1	134.4	76.6	19.2	35.5	54.4	23.3
2008	81.9	20.8	103.2	125.5	72.6	16.6	34.5	37.9	21.9
2012	85.6	22.4	103.0	125.7	75.2	17.1	36.5	20.9	23.0

数据来源：台湾"统计局"（www.stat.gov.tw）；台湾"行政院农业委员会"（www.coa.gov.tw/view.php?catid=5875）。

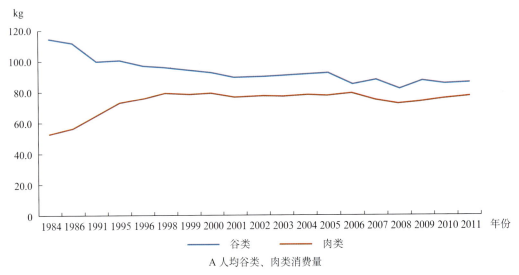

A 人均谷类、肉类消费量

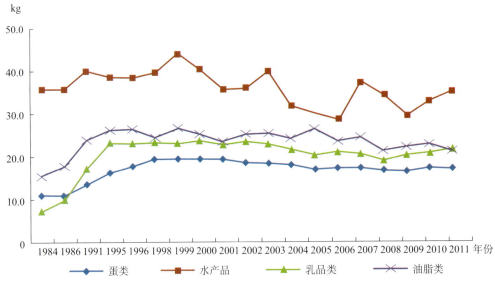

B 人均蛋类、水产品、乳品类、油脂类消费量

图1-19 我国台湾地区居民食物消费水平变化情况

从我国台湾地区食物消费水平变化情况来看，可以归纳出两个特点：一是，随着

经济水平的发展，居民口粮消费的需求会下降，而对肉、蛋、奶等高附加值产品的需求会上升，但最终会达到较为稳定的水平，部分食品消费量会下降。二是，各类食品达到拐点的时间有差别。从我国台湾地区的经验来看，乳品类与油脂类食品消费水平先达到顶点，时间为1995年，消费水平分别为23.0kg与26.0kg，随后是肉类、蛋类与水产品，时间为1998—1999年，肉类在略低于80kg水平，蛋类在20kg左右，水产品在40kg左右（图1-19）。

根据经济发展特征，我国大陆地区2030年居民收入将达到台湾地区2005年的水平，如果按照我国台湾地区居民消费的轨迹，那么2030年我国居民的消费水平应该也会达到拐点，但受农业生产与消费习俗等方面的影响，在人均消费总量或单类食品的消费量上，我国大陆居民可能与我国台湾地区会有所差别。

2．未来粮食、饲料需求

（1）我国经济发展态势

改革开放以来，中国经济多年保持着国内生产总值年均约10%的高速增长。但2011年以来中国经济呈现持续下行态势，GDP增长速度有所下降。目前，中国经济总量比过去明显增大，又进入了转型发展阶段，潜在增长率有所下降，经济增长由高速转为中高速，符合发展规律。但展望未来，中国经济在未来15年内仍会保持中高速的发展趋势。林毅夫预测，到2020年左右，中国经济增速可保持年均7.5%～8%，到2030年，中国的总体经济规模可能是美国的1.5～2倍。

中国社会科学院对2015—2030年中国经济增长率进行了预测（表1-19）。

表1-19　2015—2030年中国潜在经济增长率预测

单位：%

年份	基准情景	增长较快情景	增长较慢情景
2015	7.2	7.3	7.1
2016	6.8	7.1	6.6
2017	6.6	6.9	6.4
2018	6.5	6.8	6.2
2019	6.3	6.6	6.0
2020	6.1	6.5	5.8
"十三五"时期平均	6.5	6.8	6.2
2021	5.9	6.3	5.7
2022	5.8	6.1	5.5

（续）

年份	基准情景	增长较快情景	增长较慢情景
2023	5.6	6.0	5.3
2024	5.5	5.9	5.1
2025	5.3	5.8	4.9
"十四五"时期平均	5.6	6.0	5.3
2026	5.2	5.7	4.7
2027	5.0	5.6	4.5
2028	4.9	5.5	4.3
2029	4.8	5.4	4.2
2030	4.7	5.3	4.0
"十五五"时期平均	4.9	5.5	4.3

资料来源：李雪松，娄峰，张友国，2016．"十三五"及2030年发展目标与战略研究 [M]．北京：社会科学文献出版社．

　　根据国务院发展研究中心的预测，我国GDP的增长率：2016—2020年为7.0%，2021—2025年为5.9%，2026—2030年为5.0%。在中国经济持续快速发展的背景下，我国城乡居民收入水平不断提高，城乡居民的收入差距不断缩小。2015年我国居民人均可支配收入为21 966元，同比增长8.9%；城镇居民人均可支配收入为31 195元，较2014年增长8.2%；农村居民可支配收入11 422元，较2014年增长8.9%。过去六年农村居民的收入增长速度均高于城镇居民，我国城乡居民的收入差距自2005年的3.2∶1下降到2015年的2.73∶1。

　　党的十八大报告提出，至2020年我国国内生产总值与城乡居民人均纯收入要比2010年翻一番（2010年，中国农村居民人均纯收入5 919元，城镇居民全年人均可支配收入19 109元），全面建成小康社会，2030年达到中等发达国家水平。按照目前中国经济的发展趋势，这两个目标均可以实现。

　　参考美、德、日、韩等发达国家的经验（图1-20），中国大陆地区2001年人均GDP达到1 042美元，经济开始进入起飞阶段，2012年人均GDP为6 093美元。统一按照通货膨胀率将人均GDP折算成2012年水平，2012年中国人均GDP相当于日本1979年水平（6 198美元）、韩国1995年水平（6 870美元）、中国台湾地区1991年水平（6 382美元）。按照世界银行2012年发布的 *China 2030：Building a modern，harmonious，and creative high-income society* 报告，中国2010—2020年人均GDP增长率将为6.8%～9.5%，2020—2030年增长率为3.9%～7.6%，按2010—2020年人均GDP增长率7.5%、2020—2030年人均GDP增长率6.0%计算，以2014年（7 476美元）为起点，那么2030年中国的人均GDP

将达到 20 662 美元，按照 1998—2013 年中国通货膨胀率 2.3% 折算成 2012 年不变价格，2030 年中国人均 GDP 为 14 612 美元，相当于日本 1986 年水平（14 971 美元）、韩国 2005 年水平（15 039 美元）、中国台湾地区 2005 年水平（14 632 美元）。

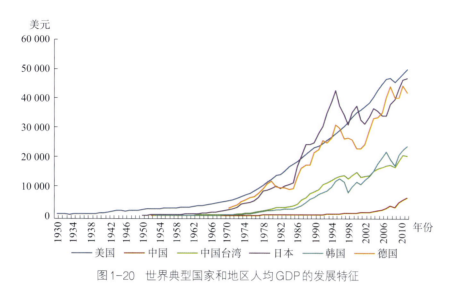

图 1-20　世界典型国家和地区人均 GDP 的发展特征

（2）2020 年、2030 年我国主要食品人均消费水平

长期来看，城乡居民食品消费主要受收入的影响，此处引入食品消费的收入弹性：

$$E_1 = \frac{(Q_2 - Q_1)/(Q_2 + Q_1)}{(I_2 - I_1)/(I_2 + I_1)} \qquad （式 1-5）$$

式中，I_1 与 I_2 分别为初期与末期居民收入；Q_1 与 Q_2 分别为初期与末期居民食品的消费量。食品收入弹性主要用来衡量食品需求对消费者收入变化的相对反应程度。

表 1-20、表 1-21 分别为我国城镇居民与农村居民食品消费的收入弹性。

表 1-20　2013—2015 年我国城镇居民食品消费的收入弹性

品类	2013年	2014年	2015年	2013—2014年弹性	2014—2015年弹性
口粮（原粮）	121.3	117.2	112.6	−0.405	−0.508
谷物	110.6	106.5	101.6	−0.435	−0.605
薯类	1.9	2.0	2.1	0.616	0.859
豆类	8.8	8.6	8.9	−0.265	0.325
食用油	10.9	11.0	11.1	0.079	0.109
食用植物油	10.5	10.6	10.7	0.117	0.108
蔬菜及食用菌	103.8	104.0	104.4	0.020	0.041
鲜菜	100.1	100.1	100.2	−0.002	0.021
肉类	28.5	28.4	28.9	−0.011	0.225

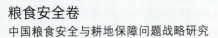

（续）

品类	2013年	2014年	2015年	2013—2014年弹性	2014—2015年弹性
猪肉	20.4	20.8	20.7	0.203	−0.029
牛肉	2.2	2.2	2.4	−0.004	0.866
羊肉	1.1	1.2	1.5	0.557	2.885
禽类	8.1	9.1	9.4	1.279	0.516
水产品	14.0	14.4	14.7	0.383	0.248
蛋类	9.4	9.8	10.5	0.461	0.845
奶类	17.1	18.1	17.1	0.666	−0.713
干鲜瓜果类	51.1	52.9	55.1	0.425	0.514
鲜瓜果	47.6	48.1	49.9	0.109	0.471
坚果类	3.4	3.7	4.0	1.053	0.850
食糖	1.3	1.3	1.3	0.266	0.072

表1-21　2013—2015年我国农村居民食品消费的收入弹性

品类	2013年	2014年	2015年	2013—2014年弹性	2014—2015年弹性
口粮（原粮）	178.5	167.6	159.5	−0.590	−0.584
谷物	169.8	159.1	150.2	−0.611	−0.673
薯类	2.7	2.4	2.7	−1.066	1.291
豆类	6.0	6.2	6.6	0.182	0.800
食用油	10.3	9.8	10.1	−0.402	0.269
食用植物油	9.3	9.0	9.2	−0.358	0.287
蔬菜及食用菌	90.6	88.9	90.3	−0.178	0.183
鲜菜	89.2	87.5	88.7	−0.184	0.172
肉类	22.4	22.5	23.1	0.024	0.318
猪肉	19.1	19.2	19.5	0.068	0.151
牛肉	0.8	0.8	0.8	0.027	1.092
羊肉	0.7	0.7	0.9	0.210	2.578
禽类	6.2	6.7	7.1	0.794	0.704
水产品	6.6	6.8	7.2	0.284	0.653
蛋类	7.0	7.2	8.3	0.333	1.652
奶类	5.7	6.4	6.3	1.107	−0.184
干鲜瓜果类	29.5	30.3	32.3	0.236	0.773
鲜瓜果	27.1	28.0	29.7	0.306	0.719
坚果类	2.5	1.9	2.1	−2.522	1.355
食糖	1.2	1.3	1.3	0.790	0.239

参考我国台湾地区不同经济水平下居民膳食消费的变化特征，我国大陆居民可能在2030年人均肉类消费量达到高峰值，之后会出现较为稳定的、缓慢的下降态势；而至2035年，我国大陆居民禽类、水产品、蛋类与奶类的消费量可能还会持续上涨，不过上涨速度会逐步放缓。依据国家统计局数据，结合在外消费比例，并将城乡居民消耗的方便面与糕点等工业产品考虑在内，同时将畜牧产品的损耗率也按照相关标准转移到人均消费量中去，重点参照我国台湾地区居民的膳食发展规律，结合2000—2015年我国大陆城乡居民膳食的演变特征，采用趋势外推法首先确定了2020年我国大陆城乡居民的食物消费水平，参照我国台湾地区的峰值标准确定2030年城乡居民各类食品的消费水平，2025年数值采用2020年与2030年中间值得到。在此基础上，结合2013—2015年我国大陆各省区城乡居民食品消费的收入弹性与同经济时期我国台湾地区膳食消费的变化规律，对2035年的消费水平进行了预测。

2020—2035年我国城乡居民人均食物消费水平如表1−22所示。

表1−22　2020—2035年我国城乡居民人均食物消费水平预测

单位：kg

品类	2015年			2020年			2025年			2030年			2035年		
	全国	城镇	农村	全国	城镇	农村	全国	城镇	农村	全国	城镇	农村	全国	城镇	农村
口粮（原粮）	158	146	173	147	136	161	139	130	154	131	124	147	122	118	132
食用油	12	13	11	13	13	12	14	14	15	16	15	17	15	15	17
食用植物油	11	12	10	12	13	11	13	13	14	15	14	16	14	14	16
蔬菜及食用菌	115	121	107	121	125	117	125	127	123	128	129	128	130	130	129
鲜菜	111	116	105	117	119	115	120	120	119	122	121	123	123	123	125
肉类	40	43	37	44	47	41	49	52	45	54	58	50	52	53	52
猪肉	31	32	31	33	34	31	35	36	34	37	38	35	33	32	36
牛肉	4	5	2	4	5	3	5	6	3	6	8	5	6	8	5
羊肉	3	4	2	4	5	3	5	5	4	6	6	5	6	7	5
其他肉类	2	2	2	2	2	2	4	4	4	6	6	6	6	6	6
禽类	15	16	13	18	19	17	20	22	18	23	26	20	26	27	20
水产品	18	23	12	22	27	16	22	27	16	23	28	16	30	33	18
蛋类	13	15	12	18	20	15	21	23	18	24	26	21	27	29	23
奶类	32	40	22	37	43	28	40	46	29	43	49	29	49	54	33
干鲜瓜果类	51	63	36	63	77	47	70	84	52	76	91	58	86	94	62

（续）

品类	2015年			2020年			2025年			2030年			2035年		
	全国	城镇	农村	全国	城镇	农村	全国	城镇	农村	全国	城镇	农村	全国	城镇	农村
鲜瓜果	46	57	33	56	68	40	59	72	43	63	77	46	83	93	55
坚果类	4	5	2	4	5	3	5	6	3	5	7	3	6	7	4
食糖	1	1	1	1	1	1	1	1	1	2	2	2	2	2	2

2020—2035年，我国城乡居民人均口粮消费量仍将保持下降趋势，其中城镇居民人均口粮消费量将从2020年的136kg下降到2035年118kg，共下降18kg；相应时期，农村居民人均口粮消费量将从161kg下降到132kg，共下降29kg。

2030年我国居民肉禽类平均消费量将会达到较高值，之后肉类消费结构会出现调整，猪肉消费量下降，而牛羊肉、禽类消费量继续增加，肉禽消费量整体保持稳定。从数量上看，2020年我国居民平均肉禽消费量为62kg，2030年将达到77kg，2035年将达到78kg，基本达到发达国家水平。城乡差别方面，肉类消费量的差距也在逐步缩小，至2035年我国城乡居民肉类消费量将会基本一致，但其他动物产品（如禽类、蛋类、奶类等）的消费还有一定差距。

（3）人口预测

根据国家卫生和计划生育委员会估测，实行全面二孩政策后，预计2030年中国总人口为14.5亿人。人口缓慢上升的同时，我国城镇化进程将持续快速发展，2015年我国常住人口城镇化率达到56.1%，2014年3月国务院发布《国家新型城镇化规划（2014—2020年）》，预计2020年中国常住人口城镇化率达到60%左右，国家卫生和计划生育委员会估测2030年常住人口城镇化率达到70%左右。《"十三五"及2030年发展目标及战略研究》预测，2020年中国城镇化率将达到61.5%，2030年将达到70%左右。2013年8月27日联合国开发计划署在北京发布的《2013中国人类发展报告》预测，到2030年，中国将新增3.1亿城镇居民，城镇化水平将达到70%，届时，中国城镇人口总数将超过10亿。本书以2010年我国第六次人口普查数据为基础，采用国际应用系统分析研究所（IIASA）的人口—发展—环境分析模型（PDE），在省级层面上以全面二孩政策情景对我国未来的人口结构进行了预测，并根据上述2020年与2030年国家的人口预测结果进行了合理调整，参考2000年来我国各省人口的发展趋势，最终获得我国未来的人口结构数据（表1-23）。

表1-23　我国人口与城镇化发展趋势

单位：万人，%

地区	2015年		2020年		2025年		2030年		2035年	
	总人口	城镇化率	总人口	城镇化率	总人口	城镇化率	总人口	城镇化率	总人口	城镇化率
全国	137 462	56	139 570	62	142 060	66	144 529	70	143 426	75
北京	2 171	86	2 445	89	2 719	91	2 992	93	3 005	94
天津	1 547	83	1 566	86	1 585	89	1 604	92	1 815	93
河北	7 425	51	7 450	55	7 475	59	7 500	63	7 514	68
山西	3 664	55	4 019	59	4 374	63	4 729	67	4 553	71
内蒙古	2 511	60	2 516	64	2 521	69	2 525	73	2 386	77
辽宁	4 382	67	4 384	69	4 387	72	4 389	74	4 352	78
吉林	2 753	55	2 769	57	2 785	59	2 801	61	2 534	65
黑龙江	3 812	59	3 795	61	3 778	63	3 760	65	3 232	69
上海	2 415	88	2 614	90	2 813	93	3 012	95	3 174	96
江苏	7 976	67	8 041	72	8 106	78	8 170	84	8 412	90
浙江	5 539	66	5 675	71	5 811	77	5 947	82	6 198	89
安徽	6 144	51	6 116	56	6 088	62	6 059	68	5 444	72
福建	3 839	63	3 916	69	3 993	75	4 069	81	4 219	85
江西	4 566	52	4 604	55	4 643	59	4 681	63	4 118	67
山东	9 847	57	9 831	62	9 815	67	9 799	72	10 316	76
河南	9 480	47	9 485	52	9 490	57	9 494	62	9 634	66
湖北	5 852	57	5 756	61	5 660	66	5 564	70	5 048	74
湖南	6 783	51	6 661	56	6 539	62	6 416	67	6 039	71
广东	10 849	69	12 056	74	13 264	79	14 471	83	15 624	87
广西	4 796	47	4 815	53	4 835	59	4 854	64	4 935	68
海南	911	55	963	59	1 015	64	1 067	68	1 318	72
重庆	3 017	61	2 908	67	2 800	74	2 691	80	2 118	84
四川	8 204	48	8 065	52	7 926	57	7 786	61	7 418	65
贵州	3 530	42	3 587	47	3 645	53	3 702	58	3 539	62
云南	4 742	43	4 893	48	5 044	53	5 194	57	5 218	61
西藏	324	28	338	33	353	38	367	42	337	46
陕西	3 793	54	3 810	58	3 828	62	3 845	65	3 654	69
甘肃	2 600	43	2 637	49	2 674	55	2 710	60	2 796	64
青海	588	50	609	56	630	61	650	66	639	70

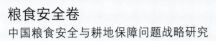

（续）

地区	2015年		2020年		2025年		2030年		2035年	
	总人口	城镇化率	总人口	城镇化率	总人口	城镇化率	总人口	城镇化率	总人口	城镇化率
宁夏	668	55	707	59	746	63	784	66	819	70
新疆	2 360	47	2 539	53	2 718	59	2 897	65	3 018	69

资料来源：2015年数据来自《中国统计年鉴2016》；2030年我国各省人口参照孙东琪，等，2016. 2015—2030年中国新型城镇化发展及其资金需求预测 [J]. 地理学报，71（6）：125-1044.

（4）未来粮食需求量

根据上述人均消费水平和人口预测，口粮方面，2020年、2025年、2030年和2035年我国口粮（原粮）需求量分别为20 307万t、19 625万t、18 918万t和17 480万t，呈现持续的、逐步减缓的下降趋势（表1-24）。饲料粮方面，2020年、2025年、2030年和2035年我国饲料粮（原粮）需求量分别为35 871万t、41 226万t、45 130万t和42 879万t，2030年前我国饲料粮需求量将呈现明显的增加趋势，2030年后随着我国肉类消费结构的变化、料肉比的下降，我国饲料粮需求压力可能会略有减轻，但仍然会处在较高的水平上（表1-25、表1-26）。

除了口粮、饲料用粮，粮食需求还有工业用粮与种子用粮，另外还有一定的系统损耗。

工业用粮一般指工业、手工业用作原料或辅助材料所消费的粮食，主要包括大豆、玉米、谷物等，本书的工业用粮主要包括用来酿酒以及生产淀粉、味精、酱油、醋等产品的粮食（方便面、糕点等已在口粮消费中计算）。2015年我国酒类、淀粉、味精、酱油、醋合计粮食消耗量达到7 669万t，预计2020年、2025年、2030年和2035年分别为8 068万t、8 668万t、9 267万t和9 730万t。

根据《全国农产品成本收益资料汇编2016》数据，2015年我国种子用粮为：水稻2.98kg/亩，小麦15.85kg/亩，玉米2.00kg/亩，大豆5.36kg/亩，薯类（标准粮食单位）20kg/亩。其他作物按照三种粮食平均的种子用粮6.93kg/亩计算。2015年种子用粮1 590万t，预计2020年、2025年、2030年和2035年分别为1 614万t、1 619万t、1 623万t和1 621万t。

系统损耗按照5%计。

综合考虑我国口粮、饲料用粮、工业用粮与种子用粮，得到我国粮食需求总量。预计2020年、2025年、2030年和2035年粮食需求量将分别达到68 136万t、73 311万t、77 402万t和73 745万t，相应的人均粮食消费量（含植物油）分别为479kg、516kg、536kg和514kg（表1-27）。

表1-24　我国食物消耗总量

单位：万t

品类	2015年			2020年			2025年			2030年			2035年		
	全国	城镇	农村	全国	城镇	农村	全国	城镇	农村	全国	城镇	农村	全国	城镇	农村
口粮（原粮）	21 703	11 239	10 464	20 307	11 768	8 539	19 625	12 188	7 438	18 918	12 545	6 374	17 480	12 736	4 744
食用油	1 641	970	671	1 800	1 142	658	2 006	1 298	708	2 200	1 467	733	2 187	1 575	612
食用植物油	1 542	931	611	1 686	1 082	605	1 880	1 219	662	2 059	1 366	694	2 046	1 467	579
蔬菜及食用菌	15 763	9 291	6 472	17 006	10 790	6 216	17 792	11 874	5 919	18 556	13 010	5 545	18 604	13 972	4 632
鲜菜	15 271	8 914	6 357	16 363	10 280	6 083	17 009	11 259	5 750	17 632	12 282	5 350	17 658	13 190	4 469
肉类	5 485	3 272	2 214	6 177	4 024	2 153	7 063	4 875	2 188	7 985	5 817	2 168	7 494	5 647	1 847
猪肉	4 319	2 456	1 863	4 655	2 942	1 713	5 000	3 370	1 630	5 360	3 834	1 526	4 775	3 480	1 294
牛肉	480	377	103	647	493	154	814	628	186	987	779	208	1 018	839	179
羊肉	409	269	139	570	389	180	692	502	191	822	627	195	871	699	172
其他肉类	278	169	109	305	199	106	556	375	181	815	577	238	835	635	201
禽类	2 000	1 232	768	2 499	1 618	880	2 962	2 091	872	3 466	2 620	845	3 660	2 925	734
水产品	2 507	1 763	744	3 134	2 302	833	3 337	2 564	773	3 550	2 843	707	4 231	3 593	638
蛋类	1 819	1 124	696	2 486	1 696	790	3 006	2 152	855	3 550	2 661	889	3 921	3 112	809
奶类	4 413	3 064	1 349	5 248	3 747	1 501	5 699	4 308	1 391	6 187	4 917	1 270	7 010	5 841	1 169
干鲜瓜果类	6 958	4 811	2 147	9 094	6 628	2 466	10 361	7 847	2 514	11 683	9 186	2 497	12 292	10 058	2 234
鲜瓜果	6 335	4 357	1 978	7 973	5 841	2 132	8 859	6 788	2 072	9 797	7 820	1 977	11 940	9 978	1 962
坚果类	486	346	139	612	459	154	715	563	152	825	678	147	927	793	134
食糖	179	100	79	195	121	74	199	131	68	217	152	65	215	161	54

表 1-25　我国饲料粮消耗明细

单位：万 t

品类	2015年			2020年			2025年			2030年			2035年		
	全国	城镇	农村	全国	城镇	农村	全国	城镇	农村	全国	城镇	农村	全国	城镇	农村
肉类	25 852	15 881	9 971	31 284	20 753	10 531	36 451	25 764	10 688	40 167	29 900	10 267	38 234	29 888	8 346
猪肉	11 747	6 691	5 056	12 905	8 156	4 749	13 601	9 167	4 434	14 580	10 429	4 151	12 033	8 771	3 262
牛肉	1 009	794	215	1 385	1 056	329	1 710	1 319	390	2 073	1 636	437	2 037	1 678	359
羊肉	899	594	305	1 277	873	404	1 523	1 103	420	1 809	1 380	429	1 830	1 468	361
其他肉类	757	461	295	846	552	294	1 513	1 020	493	2 217	1 569	649	2 105	1 599	506
禽类	4 601	2 838	1 763	5 857	3 793	2 064	6 813	4 808	2 005	7 971	6 027	1 945	7 685	6 143	1 542
水产品	1 598	1 125	473	2 035	1 494	541	3 270	2 513	757	2 261	1 811	450	3 385	2 874	511
蛋类	3 476	2 150	1 325	4 840	3 302	1 538	5 742	4 110	1 633	6 780	5 082	1 698	7 057	5 602	1 455
奶类	1 766	1 228	538	2 139	1 527	612	2 280	1 723	556	2 475	1 967	508	2 103	1 752	351
母畜用粮	4 243	2 380	1 863	4 587	2 844	1 743	4 775	3 159	1 616	4 963	3 474	1 489	4 645	3 326	1 319
饲料粮合计	30 095	18 261	11 834	35 871	23 597	12 274	41 226	28 923	12 304	45 130	33 374	11 756	42 879	33 214	9 665

表1-26　我国能量饲料与蛋白饲料消费量

单位：万t

品类	2015年			2020年			2025年			2030年			2035年		
	总量	能量	蛋白	总量	能量	蛋白	总量	能量	蛋白	总量	能量	蛋白	总量	能量	蛋白
肉蛋奶	25 852	20 021	5 831	31 284	24 193	7 091	36 452	28 038	8 414	40 167	31 155	9 012	38 233	29 441	8 792
猪肉	11 747	9 398	2 349	12 905	10 324	2 581	13 601	10 881	2 720	14 580	11 664	2 916	12 032	9 626	2 406
牛肉	1 009	767	242	1 385	1 053	332	1 710	1 300	410	2 073	1 575	498	2 036	1 548	488
羊肉	899	683	216	1 277	971	306	1 523	1 157	366	1 809	1 375	434	1 830	1 390	440
其他肉类	757	606	151	846	677	169	1 513	1 211	302	2 217	1 774	443	2 105	1 685	420
禽类	4 601	3 681	920	5 857	4 686	1 171	6 813	5 451	1 362	7 971	6 377	1 594	7 685	6 148	1 537
水产品	1 598	959	639	2 035	1 221	814	3 270	1 962	1 308	2 261	1 357	904	3 385	2 031	1 354
蛋类	3 476	2 781	695	4 840	3 872	968	5 742	4 594	1 148	6 780	5 424	1 356	7 057	5 646	1 411
奶类	1 766	1 148	618	2 139	1 390	749	2 280	1 482	798	2 475	1 609	866	2 103	1 367	736
母畜用粮	4 243	3 394	849	4 587	3 670	917	4 775	3 820	955	4 963	3 970	993	4 645	3 716	929
饲料粮合计	30 095	23 415	6 680	35 871	27 862	8 009	41 226	32 076	9 151	45 130	35 125	10 005	42 879	33 362	9 518

表1-27 我国粮食需求总量与人均需求量

单位：万t，kg

品类	2015年			2020年			2025年			2030年			2035年		
	全国	城镇	农村	全国	城镇	农村	全国	城镇	农村	全国	城镇	农村	全国	城镇	农村
口粮合计	21 699	11 259	10 440	20 697	11 994	8 703	19 625	12 188	7 438	18 918	12 545	6 374	17 480	12 736	4 744
饲料粮合计	30 095	18 261	11 834	35 871	23 597	12 274	41 226	28 923	12 304	45 130	33 374	11 756	42 879	33 214	9 665
工业用粮	7 669	4 302	3 367	8 068	5 002	3 066	8 668	5 745	2 923	9 267	6 487	2 780	9 730	6 811	2 919
种子用粮	1 590	892	698	1 614	1 001	613	1 619	1 069	550	1 623	1 136	487	1 621	1 102	519
扣除重复计算麸皮	−3 056	−1 714	−1 342	−3 240	−2 009	−1 231	−3 353	−2 218	−1 136	−3 465	−2 426	−1 040	−3 536	−2 475	−1 061
损耗5%	3 134	1 786	1 348	3 407	2 141	1 265	3 638	2 452	1 187	3 870	2 762	1 108	3 408	2 569	839
食用植物油	1 543	933	609	1 719	1 102	616	1 889	1 234	655	2 059	1 366	694	2 163	1 434	729
总消耗量（含植物油）	62 674	35 719	26 954	68 136	42 828	25 306	73 311	49 392	23 921	77 402	55 244	22 159	73 745	55 391	18 354
总消耗量（不含植物油）	61 131	34 786	26 345	66 417	41 726	24 690	71 422	48 158	23 266	75 343	53 878	21 465	71 582	53 957	17 625
人均需求量（含植物油）	456	463	447	479	486	468	516	527	495	536	546	511	514	515	512
人均需求量（不含植物油）	445	451	437	467	473	457	503	514	482	521	533	495	499	502	492

四、未来粮食生产能力与供需平衡分析

（一）耕地面积与复种指数

2015年我国城市化率为56.1%，正处于城市化进程的中期加速阶段，预计2030年我国城市化率将达到70%，2035年达到75%。城市化不仅表现为农村人口转换为城市人口，更突出的表现是土地城市化。目前，我国城镇扩张占用的土地约80%来源于耕地，预计城市化占用耕地的态势将持续较长时间。

2016年国土资源部根据第二次全国土地调查结果，经国务院同意，对《全国土地利用总体规划纲要（2006—2020年）》进行了调整完善。其中，2015年我国耕地保有量18.65亿亩主要考虑了去除不稳定耕地的数量与需要退耕还林的数量。"不稳定耕地"主要是指处于林区、草原以及河流湖泊最高洪水位控制范围内和受沙化、荒漠化等因素影响的耕地。根据第二次全国土地调查的结果，目前全国共有8 474万亩不稳定耕地，其中在林区范围内开垦的为3 710万亩，在草原范围内开垦的为1 333万亩，在河流、湖泊最高洪水位控制线范围内开垦的为1 271万亩，受沙化、荒漠化影响的为2 161万亩。退耕还林要求将全国具备条件的25°以上坡耕地、严重沙化耕地、部分重要水源地15°～25°坡耕地退耕还林还草，并在充分调查和尊重农民意愿的前提下，提出陡坡耕地梯田、重要水源地15°～25°坡耕地、严重污染耕地退耕还林还草需求。

综合考虑各种情景，课题组对未来我国可能的耕地保有量进行了研判：

耕地面积低水平方案：《全国土地利用总体规划纲要（2006—2020年）》与《全国国土规划纲要（2016—2030年）》中确定2020年与2030年我国耕地保有量的面积分别为18.65亿亩与18.25亿亩，本书将此数值作为2020年与2030年我国耕地数量的低水平方案。2020年各省耕地面积采用《全国土地利用总体规划纲要（2006—2020年）》给出的数值，2030年各省耕地面积则根据2009—2015年我国各省耕地面积的变化趋势推算。

耕地面积中水平方案：以2015年各省的耕地实有数据为基础，根据《耕地草原河湖休养生息规划（2016—2030年）》，充分考虑我国25°以上坡耕地的退耕情况，结合2009—2015年我国各省耕地建设占用与开垦的发展态势，推算预测年份我国各省的耕

地面积，作为我国耕地的中水平方案。

耕地面积高水平方案：鉴于我国人地关系的紧张态势将长期存在，2030年又面临人口高峰。在粮食安全情景下，假设不稳定耕地继续种植，依据2009—2015年我国各省耕地面积的变化趋势，推算预测年份我国各省耕地面积的可能数值，作为耕地面积的高水平方案。

各方案2025年和2035年预测数根据上述基数按趋势推算。

综合考虑我国耕地后备资源的分布特征以及2009—2014年我国各省耕地面积的变化，我国耕地可能的情景为：在低水平方案情景下，2020—2035年我国耕地保有量分别为2020年18.65亿亩、2025年18.45亿亩、2030年18.25亿亩、2035年18.05亿亩；在中水平方案情景下，2020—2035年我国耕地保有量分别为2020年20.05亿亩、2025年19.61亿亩、2030年19.16亿亩、2035年18.72亿亩；在高水平方案情景下，2020—2035年我国耕地保有量分别为2020年20.17亿亩、2025年20.10亿亩、2030年20.03亿亩、2035年19.96亿亩（表1-28）。

从统计数据来看，我国耕地复种指数呈现明显的上升趋势，2009—2015年，我国耕地复种指数从117%上升到123%，共上升了6个百分点，平均每年上升1个百分点。按照这一趋势，2020年我国耕地复种指数将达到130%左右，2030年达到140%左右，2035年将达到143%左右（图1-21）。

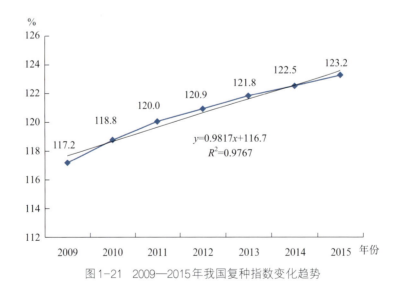

图1-21　2009—2015年我国复种指数变化趋势

表1-28 未来我国各省份耕地面积情景预测

单位：万亩

地区	2015年	低水平方案				中水平方案				高水平方案			
		2020年	2025年	2030年	2035年	2020年	2025年	2030年	2035年	2020年	2025年	2030年	2035年
全国	202 498	186 500	184 504	182 500	180 504	200 507	196 080	191 632	187 205	201 678	200 998	200 301	199 621
北京	329	166	139	112	85	238	225	211	198	323	318	312	307
天津	655	501	470	438	407	618	592	565	539	639	627	615	603
河北	9 788	9 080	8 842	8 604	8 366	9 790	9 650	9 510	9 370	9 689	9 603	9 516	9 430
山西	6 088	5 757	5 535	5 312	5 090	5 905	5 677	5 448	5 220	6 041	6 007	5 973	5 939
内蒙古	13 857	11 499	11 499	11 499	11 499	14 103	13 992	13 880	13 769	13 956	14 039	14 121	14 204
辽宁	7 466	6 902	6 874	6 845	6 817	7 469	7 368	7 266	7 165	7 397	7 339	7 281	7 223
吉林	10 499	9 100	9 100	9 100	9 100	10 553	10 457	10 361	10 265	10 445	10 403	10 361	10 319
黑龙江	23 781	20 807	20 807	20 807	20 807	24 055	23 959	23 862	23 766	23 817	23 837	23 856	23 876
上海	285	282	253	223	194	244	210	175	141	279	277	275	273
江苏	6 862	6 853	6 716	6 579	6 442	6 853	6 757	6 660	6 564	6 780	6 720	6 659	6 599
浙江	2 968	2 818	2 809	2 800	2 791	2 925	2 853	2 780	2 708	2 927	2 898	2 868	2 839
安徽	8 809	8 736	8 650	8 564	8 478	8 830	8 732	8 633	8 535	8 742	8 693	8 643	8 594
福建	2 004	1 895	1 888	1 880	1 873	1 929	1 841	1 752	1 664	1 982	1 965	1 947	1 930
江西	4 624	4 391	4 391	4 391	4 391	4 637	4 584	4 530	4 477	4 613	4 602	4 590	4 579
山东	11 417	11 288	11 250	11 211	11 173	11 441	11 298	11 154	11 011	11 330	11 254	11 177	11 101

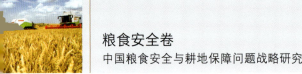
（续）

地区	低水平方案					中水平方案				高水平方案			
	2015年	2020年	2025年	2030年	2035年	2020年	2025年	2030年	2035年	2020年	2025年	2030年	2035年
河南	12 159	12 035	11 940	11 845	11 750	12 181	12 023	11 865	11 707	12 063	11 979	11 894	11 810
湖北	7 883	7 243	7 243	7 243	7 243	7 728	7 488	7 248	7 008	7 820	7 765	7 710	7 655
湖南	6 225	5 956	5 956	5 956	5 956	6 253	6 196	6 138	6 081	6 212	6 204	6 195	6 187
广东	3 924	3 719	3 397	3 075	2 753	3 917	3 851	3 785	3 719	3 947	3 956	3 965	3 974
广西	6 603	6 546	6 546	6 546	6 546	6 516	6 348	6 180	6 012	6 585	6 563	6 540	6 518
海南	1 089	1 072	1 070	1 067	1 065	1 095	1 086	1 076	1 067	1 083	1 078	1 073	1 068
重庆	3 646	2 859	2 661	2 462	2 264	3 398	3 117	2 835	2 554	3 674	3 667	3 660	3 653
四川	10 097	9 448	9 448	9 448	9 448	9 897	9 597	9 296	8 996	10 074	10 053	10 032	10 011
贵州	6 806	6 286	6 151	6 016	5 881	6 342	5 869	5 396	4 923	6 737	6 682	6 626	6 571
云南	9 313	8 768	8 667	8 566	8 465	8 807	8 272	7 736	7 201	9 227	9 166	9 104	9 043
西藏	665	592	592	592	592	659	646	633	620	665	664	663	662
陕西	5 993	5 414	5 123	4 832	4 541	5 533	5 077	4 620	4 164	6 008	6 019	6 030	6 041
甘肃	8 062	7 477	7 477	7 477	7 477	7 879	7 619	7 358	7 098	8 028	8 000	7 971	7 943
青海	883	831	831	831	831	868	848	828	808	864	853	842	831
宁夏	1 935	1 748	1 748	1 748	1 748	1 961	1 962	1 962	1 963	1 928	1 927	1 925	1 924
新疆	7 783	6 431	6 431	6 431	6 431	7 883	7 886	7 889	7 892	7 803	7 840	7 877	7 914

注：低水平方案是根据国土资源部国土规划推算；中水平方案是参考2030年我国25°以上耕地全部退耕情景；高水平方案是按照目前我国耕地的变化特征进行推算。

（二）未来种植结构调整与粮食生产能力

1．种植业结构调整

目前我国农业结构主要存在重粮轻饲、种养失调的问题，即我国口粮供给充足，相当一部分水稻、小麦作为饲料粮使用，而专用饲料粮短缺，尤其是蛋白饲料缺口巨大。结合我国未来农产品的消费需求特征，本书认为我国农产品种植结构调整应围绕满足居民农产品基本需求和耕地培育用养结合持续利用需要，主要应考虑以下三个方向：

第一，在确保口粮安全的前提下，根据未来口粮需求减少、单产有所提高的趋势，水稻、小麦等口粮作物种植面积可以根据消费需求适度调减；

第二，努力增加大豆、油菜种植面积，恢复油料生产，提高国内蛋白饲料供应水平，豆科作物合理轮作，用地养地结合，一举多得；

第三，积极扩大青贮玉米、优质牧草、绿肥种植面积，为发展现代畜牧业提供优质草料，促进农牧紧密结合。

本书将籽粒玉米按照用途分为饲用玉米、用作口粮与工业用粮的玉米两种，本书所讲的粮食作物与传统意义上的粮食作物略有差别，本书仅包括稻谷、小麦、用作口粮与工业用粮的籽粒玉米及其他小杂粮的粮食；考虑到实际的使用方式，本书将豆类与薯类归为经济作物。

2015—2030年，我国农作物总播种面积持续增加，粮食作物播种面积占比有所减少，播种面积占比由45.4%减少到31.2%；经济作物播种面积占比略有增加，播种面积占比由34.5%增加到39.6%；饲料、饲草、绿肥等作物的播种面积有较大规模增长，播种面积占比由20.1%增加到29.2%，整体呈现减粮增饲趋势。2030年后，我国农作物总播种面积会略有下降，2035年总播种面积将为265 583万亩，粮食作物播种面积与经济作物播种面积均有所下降，而饲料、饲草、绿肥种植面积会继续增加（表1-29）。

表1-29　我国农作物播种面积与比例

单位：万亩，%

	播种面积					面积比重				
	2015年	2020年	2025年	2030年	2035年	2015年	2020年	2025年	2030年	2035年
农作物总播种面积	250 244	260 213	267 212	274 211	265 583	100	100	100	100	100
粮食作物	113 628	97 696	91 675	85 651	79 097	45	38	34	31	30

（续）

	播种面积					面积比重				
	2015年	2020年	2025年	2030年	2035年	2015年	2020年	2025年	2030年	2035年
稻谷	46 176	44 475	40 919	37 362	33 121	18	17	15	14	13
小麦	36 895	36 173	34 539	32 904	30 375	15	14	13	12	12
玉米（口粮与工业）	26 242	12 286	11 404	10 522	10 825	10	5	4	4	4
其他粮食	4 315	4 762	4 813	4 863	4 776	2	2	2	2	2
经济作物	86 234	101 414	105 012	108 605	104 526	34	39	39	40	39
豆类	12 649	13 980	15 381	16 781	16 038	5	5	6	6	5
大豆	12 412	10 437	11 838	13 238	12 486	5	4	4	5	5
薯类	10 957	13 433	13 657	13 880	14 025	4	5	5	5	5
油料	19 972	21 329	21 968	22 606	18 097	8	8	8	8	7
油菜籽	10 010	11 577	12 267	12 956	9 368	4	4	5	5	4
棉花	5 662	5 183	4 838	4 493	4 198	2	2	2	2	2
麻类	80	111	102	92	56	0	0	0	0	0
糖料	2 359	2 469	2 427	2 385	2 168	1	1	1	1	1
烟叶	1 882	1 871	1 780	1 689	1 986	1	1	1	1	1
药材	3 253	3 285	3 656	4 026	4 269	1	1	1	2	2
蔬菜瓜类	29 420	39 753	41 203	42 653	43 689	12	15	15	16	17
饲料、饲草、绿肥等	50 382	61 103	70 529	79 955	81 960	20	23	26	29	31
玉米（饲用）	41 211	42 868	45 529	48 190	50 960	16	16	17	18	19
青贮玉米	1 500	5 000	8 000	11 000	12 000	1	2	3	4	5
饲草	1 494	5 000	6 000	7 000	8 000	1	2	2	3	3
绿肥	4 000	6 000	8 000	10 000	11 000	2	2	3	4	4

注：播种面积为中水平方案下的播种面积数据。

2．主要粮食作物单产水平

我国粮食作物的单产水平仍有一定的提升空间。从目前的单产水平来看，我国主要粮食作物的单产水平与试验田的单产水平有较大差距，而且这个差距不断扩大；就全国平均水平而言，目前水稻、小麦、玉米、大豆等主要粮食作物实际单产只有相应品种区试产量的50%~65%，仅为高产攻关示范或高产创建水平的35%~55%。2020年各省主要粮食作物的单产能力根据2005—2015年的发展趋势预测。本书在中国种业信息网（www.seedchina.com.cn）、中国水稻信息网（www.chinariceinfo.com）等网站搜集了各省主要粮食作物的品种信息，包括品种的实验产量、适种区域等，去掉极值后取各品种的平均值，作为各省2035年主要粮食品种的单产能力控制上限，考虑到我国

"望天田"和旱地的生产受到水分条件的限制，在计算时按照《农用地分等规程》给出的水分修正系数，参照各省的旱地比例，对各省单产水平进行了修正。综合各省产量，得出全国主要粮食作物平均单产水平（表1-30）。

表1-30 全国主要粮食作物单产水平

单位：kg/亩

品类	2015年	2020年	2025年	2030年	2035年
水稻	459	470	480	490	500
小麦	360	367	378	388	399
玉米	393	399	407	415	421
豆类	120	126	130	134	138
薯类	251	266	282	298	314

3．未来我国粮食总产量

（1）水稻

我国是水稻种植大国，2014年水稻种植面积和产量分别占全球的18.97%和28.36%（FAO，2016）。水稻是我国65%以上人口的主粮，也是我国播种面积、总产出、单产水平最高的粮食作物，在粮食生产和消费中处于主导地位。2013年我国稻谷播种面积约占粮食总播种面积的27%，水稻产量占粮食总产量的比重约为34%。

自20世纪70年代以来，我国水稻播种面积出现明显的下降趋势，主要是由南方稻区双季稻改种单季稻的种植制度变化引起的。从20世纪70年代中期开始，双季稻种植比例逐渐减少，全国水稻播种面积也随之下降，特别是1995年之后，双季稻播种面积开始大幅度下降，双季稻播种比例从1995年的60%左右下降到2015年的不足40%，而单季稻播种面积则开始迅速上升。单季稻增加的耕地主要是由南方地区原双季稻耕地改种而来。尽管2004年开始我国政府采取"三减免，三补贴"措施，对粮食种植实行直补，同时大幅提高粮食收购价格，水稻播种面积有所回升，但近两年水稻播种面积又有下降的苗头。

受口粮消费量降低的影响，预计2020年、2025年、2030年和2035年我国水稻播种面积会持续下降，分别达到44 475万亩、40 919万亩、37 362万亩和33 121万亩；综合单产因素的变化，预计2020年、2025年、2030年和2035年我国稻谷产量将分别为20 903万t、19 641万t、18 307万t和16 561万t（图1-22）。

图1-22　我国稻谷产量的变化趋势

（2）小麦

小麦是我国三大谷物之一，属于北方地区的主要口粮。2015年我国小麦播种面积与产量占全国相应类别的比重均为21%左右。从播种面积来看，近年来我国小麦播种面积出现了先下降后上升再下降的趋势。20世纪80年代至2000年左右，我国小麦播种面积明显下降，但受国家补贴政策的影响，2004—2011年我国小麦播种面积上升，2011年后，我国小麦播种面积又出现下降趋势。目前，我国正在推行地下水超采区土地休耕制度，以减少地下水用量。作为华北平原最为主要的耗水作物，冬小麦首当其冲，预计到2030年，我国小麦播种面积与水稻相似，将会有所下降，但受粮食安全政策的影响，下降幅度会较为有限，而且退出的冬小麦播种土地多为劣质土地，其对小麦产量影响有限；预计小麦单产会持续上升，受单产增长的影响，2020年我国小麦总产量还会上升，2020年后我国小麦播种面积会减少，产量也会相应下降。

预计2020年、2025年、2030年和2035年我国小麦总产量将分别达到13 036万t、13 275万t、13 056万t、12 767万t和12 120万t。

（3）玉米

玉米是我国三大主粮之一，是我国最主要的饲料粮作物，也是我国淀粉业的主要原料，玉米的生产与消费与我国的粮食安全关系密切。2003年开始，受国家支持玉米种植政策的影响，玉米播种面积与产量持续呈现增长态势。2015年我国玉米播种面积与产量分别达到4 496.8万hm²与26 499万t，均达到历史最高水平。从区域上来看，全国各地玉米种植均出现了不同幅度的增长现象。东北地区对我国玉米产量增长的贡献最为突出，但同时，东北地区大豆的播种面积明显减少，导致我国大豆产量明显降低。玉米的高产导致我国玉米库存量增加，而且我国玉米保护价明显高于国际市场价格，加上粮食补贴政策，我国玉米的市场价格已经畸形。2015年我国首次下调玉米临储价格，而且下调幅度较大，国标三等质量标准为2 000元/t，较2014年下降220～260元/t，但即使这样，我国的玉米价格仍高于国际市场价格，2015年在我国限制三大主粮进口的背景下，我国仍净进口玉米472万t。实际上，目前我国玉米的生产量与需求量大致相等，甚至略低于需求量，但较高的价格阻碍了玉米的消费，引致高粱、大麦等替代品的进口量激增。

随着玉米临储价格的下调，我国玉米批发价也有所降低。我国玉米产区批发价由2014年的2.32元/kg降低到2015年的2.18元/kg，玉米价格的降低将会明显促进玉米的消费量。

2015年农业部发布《"镰刀弯"地区玉米结构调整的指导意见》，提出到2020年，"镰刀弯"地区玉米播种面积调减5 000万亩以上，受此政策影响，2020年我国玉米播种面积应有较大下降，玉米总产量变为22 006万t。但随着我国玉米去库存任务的缓解以及居民畜牧产品消费量的增长，我国玉米消费需求会持续增长，而且预计增长速度会比较快。所以从长期来看，我国玉米生产的压力仍比较大。受需求的拉动，预计2030年我国玉米的播种面积会有所增长，单产水平也会继续提高，总产量会进一步增加，预计2030年我国玉米的总产量将达到24 365万t，2035年我国玉米的总产量将达到26 011万t（图1-23）。

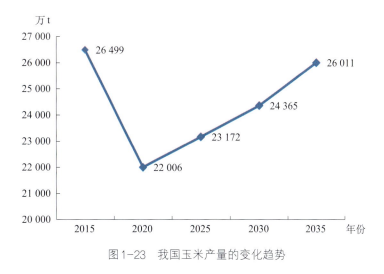

图1-23　我国玉米产量的变化趋势

（4）薯类

薯类是高产作物，既可作为粮食作物，又可作为蔬菜，还是重要的饲料与工业原料。尽管近年来我国薯类的播种面积与总产量均呈现明显的上升趋势，但与西方欧美国家相比，我国薯类产业相对较少，薯类种植面积增长会持续较长的时间。预计2020年我国薯类总产量将达到3 573万t，2035年薯类总产量将达到4 404万t（图1-24）。

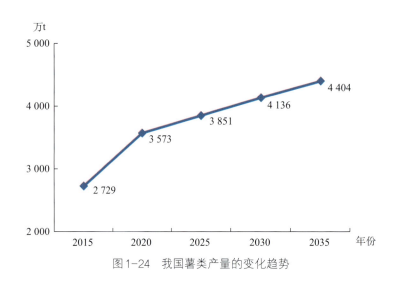

图1-24　我国薯类产量的变化趋势

（5）豆类

大豆是我国畜牧业蛋白原粮的重要来源，也是我国食用植物油的重要来源。近年来，我国大豆的种植利润不如水稻、玉米与小麦，连续多年的国产大豆临储收购政策也没有刺激农户更多地种植大豆，加上国际市场低价大豆的大力竞争，国产大豆产业不断萎缩。2014年我国取消大豆临储收购政策后，并没有如希望的那样扶持东北大豆产业，2015年大豆播种面积和总产量进一步下滑，达到近年来的历史低值，分别为650.6万hm^2（合9 759万亩）与1 179万t，较2014年分别减少2.9%与4.3%。大豆播种面积连年递减，且取消临储收购政策、实施直补政策之所以未见明显效果，主要原因是主要竞争作物玉米的收益仍明显高于大豆，即使玉米下调了临储价格，其收益仍明显高于大豆，估计未来两年内这种局势仍会持续，但受《"镰刀弯"地区玉米结构调整的指导意见》的影响，估计2020年我国豆类播种面积较2015年会有所恢复，但面积会比较有限，产量也会略有增长，豆类产量预计会达到1 761万t。从中长期来看，我国豆类的消费量将随着畜牧产品消费量的增长而持续增长，国家政策对大豆的保护倾向也非常明显，预计我国对大豆的扶持政策会持续加强，"粮豆轮作"的种植模式预计会在一定程度上得到恢复。2030年预计我国豆类的播种面积会得到恢复性增长，加上单产的增加，我国豆类的总产量将有所增加，2030年我国豆类总产量预计将达到2 249万t，2035年豆类总产量将达到2 324万t（图1–25）。

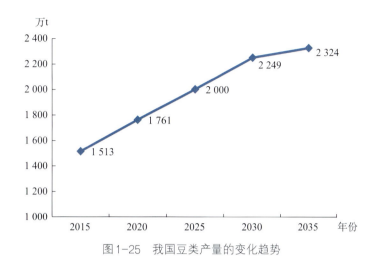

图1–25　我国豆类产量的变化趋势

综合上述我国五种主要粮食作物的产量，假设此五种主要粮食产量之和在粮食总产量中的比重不变，由此推断耕地面积中水平方案情景下2020年、2025年、2030年和2035年我国粮食总产量分别为61 520万t、61 719万t、61 825万t和61 419万t。由此可见，未来20年内，我国粮食产量基本可以维持在6.1亿~6.2亿t。

（三）未来粮食供需平衡分析

1．全国粮、饲供需平衡分析

在低水平方案耕地保有量情景下，2020年、2025年、2030年和2035年我国的粮食短缺比例分别为15%、21%、25%和21%；在中水平方案耕地保有量情景下，2020年、2025年、2030年和2035年我国的粮食短缺比例分别为10%、16%、20%和17%；在高水平方案耕地保有量情景下，2020年、2025年、2030年和2035年我国的粮食短缺比例分别为9%、15%、19%和14%（表1–31）。

表1–31　我国三种耕地面积情景下粮食供需平衡

单位：万t，%

品类	低水平方案				中水平方案				高水平方案			
	2020年	2025年	2030年	2035年	2020年	2025年	2030年	2035年	2020年	2025年	2030年	2035年
水稻	20 941	19 601	18 261	16 921	20 903	19 641	18 307	16 561	20 941	19 601	18 261	16 921
小麦	13 268	12 977	12 685	12 394	13 275	13 056	12 767	12 120	13 268	12 977	12 685	12 394
玉米	19 057	21 126	23 195	25 264	22 006	23 172	24 365	26 011	22 607	24 032	25 456	26 881

（续）

品类	低水平方案				中水平方案				高水平方案			
	2020年	2025年	2030年	2035年	2020年	2025年	2030年	2035年	2020年	2025年	2030年	2035年
豆类	3 327	2 762	2 196	1 631	1 761	2 000	2 249	2 324	3 598	3 961	4 324	4 687
薯类	1 634	1 691	1 747	1 804	3 573	3 851	4 136	4 404	1 767	2 062	2 356	2 324
总产量	58 227	58 156	58 084	58 013	61 520	61 719	61 825	61 419	62 181	62 632	63 082	63 206
需求量	68 136	73 311	77 402	73 747	68 136	73 311	77 402	73 747	68 136	73 311	77 402	73 747
供需平衡	−9 909	−15 156	−19 318	−15 734	−6 616	−11 592	−15 577	−12 327	−5 955	−10 680	−14 320	−10 541
短缺比例	−15	−21	−25	−21	−10	−16	−20	−17	−9	−15	−19	−14

在肉类完全自给、耕地保有量中水平方案情景下，2020年、2025年、2030年和2035年我国饲料粮的自给率分别在79%、72%、68%和75%水平上，其中能量饲料的自给率分别在93%、85%、79%和86%水平上。玉米在2025年会出现饲料粮不足的现象，2030年自给率将下降到93%左右，2030年后需求量处于稳定水平，产量会继续增加，自给率会恢复到2025年左右的水平。蛋白饲料自给率的形势较为严峻，处在30%左右的水平，主要是受豆粕的影响，2020—2035年我国豆粕的自给率为8%～14%（表1-32）。

表1-32　中水平方案耕地面积情景下我国口粮与饲料粮的自给率

单位：万t，%

品类	2020年			2025年			2030年			2035年		
	产量	需求	自给率	产量	需求	自给率	产量	需求	自给率	产量	需求	自给率
口粮	24 590	20 697	119	23 646	19 625	120	21 881	18 918	116	20 315	17 480	116
饲料粮	28 202	35 871	79	29 511	41 226	72	30 820	45 130	68	32 129	42 879	75
能量饲料	25 787	27 862	93	26 715	31 494	85	27 642	35 125	79	28 570	33 259	86
玉米	16 348	15 924	103	17 327	17 844	97	18 306	19 763	93	19 285	19 823	97
蛋白饲料	2 415	8 009	30	2 797	9 007	31	3 178	10 005	32	3 560	9 620	37
豆粕	540	6 469	8	691	6 861	10	842	7 252	12	993	7 061	14

注：口粮的计算按照CHNS系统各粮食作物的消费比例进行了折算。

2．不同自给率情景下我国耕地需求量

我国耕地需求量的计算思路是，根据我国各种食品的人均消费量与人口量，计算得

到我国各种食品的消费总量，再依据我国各种农产品的单产水平，获得我国各种农产品需要的播种面积，然后除以复种指数，得到需要的耕地面积。2015年我国复种指数为1.23，受绿肥等作物种植面积增加的影响，预计2020年、2025年、2030年和2035年我国的复种指数将分别达到1.30、1.35、1.40和1.43。

2015年我国在完全自给（即农产品自给率均按照100%计算）水平下，除了自己的20.25亿亩耕地，还需要80 221万亩虚拟耕地用来种植净进口的农产品，两者合计为282 719万亩。按照耕地保障率来计算，2015年我国的耕地自给率仅为72%。2020年我国需要285 676万亩耕地，2025年需要289 856万亩耕地，2030年需要294 035万亩耕地，2035年需要288 154万亩耕地，这样才能保证农产品完全自给。在耕地面积高水平方案（最严格保护耕地）情景下，2035年我国耕地保有量为19.99亿亩；在耕地面积中水平方案情景下，2035年我国耕地面积为18.72亿亩；而在耕地面积低水平方案情景下，2035年我国耕地面积仅为18.05亿亩。如果保证我国农产品自给率在70%的水平上，2035年需要耕地面积20.17亿亩，即使是耕地面积高水平方案也难以满足。如果视耕地面积中水平方案为最有可能的情景，那么2035年我国耕地面积为18.72亿亩，农产品自给率为65%（表1-33）。由此可见，我国自身的耕地资源难以保障我国农产品全部自给，耕地压力较大，需要长期严格保护耕地资源，农产品自给率不宜定位太高，65%～70%较为合适，耕地资源宜保有在19亿～20亿亩。

表1-33　我国不同农产品自给率情景下耕地需求面积

单位：万亩

自给率	65%	70%	75%	80%	85%	90%	95%	100%
2015年耕地需求面积	183 767	197 903	212 039	226 175	240 311	254 447	268 583	282 719
2020年耕地需求面积	185 689	199 973	214 257	228 541	242 825	257 108	271 392	285 676
2025年耕地需求面积	188 406	202 899	217 392	231 885	246 378	260 870	275 363	289 856
2030年耕地需求面积	191 123	205 825	220 526	235 228	249 930	264 632	279 333	294 035
2035年耕地需求面积	187 301	201 709	216 115	230 523	244 931	259 339	273 746	288 154

五、与粮食安全相关的几个关键问题

（一）适度经营规模与粮食安全

1. 我国农户的耕地规模太小

改革开放初期，我国遵循"耕者有其田"的思想，确立了以家庭经营为基础的双层经营体制，根据土地肥沃程度和距离远近等按人口平均分配土地，以"平分地权"方式最大限度地实现了社会公平。统分结合的家庭联产承包责任制极大地刺激了20世纪80年代初中国农户的种植积极性，实现了农业单产和总量连续多年大幅增加，不仅满足了广大人口的吃饭问题，还基本满足了整体经济的发展需求，这种小农生产模式对农业发展起到了巨大的推动作用。但同时，家庭联产承包责任制也造成了我国土地细碎化经营现象。根据农业部设立的全国农村固定点系统的统计，1986年我国户均耕地为9.2亩、8.4块，平均每块耕地仅1.1亩。1999年左右实施的土地第二次承包，也多为第一次承包的延续，土地细碎化的基本国情并未改变。2009年，户均经营耕地面积为7.12亩，耕地块数为4.1块，耕地块均面积有所增加，但也仅为1.7亩。

随着我国社会主义市场经济体制改革的深入发展，我国整体的经济形势发生了明显的变化，小规模、分散经营的小农经营制度与现代农业集约化生产、按效率分配土地的市场机制以及社会化大生产之间产生了矛盾，而且矛盾日趋尖锐繁杂。学术界与执政政府普遍认为，只有扩大土地规模，推广规模经营，才能推动农业进一步发展。中国政府也一直鼓励土地规模经营。早在1984年，中央1号文件就提出"鼓励土地逐步向种田能手集中"。2008年以来，中国政府对土地适度规模经营问题达到了前所未有的重视程度，连续出台了一系列的规章、文件，并在2013—2017年连续5年的中央1号文件中加以强调。2014年11月，中共中央办公厅、国务院办公厅印发《关于引导农村土地经营权有序流转发展农业适度规模经营的意见》，指出"现阶段，对土地经营规模相当于当地户均承包地面积10至15倍、务农收入相当于当地二三产业务工收入的，应当给予重点扶持。"

土地规模的扩大或缩小，无论是永久性的还是暂时性的，都必然伴随着土地利用结构和集约度的变化，从而导致产出的变化。而且这种变化与农业技术效率、价格效率、土地所有权结构、农业改革等理论和实践紧密相连，在国家和农户层次上都有重要的现实意义。对国家来讲，我国是世界上人口最多的农业大国，正处在从温饱向小康水平的发展阶段，居民生活水平乃至整个国民经济的持续发展都要求有持续稳定的农产品供给。对农户来讲，随着劳动力市场的逐步完善，农户农业生产的目的可能从追求土地生产率转化为追求劳动生产率或资本生产率，从而实现家庭收益最大化的目标。我国人多地少，人地关系紧张，土地规模化必然会导致部分农户失去土地，部分农户扩大土地规模，从而对农户的种植决策和家庭资源配置，进而对农户家庭收入产生决定性的影响。由此可见，农地规模的变化，不仅关系到农户的社会保障，还关系到农户的家庭收入水平。

因此，在现有的生产力与经济发展水平下，需要有个合适的经营规模，这样，既能保证规模经营农户的社会平均收入水平，又能保证依靠农业生存的小农有地可种。

2．江汉平原水稻种植户特征

2016年8月，课题组在被誉为湖北"粮仓"的江汉平原实地调查农户的农业生产情况。江汉平原是"鱼米之乡"，位于长江中游，由长江和汉江冲积而成，是长江中下游平原的重要组成部分。平原内地平湖多，水资源丰富，而且为亚热带季风气候，水热同季，适于喜温作物的种植，平原内以种植水稻、棉花、油菜为主，其中水稻种植面积大、产量高。江汉平原以荆州市、仙桃市、潜江市、天门市和武汉市为代表城市，本次调研的样本县市就选取在荆州市监利县、荆州市石首市、仙桃市和潜江市。在这四个样本县市内随机选取了17个样本村，共收集有效农户问卷482份，调查内容包括农户家庭基本信息、耕地利用情况和投入产出等信息。根据研究需要，挑选出有水稻种植的农户问卷368份，作为数据源。选择那里的主要粮食作物——水稻为种植作物，选择由经营规模因素影响的生产效率——规模效率作为衡量生产效率的指标，以探索江汉平原水稻种植规模与规模效率之间的关系。

从调查样本的分布和特征来看，农户种植水稻的平均面积是11.53亩，水稻种植面积的中位数是6亩，大多数样本农户的水稻种植面积低于平均面积，仅有24.46%的农户水稻种植面积超过了平均水平，说明样本村内的水稻种植仍以小农户种植为主，规模有待提高。自2000年开始，调研区内的规模种植户也在不断增加，有9.23%的样本农户的水稻种植规模在30亩以上，还有4位种植大户的水稻种植规模在90亩以上。从样本农户参与土地流转的情况来看，四分之一的样本农户都转入了土地；分县市来看，农户参与转入土地比例高的地区，水稻种植的平均规模也更大（表1-34）。

表1-34　样本分布和样本特征
（n = 368）

单位：个，亩，kg／亩，%

样本县市	样本村数	样本农户数	水稻种植平均规模	水稻单产	转入土地的农户比例
仙桃市	5	83	4.30	597.67	12.05
潜江市	1	66	14.21	584.57	21.21
监利县	6	137	15.09	566.99	27.01
石首市	5	82	10.76	583.89	39.02
合计/均值	—	—	11.53	580.83	25.27

我们采用"DEA-OLS"两阶段分析方法，先选择数据包络分析方法规模报酬可变模型（DEA-VRS）计算农户水稻种植的规模效率，再利用最小二乘回归的方法判断种植规模与规模效率之间的关系。本书将综合技术效率（TE）分解为纯技术效率（PTE）和规模效率（SE），其中，规模效率表示各决策单元是否能达到最大生产力的状态，规模效率的值若为1，则表示该决策单元的经营规模最佳，处在规模收益不变的阶段。本书利用各农户的规模效率，判断各样本农户的经营规模是否有效。假设有 n 个决策单元（DMU），每个有 m 项投入和 k 项产出，$X_j=(x_{1j},\cdots,x_{mj})^T$ 为投入数据集，$Y_j=(y_{1j},\cdots,y_{kj})^T$ 为产出数据集，其中 $j=1,\cdots,n$。投入导向型的DEA-VRS模型可以写成如下的对偶线性表达形式：

$$\min\theta-\varepsilon\,(\hat{e}^T S^-+e^T S^+)$$

$$s.t.\begin{cases}\sum_{j=1}^{n}X_j\lambda_j+S^-=\theta X_0\\\sum_{j=1}^{n}Y_j\lambda_j-S^+=Y_0\\\sum_{j=1}^{n}\lambda_j=1\\\lambda_j\geq0,j=1,2,\cdots,n\\S^-\geq0\\S^+\geq0\end{cases}\qquad（式1-6）$$

式中，θ 是判断DMU是否有效的对偶变量；ε 为大于0但小于任意正数的阿基米德

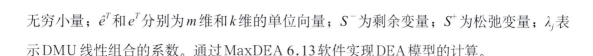

无穷小量；$\hat{e}^T$和e^T分别为m维和k维的单位向量；S^-为剩余变量；S^+为松弛变量；λ_j表示DMU线性组合的系数。通过MaxDEA 6.13软件实现DEA模型的计算。

由DEA模型得到农户水稻种植的规模效率值，再借助最小二乘估计的方法，判断种植规模与规模效率的关系。模型中加入种植规模的平方项以判断二者之间是否存在非线性关系，同时，考虑到其他异质信息对二者关系的影响，将其他可能的影响因素作为控制变量引入模型中，模型的基本形式为：

$$y=\beta_0+\beta_1 farm\_size+\beta_2 farm\_size^2+\sum \beta x_i+\mu \qquad (式1-7)$$

式中，y为水稻种植的规模效率；$farm\_size$为水稻种植面积；$farm\_size^2$为种植面积的平方项；x_i为户主特征、耕地质量、家庭特征等可能对规模效率有影响的因素。通过Stata 13.0软件实现OLS模型的估计。

以每个农户为一个决策单元，分别选取1个产出变量和11个投入变量应用DEA模型。产出变量（Y）为水稻总产量；土地投入变量（X_1）用水稻播种面积表示；种子投入变量（X_2）用单位面积投入的种子重量表示；农药投入变量（X_3）用单位面积投入的农药花费表示；由于不同化肥的施用目的和效果不同，所以将化肥投入变量（$X_4\sim X_7$）具体区分为复合肥、氮肥、磷肥和钾肥的投入，分别用单位面积的施用量表示；考虑到雇工的劳动投入强度和自家用工的不同，将劳动力投入变量（$X_8\sim X_9$）具体区分为雇工的投入和自家用工的投入，其中，雇工投入以雇工投入的总花费表示，自家用工投入以单位面积土地上投入的自家用工劳动天数表示。考虑到自家用工中不同素质的劳动力投入的劳动强度也不相同，我们假设劳动力投入的劳动强度仅因年龄而异，男性劳动力和女性劳动力投入的劳动强度相同，故根据劳动力的年龄对自家用工投入进行了标准化，以65周岁（含）以下的农业劳动力为标准劳动力，认为65周岁以上的劳动力投入的劳动强度是标准劳动力的一半，以此标准计算得到自家标准劳动力的亩均劳动投入（X_9）；机械投入（X_{10}）以单位面积投入机械的花费表示，包括自家机械和雇佣机械的投入，是将农户水稻种植从翻耕播种到收割运输的各个环节的机械投入折算成现金形式计算的；灌溉与水利设施维护投入（X_{11}）用单位面积上投入的灌溉费用和沟渠等农田水利设施的维护费用来表示（表1-35）。

以由DEA方法计算得到的农户水稻种植的规模效率作为被解释变量，以种植规模作为解释变量，并选取三组控制变量，依次加入模型中，来判断种植规模与规模效率之间的关系。

表1-35　变量统计描述

变量名称	变量含义	均值	标准差	最小值	最大值
被解释变量：规模效率					
Scale efficiency	农户水稻种植规模效率	0.88	0.12	0.38	1.00
解释变量：种植规模					
Farm size	水稻播种面积，单位：亩	11.53	17.03	0.30	130.00
Farm size^2	水稻播种面积的平方	422.40	1 508.43	0.09	16 900.00
控制变量：户主特征					
Age	户主年龄，单位：岁	55.04	10.30	24	84
Education	户主受教育程度（1=文盲；2=小学；3=初中；4=中专、高中；5=大专及以上）	2.55	0.89	1	5
Occupation type	户主务农类型（0=纯务农；1=非纯务农）	0.57	0.50	0	1
控制变量：耕地质量					
Irrigation	种植地块的平均灌排保证程度（1=100%；2=75%～100%；3=50%～75%；4=25%～50%；5=25%以下）	2.16	1.03	1	5
Slope	种植地块的平均坡度（1=平缓；2=一般；3=较大）	1.16	0.36	1	3
控制变量：家庭特征					
Land type	种植耕地的类型（0=无转入耕地；1=有转入耕地）	0.25	0.44	0	1
Sowing method	水稻播种方式（0=手工；1=机械）	0.53	0.50	0	1
Off-farm income	家庭非农收入占比	0.42	0.41	0	1

3. 从规模收益角度，江汉平原规模明显偏小

模型结果得到农户水稻种植的综合技术效率值、纯技术效率值、规模效率值和规模报酬情况，这三个效率值之间的关系是：综合技术效率＝纯技术效率×规模效率。综合技术效率是决策单元（DMU）在一定投入要素下的生产效率，是对决策单元配置投入要素和利用投入要素的效率等多方面能力的综合评价，值域为0～1，如果决策单元的综合技术效率等于1，说明该决策单元处于生产前沿。纯技术效率判断的是技术和管理的效率，是决策单元受技术和管理水平因素影响的生产效率，反映投入要素的配置是否合理，每个投入要素是否实现了最有效的利用，值域为0～1，纯技术效率等于1，表

示在目前的技术和管理水平上，决策单元对投入要素的使用是有效率的。规模效率是由决策单元经营规模影响的生产效率，反映的是在技术和管理水平一定的情况下，现有经营规模与最优规模之间的差距，值域为0~1，规模效率等于1，表示在现有的技术管理水平下其经营规模和投入产出相匹配，该决策单元的经营规模是最有效的，此时规模报酬不变；规模效率大于或小于1时，规模报酬可能递增或递减，若一个决策单元的规模报酬递减，那么对于这个决策单元，增加投入要素，产出增加的倍数要小于投入要素增加的倍数，此时这个决策单元就应该缩减经营规模，以使在同样的投入下，能有更多的产出。

从模型得到的结果来看，368个样本农户种植水稻的综合技术效率平均为0.78，纯技术效率平均为0.90，规模效率平均为0.88。总体上看，水稻种植的纯技术效率较高，规模效率是制约水稻种植综合技术效率的因素；分组来看，经营规模在4亩以下的农户中，规模效率限制了综合技术效率的提高，也就是说，这个经营规模区间的农户，生产效率的提高主要是受规模的限制，而4亩以上的农户，规模效率与纯技术效率的差距减小，甚至高于纯技术效率，此时，限制综合技术效率的主要为纯技术效率，对于达到这个种植规模的农户，技术和管理水平因素会限制生产效率的提高。从规模报酬的变化来看，规模报酬递减的农户有13个，占农户总数的3.53%；规模报酬不变的农户有30个，占农户总数的8.15%；有88.32%的农户都处在规模报酬递增的阶段，如果这部分农户扩大水稻种植规模，那么产量增加的倍数是高于投入增加的倍数的，说明从规模收益的角度考虑，调研区域内大多数水稻种植农户都应该继续扩大种植规模（表1-36）。

表1-36　农户水稻生产的效率

单位：个，%，亩

组别	规模区间	样本数量	样本比例	样本平均规模	综合技术效率	纯技术效率	规模效率	规模报酬递增样本数量	规模报酬递减样本数量	规模报酬不变样本数量
1	(0, 2)	33	8.97	1.18	0.71	0.95	0.76	33	0	0
2	[2, 3)	43	11.68	2.27	0.77	0.94	0.83	41	0	2
3	[3, 4)	38	10.33	3.21	0.77	0.90	0.86	35	0	3
4	[4, 5)	45	12.23	4.24	0.73	0.84	0.87	45	0	0
5	[5, 6)	20	5.43	5.22	0.76	0.85	0.90	18	1	1
6	[6, 7)	30	8.15	6.21	0.79	0.89	0.89	25	2	3

(续)

组别	规模区间	样本数量	样本比例	样本平均规模	综合技术效率	纯技术效率	规模效率	规模报酬递增样本数量	规模报酬递减样本数量	规模报酬不变样本数量
7	[7, 8)	19	5.16	7.25	0.81	0.91	0.89	18	0	1
8	[8, 9)	16	4.35	8.16	0.75	0.86	0.87	16	0	0
9	[9, 10)	15	4.08	9.17	0.75	0.85	0.89	14	0	1
10	[10, 15)	40	10.87	11.78	0.84	0.91	0.92	34	3	3
11	[15, 20)	20	5.43	17.08	0.78	0.88	0.89	15	4	1
12	[20, 30)	15	4.08	22.53	0.82	0.90	0.92	12	1	2
13	[30, 40)	8	2.17	34.93	0.83	0.87	0.95	6	0	2
14	[40, 50)	8	2.17	44.16	0.82	0.91	0.90	6	0	2
15	[50, 60)	4	1.09	52.15	0.83	0.87	0.96	3	1	0
16	[60, 70)	5	1.36	61.66	0.93	0.96	0.97	2	1	2
17	[70, 80)	4	1.09	71.05	0.92	0.94	0.98	2	0	2
18	[80, 90)	1	0.27	84.5	1	1	1	0	0	1
19	[90, 100)	2	0.54	94.6	1	1	1	0	0	2
20	[100, 150)	2	0.54	120	1	1	1	0	0	2

4．种植规模与规模效率之间存在倒U形关系

依次加入三组控制变量，对水稻种植规模与规模效率的关系进行分析，得到四个模型。从模型结果来看，水稻种植的规模效率与种植规模有显著的正向关系，而与种植规模的平方项有显著的负向关系，说明种植规模和规模效率之间确实存在倒U形的曲线关系。在依次加入控制变量的过程中，种植规模与规模效率之间的关系稳定不变，说明模型结果稳健。为了判断DEA模型所得规模效率的稳定性，我们又去掉5%（18个）的最有效率的样本农户，重新计算规模效率，再进行二者关系的回归，仍然得到了相同的结果。说明研究区内水稻种植规模与规模效率之间确实存在稳定的倒U形的非线性关系。

从模型2、模型3、模型4中，也可以看出各控制变量对规模效率的影响。户主特征因素中户主年龄和务农类型对规模效率有影响，而户主受教育程度对规模效率无显著影响。耕地质量和家庭特征因素中，灌溉条件、水稻播种的机械化程度对规模效率有显著的正向影响，地块坡度、是否是自家的耕地、非农收入比例对规模效率没有稳定且显著的影响。具体的影响表现为，年龄对规模效率有负向的影响，户主年龄越高，规模效率越低，故应结合农业劳动力的素质对家庭水稻种植规模进行合理的决策；从户主务农类型来看，户主从事非农工作的家庭比户主纯务农的家庭规模效率低，在调研区内，户主及其配偶一般是从事农业工作的主力群体，户主非纯务农的家庭比起户主纯务农的家庭来说，家庭收入对农业的依赖程度可能相对较小，对农业的重视程度也相对较低，导致水稻的种植规模也相对较小，规模效率偏低；户主的受教育程度对规模效率没有显著影响，水稻种植对经验和实践的要求更高，与户主的学历没有显著联系。结合模型3、模型4的结果来看，水稻对灌水的要求较高，灌溉条件好的地块规模效率更高；坡度对规模效率并没有稳定且显著的影响，研究区内87.77%的耕地坡度都很平缓，只有0.82%的耕地有较大坡度，所以总体来看，调研区内地块比较平坦，耕地坡度相差不大，所以坡度对规模效率没有稳定且显著的影响。从家庭特征方面（模型4）来看，使用机械播种的地块比手工播种的规模效率高3.07%，规模化种植以后，对机械的要求更高，相同规模和投入的情况下，手工播种方式会显著限制产出的增加；耕地是否是转入的耕地这一因素对规模效率没有显著影响，说明农户对水稻种植投入的多寡不会显著地因耕地的权属不同而有所不同，由于我国农地制度的约束，想要扩大经营规模，只能通过土地流转的方式，而流转来的耕地与自家承包的耕地在经营的过程中，在规模效率上并没有显著的不同；家庭非农收入占比因素对规模效率也没有显著的影响，样本农户家庭中从事农业工作和非农工作的代际划分现象明显，从事农业工作家庭成员的平均年龄为54.78岁，属于中老年的一代，而从事非农务工的家庭成员的平均年龄为33.09岁，属于中青年的一代，两代人有不同的行业分工，利益共享，并不相互影响，传统的农户家庭成员之间应该存在一种本能的依赖关系，类似于生活是相互占有与享受的共同体，已经外出务工赚取工资的家庭成员并不会影响从事农业劳动的家庭成员的农业生产安排，所以家庭非农收入占家庭总收入的比例并没有显著地对水稻种植的规模效率产生影响（表1-37）。

表1-37　水稻种植规模与规模效率关系的回归结果

变量名	模型1	模型2	模型3	模型4
解释变量：种植规模				
Farm size	0.00 420***	0.00 397***	0.00 383***	0.00 331***
	(0.00 089)	(0.00 089)	(0.00 088)	(0.00 098)
Farm size^2	−0.00 003***	−0.00 003***	−0.00 003**	−0.00 002**
	(0.00 001)	(0.00 001)	(0.00 001)	(0.00 001)

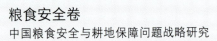

（续）

变量名	模型1	模型2	模型3	模型4
控制变量：户主特征				
Age		−0.00 135**	−0.00 113*	−0.00 112*
		(0.00 063)	(0.00 063)	(0.00 063)
Education		−0.00 144	0.00 029	0.00 041
		(0.00 716)	(0.00 709)	(0.00 705)
Occupation type		−0.02 348*	−0.02 835**	−0.03 150**
		(0.01 224)	(0.01 246)	(0.01 308)
控制变量：耕地质量				
Irrigation			−0.01 787***	−0.01 614***
			(0.00 592)	(0.00 594)
Slope			0.02 934*	0.02 576
			(0.01 654)	(0.01 653)
控制变量：家庭特征				
Land type				0.01 511
				(0.01 608)
Sowing method				0.03 070**
				(0.01 193)
Off-farm income				0.00 225
				(0.01 500)
常数项	0.83 897***	0.93 237***	0.92 441***	0.90 961***
	(0.00 887)	(0.04 714)	(0.05 441)	(0.05 652)
R^2	0.10	0.11	0.14	0.16

注：括号内为系数的标准误；*、**、***分别表示在10%、5%和1%水平下显著。

根据四个模型的结果，得到水稻种植规模与规模效率之间的关系图（图1-26）。横坐标为水稻的种植规模，纵坐标为标准化到（0，1）的规模效率。从图中可以看出二者之间存在稳定的非线性关系，随着种植规模的扩大，规模效率先增加后减小。从模型1、模型2、模型3的结果来看，农户水稻的种植面积达到60~70亩时，规模效率最高；从模型4的结果来看，最高的规模效率对应的水稻种植面积在80亩以上。曲线的前半段，四个模型中规模效率随种植规模的增加而增长的速率差不多，而在后半段，模型1、模型2、模型3中规模效率减小的平均速率是模型4的3倍左右，也显示出了机械化在规模经营中的重要性。

模型1中未加入控制变量，仅考虑二者之间的关系，最佳的水稻种植规模为70亩；

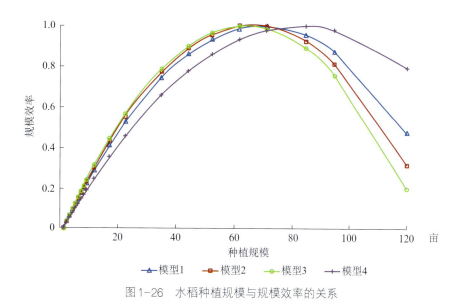

图1-26　水稻种植规模与规模效率的关系

模型2中加入户主特征因素，受到调研区内户主年长和户主存在兼业情况的影响，最佳种植规模减小到66.17亩；模型3中又加入耕地质量因素，受地块灌溉条件好坏不一的影响，最佳种植规模减小到63.83亩；模型4中又加入家庭特征因素，考虑到规模扩大之后便于机械的使用，而机械的使用对规模种植的效率有显著的提高作用，最佳种植规模增加到82.75亩。当水稻种植规模达到57亩时，规模效率就能达到0.9。而调研区内水稻种植的平均规模只有11.53亩，仅有4.89%的农户水稻种植规模达到了50亩以上，从提高规模效率角度出发，调研区内应该继续推进土地流转，扩大农户水稻种植规模。

对于那些种植大户，如果技术条件和机械化水平跟不上的话，盲目地扩大种植规模，会导致规模效率的降低。在调查中也发现，种植大户是有继续扩大种植规模的诉求的，但限制他们扩大规模的最重要的因素就是雇工的监管问题。当地农户一般会在水稻插秧环节雇佣劳动力，且以雇佣天数结算工钱，并不以实际劳作的面积计费；如果种植规模过大，需要雇工的环节可能会增多，还不可避免地会出现雇工怠工而监管不到位的问题，雇工怠工会造成水稻减产，监管的不到位导致还要追加更多的劳动投入，从而使得种植规模增大后的投入更多，产出反而更少了，这些都是监管成本过高的表现。规模增大，投入持续增多，而单产降低，就导致规模效率的降低，为了在保障单产的基础上实现规模经营，应该结合自家农业劳动力的数量和质量，将种植规模限制在不雇工或少雇工的范围内。调研区内几户种植规模在50亩左右的农户，就可以实现完全投入自家用工，不雇佣雇工种地的状态。

综上，江汉平原内水稻种植农户种植规模的扩大还有很大潜力，但不应盲目地扩大规模，因为种植规模与规模效率之间确实存在倒U形关系。在当前阶段，江汉平原内水稻种植规模尚小，政府应积极推进土地流转，并结合阶梯式的规模经营补贴，增加在改善灌溉条件和普及机械设施方面的投入，以鼓励农户扩大种植规模，提高规模效率和种植收益，发展适度规模经营。

（二）土地流转现状与潜力

提高劳动生产率是中国当前农业发展和农户农业经营需要解决的核心问题。2003年中国进入刘易斯转折阶段后，农业雇工工价持续上涨，高企的劳动力成本成为农业经营的最大约束。小规模、分散经营的小农模式与现代农业集约化生产的矛盾已经成为制约中国农业现代化发展的主要矛盾，只有发展规模经营，才能有效实现机械对劳动力的替代，顺应农业现代化发展，降低劳动力成本，提高劳动生产率。早在20世纪80年代至90年代初，农业的规模经营问题就引起了人们的重视，中国政府也一直鼓励土地规模经营，1984年中央1号文件就提出"鼓励土地逐步向种田能手集中"，1987年中共中央在5号文件中第一次明确提出要采取不同形式实行适度规模经营，2012年党的十八大报告中明确提出，要"培育新型经营主体，发展多种形式规模经营"，2017年中央1号文件也明确指出，要"积极发展适度规模经营"。

在中国集体所有制的土地制度下，土地流转成为实现土地规模经营的主要途径。土地流转能有效地促进小农户向适度规模经营方向发展，不仅可以提高农户土地利用效率，增加农民收入，还能有效解决中国耕地细碎化和耕地闲置撂荒问题。近年来中国的土地流转发展迅速，截至2015年，有三分之一的耕地都参与了流转，对全国层面上耕地流转的时空演变及其影响因素的分析就显得尤为重要。因此本书利用省级统计数据，详细分析中国土地流转的时空演变和发展现状，在影响因素分析上选择因子分析方法解决传统回归分析对影响因素数量的限制，全面考察各方面因素对土地流转的影响，在各个区域提取众多土地流转影响因素中应该被优先解决的因素，为更好地推动土地流转、发展适度规模经营提供政策建议。

根据《2015中国农村经营管理统计年报》获取了省级土地流转情况、耕地数量禀赋、村集体经济状况、县乡土地流转服务中心数量、土地承包经营权确权情况、土地流转纠纷情况、规模农户情况；根据《2016中国统计年鉴》获取耕地质量禀赋、经济发展水平和家庭经营收益情况；根据《全国家庭农场典型监测情况分析》获取中国家庭农场获得补贴的情况、流转成本等数据；根据《农村土地流转综合评估与大数据分析》（谷彬，2017）获取机械化水平、交通通达性等数据。以此分析2007—2015年我国省级层面上的土地流转特征。

1. 土地流转规模增加迅速，但区域差异明显

2007—2015年，中国土地流转面积快速增加，2007年仅有426.7万 hm² 耕地流转，2015年则有2 980万 hm² 的耕地参与流转，8年间流转的耕地规模增加了6倍，平均每年都新增320万 hm² 耕地参与流转。从流转耕地面积占农户承包耕地面积的比例变化来看，由2007年的5.2%快速增加到2015年的33.3%，也翻了6倍（图1-27）。

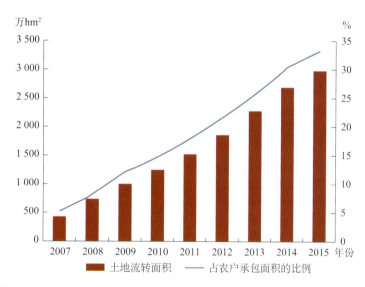

图1-27　2007—2015年中国土地流转面积及其占农户承包面积的比例

从土地流转的空间差异上看，土地流转规模和2008—2015年增长速度的区域差异也非常明显。2008年，中纬度地区（甘肃—辽宁）与西南地区土地流转率较低，东南沿海与川渝地区、黑龙江省土地流转率较高，有10个省份的土地流转率在10%以上，还有9个省份的土地流转率在5%以下，其中上海的土地流转率最高，为51.3%，辽宁的土地流转率最低，为1.7%。2015年，东北部与长江中下游地区土地流转率较高，有5个省份的土地流转率达到50%以上，还有6个省份的土地流转率在20%以下，其中上海的土地流转率最高，达73.7%；海南的土地流转率最低，仅4.7%。从变化速度来看，南部与西部省份土地流转较慢，平原地区土地流转速度较快，其中北京、江苏、安徽、河南和黑龙江的土地流转增加最快，分别增加了51.1%、47.3%、38.2%、34.9%

和33.5%，海南、新疆、云南、广西和广东的土地流转速度较慢，分别增加了2.4%、11.2%、13%、13.4%和13.6%。

2．土地流转对规模经营作用有限

从2015年的土地流转现状上看，土地流转方式主要以转包与出租为主，比例分别为47%和34%，两者合计占比81%，还有6%以股份合作形式流转，5%为互换形式，3%为转让形式。从土地流向上看，中国耕地绝大部分都流入了农户，22%流入合作社，还有9%流入了企业。从土地流转的效果上看，土地流转对规模经营（经营规模>3.33hm²）的促进效果尚不明显。由于中国人多地少，考虑到务农农民的生计问题，小农户家庭承包经营仍然是农业经营的基础模式，但在农业经营规模化大趋势的推动下，专业种植大户和家庭农场等新型经营主体的数量也在不断增多。虽然中国土地流转发展迅速，2015年已有三分之一的耕地参与了流转，但中国的规模经营比例仍然偏低，在有耕地经营的农户中，经营耕地规模在0.67hm²以下的农户占84.80%，经营规模在0.67~2hm²的农户占11.00%，经营规模在2~3.33hm²的农户占2.77%，经营规模在3.33hm²以上的农户仅有1.42%。分省来看，规模经营户（经营规模>3.33hm²的农户）的比例高于全国平均水平的仅有黑龙江、内蒙古、新疆、吉林、宁夏和安徽6个省份，其中前四个省份的规模户比例超过了5%，分别为20.06%、11.63%、8.97%和6.67%，其余省份的规模户比例均处于较低水平（图1-28）。

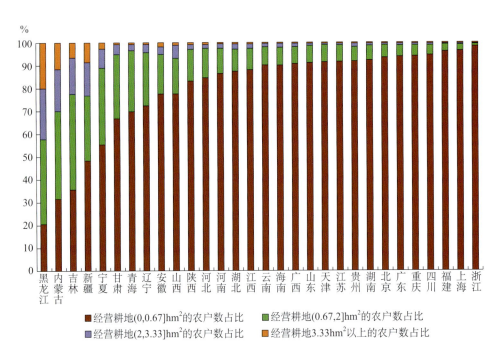

图1-28　2015年我国各省份不同经营规模农户的比例

　　土地流转是手段，实现一定比例的适度规模经营才是目的。我们发现各省的土地流转率与规模农户的比例并不是简单的线性关系，并非土地流转率高的省份拥有较高的规模经营比例。本书定义耕地经营规模在0.67hm²以下的农户为小农户，定义经营规模在3.33hm²以上的农户为规模农户。图1-29展示了各省内规模农户的比例与小农户比例间的相关关系，其中图1-29A、图1-29B分别是规模农户比例在1%以上的9个省份、

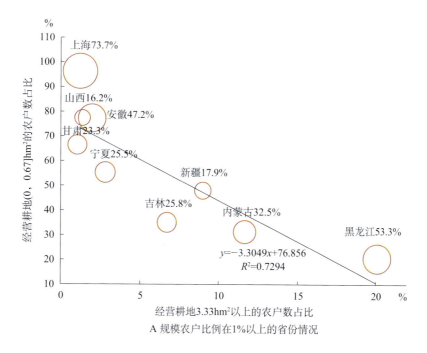

A　规模农户比例在1%以上的省份情况

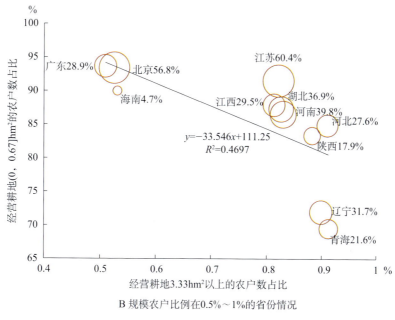

B　规模农户比例在0.5%～1%的省份情况

图1-29　各省份规模农户占比与小农户占比相关关系

注：圆圈大小反映该省土地流转率大小。

规模农户比例在0.5%~1%的11个省份的情况。可以发现，在规模农户比例较高的省份中，户均耕地资源较丰富，规模农户的比例每增加1%，小农户的比例就要减少3.3%。规模农户比例处于中等水平的省份，户均耕地资源也处于中等水平，规模农户的比例每增加1%，小农户的比例会减少33.5%；也就是说相比户均耕地资源丰富的地区，这里的耕地被承包的更零散，要想形成一定的经营规模，就要流转进更多小农户的土地（图1-29）。目前的土地流转之所以限定在小规模范围内，是因为规模经营主体的形成受制于交易成本过高等因素，转入土地的农户不会转入过多农户家的土地，耕地也就不会大规模地集中到一户人手中，使得目前的土地流转主要集中在小规模分散经营的农户之间，这种散户到散户的分散的土地流转难以适应现代农业规模化的要求。

3．中国土地流转的影响因素

本书采用因子分析分析我国土地流转的影响因素。因子分析法是一种通过研究众多变量之间的内部依赖关系，归纳出几个互不相关的综合因子来表示众多变量的数据降维方法。因子分析将多个互相关联的因素综合成几个信息互不重叠的因子，保留变量信息的同时减少了变量数量，可以用少数几个因子反映原始变量的大部分信息，方便抓住问题的核心，该模型通常表示为：

$$X = AF + \varepsilon \tag{式1-8}$$

式中，X表示原始变量的p维向量；F是X的公共因子，是一个k维向量（$k \leqslant p$）；公共因子的系数A是因子载荷矩阵；ε表示特殊因子，为变量不能被前k个公共因子解释的特殊部分。本书综合考虑了各种影响土地流转的因素，使用因子分析对各项因素进行降维处理，并综合评价各省土地流转影响因素的水平。主要计算步骤如下：

（1）根据土地流转影响因素的先验知识和相关性分析结果，将对土地流转有负向影响的指标进行正向化处理，转化公式为

$$X_i = (X_{\max} - X_i)/(X_{\max} - X_{\min}) \tag{式1-9}$$

式中，X_i是需要正向化处理的指标；$X_{\max}$为该指标的最大值；$X_{\min}$为该指标的最小值。

（2）将原始变量X转化为标准化变量

$$Z_i = (X_i - \mu_i)/\sqrt{\sigma_i} \tag{式1-10}$$

式中，μ_i为原始变量的数学期望；σ_i为原始变量的标准差。

（3）计算标准化变量Z的相关系数矩阵$\boldsymbol{R}$，采用KMO检验和Bartlett检验对变量相关性进行检验。

（4）根据特征方程 $|R-\lambda u|=0$，计算相关系数矩阵的特征值 λ 及其对应的特征向量 $u=(u_{ij})_{p\times p}$。

（5）计算因子贡献率 $C_i=\lambda_i / \sum_{i=1}^{n}\lambda_i$，因子贡献率表示了每个因子的变异在所有因子变异中的贡献程度。根据贡献率 $C_i \geqslant 85\%$ 或特征值 $\lambda_i \geqslant 1$ 的原则提取 n 个公共因子。

（6）求解初始因子载荷矩阵 $A=(a_{ij})_{p\times p}=(u_{ij}\sqrt{\lambda_i})_{p\times p}$，本书使用主成分法估计因子载荷矩阵中的参数。

（7）采用最大方差法正交旋转因子载荷矩阵，尽可能使一个变量在较少的几个因子上有较高的载荷，使得每个因子能有更清晰的解释。

（8）运用回归的方法计算因子得分和综合得分，实现对分析指标的简化处理。通过旋转过的因子载荷矩阵 B，将因子表示为变量的线性组合，得到因子得分系数矩阵 $F=BZ$，最后以各因子的方差贡献率占因子总方差贡献率的比重作为权重加权汇总，得到综合得分

$$F=\sum_{i=1}^{n}C_iF_i \qquad (\text{式}1-11)$$

影响土地流转的因素很多，本书综合前人研究，选择耕地资源禀赋、经济发展水平、政策扶持、市场规范、农业技术水平、流转成本、经营收益、经营意愿、交通通达性等因素（表1-38）。

表1-38　土地流转影响因素的描述统计

	编号	指标	均值	标准差	最小值	最大值
	Y	土地流转率（%）	32.73	14.99	4.70	73.70
	X_1	户均承包经营的耕地面积（hm²/户）	0.50	0.42	0.14	1.79
	X_2	从事家庭经营的劳动力的人均耕地面积（hm²）	0.41	0.35	0.10	1.58
耕地资源禀赋	X_3	人均粮食产量（kg）	456.96	358.21	28.85	1 658.96
	X_4	谷物单位面积产量（kg/hm²）	5 782.87	869.20	3 893.47	7 494.34
	X_5	25°以下耕地面积比例（%）	96.68	4.87	83.20	100.00
	X_6	家庭农场流转土地的平均租金（元/hm²）	7 417.50	3 034.20	3 373.05	13 078.20
经济发展水平	X_7	村民人均村集体经济组织总收入（元）	686.35	1 251.21	61.31	6 143.04
	X_8	乡村人口人均第一产业增加值（元）	6 860.21	3 297.10	3 164.92	16 227.83
	X_9	人均二、三产业增加值（元）	49 205.12	24 205.66	22 447.04	105 555.10
政策扶持	X_{10}	家庭农场获得各类补贴额平均值（万元）	5.44	4.27	0.53	18.00
市场规范	X_{11}	县乡土地流转服务中心数量（个）	635.23	474.29	5.00	1 479.00

（续）

	编号	指标	均值	标准差	最小值	最大值
农业技术水平	X_{12}	机耕面积占耕地面积比例（%）	50.43	29.76	0.50	93.90
流转成本	X_{13}	种植业类家庭农场平均地块数（块）	38.84	42.55	1.85	147.44
	X_{14}	家庭农场转入土地需要交易的平均农户数（户）	51.66	33.25	8.25	143.14
	X_{15}	颁发土地承包经营权证比例（%）	89.42	8.64	64.67	99.84
	X_{16}	土地流转纠纷数（件）	3 657.23	5 405.85	50.00	28 748.00
经营收益	X_{17}	农村居民家庭经营净收入占可支配总收入的比例（%）	39.59	13.70	6.30	69.60
经营意愿	X_{18}	规模农户（经营规模3.33hm²以上）的比例（%）	2.09	4.05	0.13	18.90
交通通达性	X_{19}	到最近的车站、码头距离10km以内的村比例（%）	90.76	7.65	70.30	99.70

　　分析各指标与土地流转率的相关性，谷物单位面积产量（X_4）、人均二、三产业增加值（X_9）和到最近的车站、码头距离10km以内的村比例（X_{19}）三项指标与土地流转率的相关程度最高（图1-30）。谷物单位面积产量与土地流转率呈正向关系，流转率较高的省份，谷物单产也较高；随着谷物单产的提高，流转率上升，反映出在耕地生产条

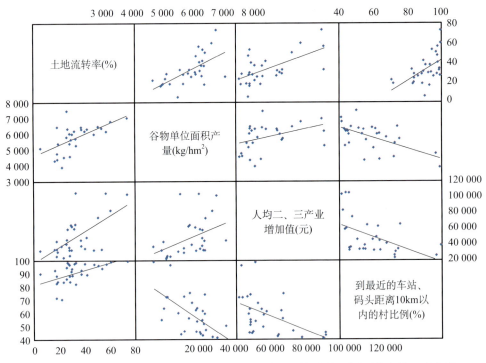

图1-30　土地流转率、谷物单产、人均二、三产业增加值与到最近的车站、码头距离10km以内的村比例之间的相关关系矩阵

件好的地区更容易推动土地流转。人均二、三产业增加值对土地流转率有明显的正向促进作用，农业生产与二、三产业生产存在互补关系，土地流转使土地向部分人集中，剩余的劳动力可以投入二、三产业的生产。同样，二、三产业的发展提供了更多的非农就业机会，农业劳动力外出就业机会增多，对农业重视程度降低，也推动了土地流转的发展。到最近的车站、码头距离10km以内的村比例对流转率有正向影响，土地流转率高的省份，该比例较高，比例越高代表农民外出越方便，就业选择越多，流转率也越高。

　　所选变量通过KMO和Bartlett检验，从公因子方差分析的结果来看，有3个指标的共同方差为0.5~0.6，7个指标的共同方差为0.6~0.8，9个指标的共同方差都在0.8以上，表明变量间的共同度较高，因子提取变量信息的程度较高，因子分析结果有效（表1-39）。分别采用主成分分析方法和具有Kaiser标准化的正交旋转法提取和旋转因子。从因子的方差贡献率来看，前5个因子的特征值大于1，累积方差贡献率达到76.95%，因此选取前5个因子来解释对土地流转率的影响，旋转后的因子载荷矩阵如表1-39所示。由于X_{13}、X_{14}和X_{16}三项指标对土地流转有负向影响，为统一各指标对土地流转影响的方向，在做因子分析之前，对这三项指标进行了正向化处理。

表1-39　旋转因子载荷矩阵

指标	因子1	因子2	因子3	因子4	因子5
户均承包经营的耕地面积X_1（hm²/户）	**0.95**	−0.05	0.02	0.09	−0.12
从事家庭经营的劳动力的人均耕地面积X_2（hm²）	**0.95**	0.08	0.09	0.02	−0.09
人均粮食产量X_3（kg）	**0.90**	0.15	−0.30	−0.11	−0.08
谷物单位面积产量X_4（kg/hm²）	0.23	**0.77**	0.03	−0.10	0.33
25°以下耕地面积比例X_5（%）	0.25	**0.64**	0.11	0.22	−0.06
家庭农场流转土地的平均租金X_6（元/hm²）	−0.37	**0.67**	0.11	0.25	−0.23
村民人均村集体经济组织总收入X_7（元）	−0.24	0.34	**0.83**	0.10	0.08
乡村人口人均第一产业增加值X_8（元）	0.67	0.04	−0.17	0.46	0.37
人均二、三产业增加值X_9（元）	−0.20	0.52	**0.71**	0.17	−0.05
家庭农场获得各类补贴额平均值X_{10}（万元）	−0.21	0.37	−0.29	0.36	−0.46
县乡土地流转服务中心数量X_{11}（个）	−0.22	0.40	−0.66	−0.34	−0.04
机耕面积占耕地面积比例X_{12}（%）	0.27	**0.72**	0.14	0.36	−0.32

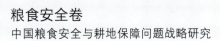

（续）

指标	因子1	因子2	因子3	因子4	因子5
种植业类家庭农场平均地块数正向化指标X_{13}	0.07	0.30	0.12	**0.80**	0.07
家庭农场转入土地需要交易的平均农户数正向化指标X_{14}	0.50	−0.36	0.09	0.18	0.42
颁发土地承包经营权证比例X_{15}（%）	−0.26	0.03	0.00	−0.07	**0.72**
土地流转纠纷数正向化指标X_{16}	0.08	−0.03	0.30	**0.67**	−0.32
农村居民家庭经营净收入占可支配总收入的比例X_{17}（%）	**0.71**	−0.24	−0.55	0.07	0.03
规模（经营规模3.33hm²以上）农户的比例X_{18}（%）	**0.94**	0.10	−0.02	0.07	−0.07
到最近的车站、码头距离10km以内的村比例X_{19}（%）	−0.12	**0.85**	0.10	−0.03	−0.01

第一个因子中，载荷绝对值较大的是从事家庭经营的劳动力的人均耕地面积（X_2）、户均承包经营的耕地面积（X_1）、经营规模3.33hm²以上的农户比例（X_{18}）、人均粮食产量（X_3）和农村居民家庭经营净收入占可支配总收入的比例（X_{17}），这几项指标主要反映了耕地数量禀赋和农户的经营收益及意愿，丰富的耕地资源让农户有土地可流转，经营耕地有利可图让农户愿意流转，所以可以将第一个因子命名为"土地数量与流转意愿"因子。

第二个因子主要解释了到最近的车站、码头距离10km以内的村比例（X_{19}）、谷物单位面积产量（X_4）、机耕面积占耕地面积比例（X_{12}）、家庭农场流转土地的平均租金（X_6）、25°以下耕地面积比例（X_5）5项指标，反映的是交通的通达性、耕地的质量禀赋和农业机械化程度。交通通达程度越高，农业劳动力非农转移越方便，这部分农户有转出土地倾向，农资和农产品的运输方便使得种植大户也有转入土地倾向；耕地质量越好，产出越高；农业机械化水平越高，劳动力投入越小，越有利于土地流转，所以将这个因子命名为"土地质量与交通通达性"因子。

第三个因子主要解释了村民人均村集体经济组织总收入（X_7）和人均二、三产业增加值（X_9）两项指标，都反映了经济发展水平，故将该因子命名为"经济发展水平"因子。

第四个因子主要解释了种植业类家庭农场平均地块数（X_{13}）和土地流转纠纷数（X_{16}）两项指标，都反映了土地流转过程中的交易成本，故将该因子命名为"交易成本"因子。

第五个因子主要解释了颁发土地承包经营权证比例（X_{14}）指标，反映了土地产权稳定程度对土地流转的影响，将该因子命名为"地权稳定性"因子。

综合各方面影响因素，提取出5个影响土地流转的主要因子，根据因子得分系数矩阵分别对各省的5个因子得分和综合得分进行计算，并根据得分进行排名。得分衡量各省的相对差距，得分越高表明该项因子水平越高，正值表示高于平均水平，负值表示低于平均水平。从"土地数量与流转意愿"因子（因子1）来看，仅有6个省份的水平高于全国平均水平。其中，黑龙江、内蒙古、吉林、新疆、宁夏排名前5位，人均耕地资源和粮食占有量都处在较高水平，而浙江、福建、上海、天津、河北排名靠后，浙江、福建、上海的人均耕地资源和粮食占有量有限，农户的经营意愿也不高，天津、河北家庭经营的收入占家庭总收入的比重较低，也影响了农户从事耕地经营的积极性。从"土地质量与交通通达性"因子（因子2）来看，15个省份的水平高于全国平均水平。其中，江苏、山东、河南、上海、浙江的得分较高，江苏、山东、河南作为中国的粮食主产区，耕作条件和土地质量都较高，上海、浙江的经济发展较快，村级交通通达性较高。贵州、云南、青海、陕西、广西在这项因子上的表现较差，谷物单产低，山地比例高，村级交通便宜程度也相对较低。从"经济发展水平"因子（因子3）来看，11个省份的经济发展水平高于全国水平。其中，北京、上海、天津、广东、内蒙古得分较高，这几个省份的二、三产业发展速度较快，其中北京、上海、天津、广东的村集体经济组织收入也较高。而河南、河北、安徽、湖北、四川得分较低，这几个省份的村民人均村集体经济组织收入水平和人均二、三产业增加值在全国都处在较低水平。从"交易成本"因子（因子4）来看，16个省份的交易成本低于全国平均水平。其中，四川、江西、安徽、广西、重庆的得分较低，这些省份的地块破碎程度较高，土地流转的纠纷数量也相对较多。而海南、新疆、河南、河北、云南的得分较高，地块细碎化程度低，流转纠纷数也少，交易成本相对较低。从"地权稳定性"因子（因子5）来看，14个省份的地权稳定程度高于全国平均水平。其中，海南、湖北、四川、湖南、辽宁的得分较高，其地权稳定程度较高。天津、广西、河北、河南、青海得分较低，其土地承包经营权证的发证比例较低，土地产权稳定性较差。

　　结合各因子的方差贡献率，计算出表征各省土地流转潜力的综合得分。其中，黑龙江、内蒙古、吉林、新疆、北京的综合得分最大，流转潜力最高；贵州、云南、广西、青海、甘肃的得分最低，可以达到的流转率也相对较低。用2015年实际的土地流转率排名表示各省土地流转现状排名，用综合得分排名表征各省土地流转潜力排名。由散点图可以看出，在Y轴左侧分布的是现状排名靠后的省份，右侧是现状排名靠前的省份；

在X轴上方分布的是潜力排名靠前的省份，下方是潜力排名靠后的省份；在Y=X直线上方分布的是流转潜力高于现状的省份，下方是流转潜力低于现状的省份。黑龙江、内蒙古、辽宁落在第一象限内，且分布在Y=X直线上方，表明这三个省份的流转现状排名和潜力排名均较靠前，且目前的流转率还有较大的提高潜力。吉林、新疆、海南、山东、宁夏落在第二象限内，也分布在Y=X直线上方，表明这5个省份的流转现状处在下等水平，但综合考虑五项因子的水平，这5个省份有潜力实现在全国各省内处于中上等水平的土地流转，拥有较高的土地流转率。河北、山西、陕西虽然目前土地流转率不高，但也有进一步提高土地流转率的潜力（图1-31）。

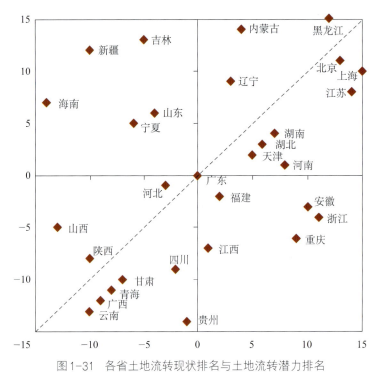

图1-31　各省土地流转现状排名与土地流转潜力排名
注：X轴为土地流转现状排名，从左到右排名依次升高；Y轴为土地流转潜力排名，从下到上排名依次升高。

4．土地流转的主要限制因素

土地流转潜力和土地流转影响因素存在区域差异。根据因子综合得分的高低划分各省土地流转潜力，发现中国的土地流转潜力呈现北高南低、东高西低的分布。从影响因素的区域差异上看，限制东南沿海地区土地流转的主要因素是人均耕地资源数量有限；限制西北、西南地区土地流转的主要因素是耕地质量不高，村级交通便利程度较低，流转交易成本较高；限制东北地区土地流转的主要因素是经济发展水平不高和土地产权稳定性不高（表1-40）。

表1-40　各省份土地流转潜力等级与土地流转发展主要限制因素

流转潜力等级	省份	土地流转发展的主要限制因素
高	黑龙江、内蒙古、吉林、新疆	经济发展水平；土地产权稳定性
较高	北京、上海	人均耕地资源数量；农民从事农业生产意愿
	辽宁、山东	经济发展水平
	江苏、宁夏、湖南	交易成本
	海南	耕地质量；村级交通便利程度
中等	湖北、河南、河北	经济发展水平
	天津	土地产权稳定性
	广东、福建、浙江	人均耕地资源数量
较低	安徽、重庆、江西、四川	交易成本
	山西、陕西	耕地质量；村级交通便利程度
低	甘肃、青海、云南、贵州	耕地质量；村级交通便利程度
	广西	土地产权稳定性

　　针对限制各地土地流转发展的主要因素，可以制定相关政策以推进土地流转的进一步发展。目前，为推动土地流转，中央和各地方政府已经开展了不少工作，鼓励土地流转的手段与政策主要有四个方面：

　　一是发放土地流转补贴。2016年财政部发布《扶持村级集体经济发展试点的指导意见》，要求开展土地流转财政支持试点，涉及浙江、宁夏、河北、辽宁、江苏、安徽、江西、山东、河南、广东、广西、贵州、云南共13个省份，同年中国全面开展农业"三项补贴"改革，将"三项补贴"合并为农业支持保护补贴，用于耕地地力保护和粮食适度规模经营，各级政府出台了不少针对农民合作社、家庭农场和专业种植大户等的补贴和帮扶政策。而从本书得到的结果来看，家庭农场获得的补贴并不是各省土地流转发展差异的主要影响因素，补贴的方式并不是推进土地流转的根本手段，只是鼓励帮扶农户的规模经营行为。规模经营可以带来规模经济，让想种地的农户有扩大经营规模的意愿，而补贴的激励作用并不是关键，还可能会出现为了获得补贴而盲目扩大经营规模的现象，所以补贴并不是从根本上推进土地流转发展的手段。

　　二是成立土地流转中介组织。截至2015年，中国县乡土地流转服务中心数量已有19 057个，且东部地区的流转服务中心数量普遍多于西部地区。中介组织的引入完善了土地流转市场，可以为流转双方提供信息、解决纠纷，降低了交易成本，是推动土地流转发展的有效手段。但目前的中介组织还没有形成规模，尤其是中西部地区的中介组织

发育缓慢，还存在无法适应土地流转需求的情况，且目前的中介组织多数由行政部门主导，行政权力的介入也会影响土地流转市场的正常发展。成立中介组织以促进土地流转确实行之有效，但目前的中介组织仍有待建立健全相关法规制度以规范其运行流程，同时要减少政府的行政干预，让中介组织能按照市场规范运作和交易。

三是延长承包期。全国大部分地区耕地的承包周期已由15年调至30年，贵州省甚至延长至50年。流转期限不能超过承包期的剩余期限，土地承包期限短就造成了土地流转的期限短且不稳定，想转入土地的农户也不愿在经营期较短的情况下投资过高，想转出土地的农户由于对方出价太低而不愿意转出土地，影响了土地流转的数量和效果。目前，26.5%的家庭农场转入土地的租期都小于5年，其中，还有13个省份的家庭农场最长租期的最小值仅为1年。延长承包期稳定了农村土地承包关系，赋予农户长期有保障的农地承包权和经营权，是推动土地流转发展的重要手段。

四是土地确权。2013年中央1号文件提出要全面开展农村土地确权登记颁证工作，以法律形式赋予农民土地的物权属性，到2018年全面完成，其政策目标之一就是确保土地流转能够顺畅进行。土地确权消除了农户转出土地的顾虑，让农户可以放心地流转土地，还避免了交易纠纷，降低了流转的交易成本，可以显著提高土地流转量，是推进土地流转的重要手段。

补贴政策可以提高农民从事农业种植的积极性，在一定程度上增加农户扩大规模的意愿；土地整理项目可以改善耕地质量和基础设施条件；某一个省份经济发展水平对省内土地流转限制的影响随着人口跨省域的流动也在减弱，剩余劳动力可以越来越方便地转移至各个省份的二、三产业中；土地承包期延长和农地确权可以稳定农地产权；虽然目前流转中介组织仍待规范，但中介组织的介入可以有效降低流转的交易成本。由此看来，目前推进土地流转发展的政策重点应该放在降低流转的交易成本上。

当前中国农业发展的方向是提高农业生产效率，发展适度规模经营。在目前土地集体所有制的制度下，土地流转是实现规模经营的主要途径，而土地流转发展到当前程度，规模经营的比例仍然偏低，应该重视交易成本过高对土地流转效果实现的阻碍，意识到制度成本对交易成本的影响，进行农地制度变革，因地制宜地选择具备推进城乡基本公共服务均等化的试点地区，推动农地承包权可以在一定区域范围内流转，用市场规范土地流转交易，促进细碎地块的集中，降低流转的交易成本。在今后推进土地流转的过程中，还应重视土地流转潜力和土地流转主要限制因素的区域差异，根据各地区不同的土地流转潜力，分区制定政策鼓励适合当地的适度规模经营，根据各地区不同的土地流转限制因素，分区制定政策解决影响土地流转的障碍，推动土地流转的进一步发展，让土地流转能有效地提高农户的经营规模。

（三）粮食生产国际竞争力

中国自2001年加入世界贸易组织后，粮食市场国际化已成为大趋势，粮食生产与消费已经越来越深地融入到世界市场的竞争之中，中国的粮食安全也越来越倚重国际市场，尤其是大豆物资。根据比较优势原则，各国只生产自己具有优势的产品，而摒弃劣势产品，通过国际贸易满足各自的国内需求。在这种背景下，中国粮食产业要想进一步发展，就必须融入国际舞台并不断提高国际竞争优势。

粮食价格是粮食国际竞争力的最直接表现指标，主要由生产成本决定，因此有必要比较中国与国际主要国家粮食的生产成本，进而判断中国粮食的国际竞争力。决定粮食生产成本的主要因素包括生产资料价格、人工价格、地租价格等。由于获取其他国家粮食生产的成本与价格数据非常困难，且多数统计数据不可比，因此本书仅选取了美国作为我国粮食生产的对比国。美国是世界上最大的粮食生产国之一，也是最大的粮食贸易国之一，中国从美国的粮食进口数量巨大。从这个角度上讲，对比中美之间粮食生产的成本，也具有重要的意义。

本书主要对2015年三种粮食作物小麦、玉米、大豆进行对比。中国的数据主要来源于《全国农产品成本收益资料汇编2016》，美国的数据主要来源于美国农业部的农业经济局（www.ers.usda.gov）资料。

为方便对比，我们将美元按照官方汇率的全年平均值折算成人民币。根据国家统计局发布的《2015年国民经济和社会发展统计公报》，2015年全年人民币平均汇率为1美元兑6.2 284元人民币。蒲式耳与千克的换算：小麦和大豆：1 bushels = 27.216kg；玉米、高粱和黑麦：1 bushels = 25.4kg；由于农业生产比较复杂，我们按照生产三要素（土地、劳动、资金）原则，同时结合在生产中花费量的大小，将农业生产成本划分为种子、化肥、其他物质投入、人工费用（包括雇工与自身投入折算的机会成本）、地租、设备折旧等其他间接费用。

从单位播种面积的生产成本来看，中国三种粮食作物的生产成本均要明显高于美国。2015年，中国玉米的生产成本为16 255.8元/hm²，美国为10 385.7元/hm²，中

国玉米的生产成本比美国要高出 5 870.1 元/hm²，占美国玉米生产成本的 56.5%。中国大豆的生产成本为 10 120.7 元/hm²，美国为 7 307.8 元/hm²，中国大豆的生产成本比美国要高出 2 812.8 元/hm²，占美国大豆生产成本的 38.5%。中国小麦的生产成本为 14 764.5 元/hm²，美国为 4 759.0 元/hm²，中国小麦的生产成本比美国要高出 10 005.5 元/hm²，占美国小麦生产成本的 210.2%。

在种子投入方面，中国玉米与大豆的种子投入要明显低于美国，而中国小麦在种子方面的投入要明显高于美国。

在化肥投入方面，三种粮食作物差异显著。美国单位面积玉米的化肥投入要略高于中国，美国大豆的化肥投入要略低于中国，而美国小麦的化肥投入明显低于中国。

在土地成本方面，中国的土地成本要明显高于美国，中国单位面积玉米、大豆、小麦的土地成本比美国分别高出 30.0%、55.6% 与 195.1%。

在人工投入方面，中国三种粮食作物的成本均要明显高于美国，美国生产每公顷玉米、大豆、小麦的人工投入成本分别为 444.6 元、339.1 元、314.8 元，而中国分别为 7 030.8 元、3 227.4 元、5 465.9 元，中国生产玉米、大豆、小麦的人工成本分别是美国方面的 15.8 倍、9.5 倍、17.4 倍。

在设备费方面，两者的差距没有其他条目那么明显，相差不大。不同的是，美国主要是设备折旧费较高，而中国是机械作业费较高。说明美国农业生产多为自家机械，而中国农业生产多是购买农机服务。

在单产水平方面，美国玉米与大豆的单产水平要明显高于中国，而小麦的单产水平要明显低于中国。2015 年中国与美国玉米的单产水平分别为 7 332.2kg/hm² 与 10 473.6kg/hm²，美国玉米单产水平比中国要高 42.8 个百分点。2015 年中国、美国大豆的单产水平分别为 2 075.3kg/hm² 与 3 225.6kg/hm²，美国大豆单产水平比中国要高 55.4 个百分点。2015 年中国与美国小麦的单产水平分别为 6 311.9kg/hm² 与 2 688.0kg/hm²，中国小麦的单产水平是美国的 2.3 倍（表 1-41）。

表 1-41 中国、美国玉米、大豆、小麦的成本对比

品类	单位	玉米		大豆		小麦	
		中国	美国	中国	美国	中国	美国
种子	元/hm²	852.3	1 562.8	559.4	951.0	991.7	231.8

（续）

品类	单位	玉米		大豆		小麦	
		中国	美国	中国	美国	中国	美国
化肥	元/hm²	1 967.6	2 112.0	685.4	526.1	2 146.5	616.7
地租	元/hm²	3 581.7	2 755.1	3 866.1	2 484.3	2 995.2	1 014.8
人工投入	元/hm²	7 030.8	444.6	3 227.4	339.1	5 465.9	314.8
设备费	元/hm²	2 083.2	2 308.2	1 284.6	1 966.9	2 436.2	1 884.8
其他费用	元/hm²	740.3	1 203.1	497.9	1 040.4	729.1	696.0
全部费用	元/hm²	16 255.8	10 385.7	10 120.7	7 307.8	14 764.5	4 759.0
单产水平	元/hm²	7 332.2	10 473.6	2 075.3	3 225.6	6 311.9	2 688.0
国内粮价	元/50kg	138.02	44.9	116.4	104.2	94.23	62.8

　　从生产成本构成比例来看，美国粮食生产成本的最主要构成要素为地租与设备费，两者能占到整个生产成本的50%以上；中国粮食生产成本的最主要构成要素为人工投入与地租，两者费用合计也占到生产成本的50%以上；尤其值得注意的是，作为传统的人口大国与农业大国，我国农业生产成本中人工投入费用已经占到整个生产费用的30%以上，与美国5%左右的人工费用形成鲜明对比，人工费用过高成为制约我国农业产品国际竞争力的最大障碍因素。

　　具体来看，美国玉米生产中地租投入所占比重最大，为27%；其次为设备费、化肥费，分别为22%、20%；种子投入占生产成本的比重为15%；人工投入占生产成本的比重仅为4%。而中国玉米生产，人工投入比重最大，达到43%；其次为地租投入，为22%；设备费与化肥费用比重分别为13%与12%。美国大豆生产中地租投入所占比重最大，为34%；其次为设备费，占比27%；种子投入占生产成本的比重为13%；人工投入比重仅为5%。而中国大豆生产，地租与人工投入比重最大，分别达到38%与32%，两者合计共占生产成本的70%；其次为设备费，为13%。美国小麦生产中设备费投入所占比重最大，为39%；其次为地租，占比21%。而中国小麦生产，人工投入所占重最大，达到37%；其次为地租，比例为20%；设备费与化肥投入也分别达到16%与15%（图1-32）。

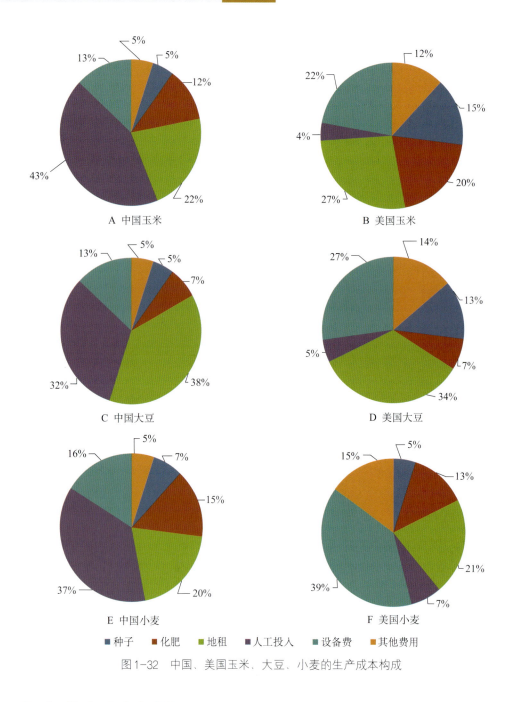

图1-32 中国、美国玉米、大豆、小麦的生产成本构成

（四）粮食库存问题

1．我国粮食库存数额巨大

为应对1998—2003年我国粮食产量快速下滑问题，2004年以来我国实行粮食临储政策，在这个政策体系中，以粮食最低收购价、重要农产品临储为主要工具的价格支持政策，占有重要地位。这些政策工具的运用，有力地调动了农民种粮积极性，促进了粮食增产和农民增收，有力地保障了我国居民生活水平的稳步提升与经济的稳步发展。

但没有一成不变的政策工具。经过10多年的发展，这些政策工具的约束逐步加强，其带来的弊端严重，其中最严重的弊端便是带来了我国粮食的天量库存。课题组估计，目前我国粮食库存量超过5.0亿t，其中玉米超过2.5亿t，稻谷超过1.2亿t，小麦也超过1.0亿t。

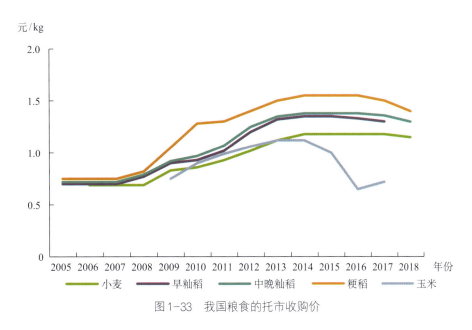

图1-33 我国粮食的托市收购价

粮食天量库存形成的主要原因是粮食托市价格偏高。为了激发农民的种粮积极性、增加农民收入，2005年以来，我国粮食的托市收购价不断提高，2015—2016年达到顶点。较2006年，2016年我国小麦收购价格增长了70%，粳稻收购价格甚至增长了106%（图1-33）。

我国三大主粮最低收购价定价的基本原则是"生产成本加少许合理利润"，其隐含的假设是据此制定的托市价格仅会保证农户满足其种粮的生产成本，在市场价格偏低时，启动最低收购价托市收购，不会损伤农民的种粮积极性，也不会刺激其扩大生产。问题在于，这里的"成本"不是高效率生产者的成本，甚至不是全社会平均生产成本，而是低效率生产者的生产经营成本。据2017年11月对小麦主产区山东省的102户种粮大户、422户小农户进行的调研发现，由于小农户多为家庭劳动投入，在不考虑自身劳动力成本的情况下，按照小麦最低收购价与玉米市场价计算，2016年山东省小农户小麦每亩纯收入平均为462元，玉米每亩纯收入平均387元。而种植小麦—玉米的大户其租地的租金每亩平均为792元，每亩还有232元的纯收入。由此可见，我国最低收购价比小农户的成本价还要高。

收购价的连年提高，极大地激发了农民的种粮积极性，促成了我国粮食总产量的

连年提升。2004—2015年我国粮食产量实现"十二连增",2015年达到6.21亿t,即使我国努力调整种植结构,压低籽粒玉米的种植面积,2016年、2017年粮食仍大获丰收,2016年粮食产量为6.16亿t,2017年粮食产量预计也会在6.1亿t左右。同时,我国又在大量进口国际粮食,2015年,我国粮食净进口量为1.21亿t,2016年达到1.24亿t。粮食自产量加上国际进口量,近年来国内粮食拥有量已经超过7.4亿t,而据测算,目前我国粮食实际年消费量约在6.3亿t,拥有量明显高于消费量。这是我国天量库存产生的基础。

同时,为保护农民的种粮积极性、稳定农民收入,我国粮食实行"敞开收购,顺价销售,封闭运行"政策。即使是这两年我国小麦、水稻的最低收购价有所下降,但仍要明显高于农民粮食生产成本价格,因此收购量并未受影响。"敞开收购"政策使国家国库里迅速囤积了大量的粮食。但在"顺价销售"方面,却困难重重。最低收购价偏高也直接导致了粮食拍卖价格较高,粮食拍卖价格高于市场价格是拍卖成交率低的主因。例如,2016年玉米政策性投放11 967万t,实际成交2 183万t,成交率仅为18.24%;稻谷全年拍卖成交率为5%左右;小麦的拍卖成交更为惨淡,2016年小麦累计拍卖成交量仅为418万t,拍卖成交率仅在1%左右。

一方面是政策粮收购量逐年增加,一方面是市场销售不畅,导致我国的粮食库存量逐年累计。实行保护价收购政策的产品,包括稻谷、小麦、玉米和棉花,都存在粮食过剩问题而玉米特别显著。玉米种植面积在2007—2015年增加了30%;玉米产量从1.52亿t增加到2.25亿t,增加了48%。玉米的主要用途是用作饲料,同期肉类生产仅增加了26%。如此来说,每年玉米产量的增加,只有少部分用作了饲料,其余的都被国家收储了。这样连续几年累计下来,就是个巨额数字了。

2．天量库存引起了严重的社会经济问题

（1）财政负担不堪重负

目前,我国粮食从生产到流通是全程补贴的,国家财政至少支出了五笔巨额资金。

且不论我国在生产环节投入的大量农业基础设施建设投资与种粮补贴,仅在收购存储方面,国家财政支出已经不堪重负。国家财政支出主要体现在四个方面:一是过量粮食收购需要大量资金;二是在仓容爆满情况下,又被迫投入巨资新建或改建大量仓储设施;三是需要拿出大量资金补贴粮食存储;四是支持存储企业定期到市场上轮换库存粮食。

据不完全统计，2016年我国仅用于稻谷与小麦的最低收购和临时收储的资金就超过2 286亿元，同时"粮食收储供应安全保障工程建设"（"粮安工程"）2015年投资53.7亿元，我国粮油物质储备支出2 190亿元，轮换出库补贴估算为35.5亿元。四者合计为4 565亿元。如果储备的粮食都是必需的，能物尽其用，财政资金支出再多也是应该的。问题是我国采用大量农业补贴激发农民生产了超过市场需求的粮食，且又花费财政资金购买来放入粮库沉淀下来，再支付大量的存储资金，最后得到一堆陈化粮，这不仅是宝贵财政资源的浪费，对纳税人来讲，也有失公平。同时，由中储粮采用"统贷统还"方式向中国农业发展银行累年贷款粮食收购资金，也无疑增加了双方的金融风险。

（2）最低价收购与临储政策明显干扰了市场，影响粮食市场主体的正常运行

市场中的任何商品，均需要遵循价格规律。价格规律是指在一定或特定的时间内，商品价格均会受市场供求关系影响而围绕价值上下波动。2008年、2010年、2012年、2014年，国际粮价四次大幅震荡，波动幅度超过40%；而我国粮食受最低收购价及托市收购政策的影响，近年来国内粮食价格始终保持平稳上升的态势，这明显违背了市场规律。

由于我国粮食最低收购价定价偏高，导致临储政策频繁启动。在产区，市场化购销主体难以参与购销活动；在销区，由于国家的政策性拍卖，粮食价格长期高于市场价格，市场化经营主体的经营成本常年在高位运行，原料成本高企，市场主体活力锐减，市场机制整体倒退，产业整体发展陷入困境。目前我国粮食产业明显面临"稻强米弱""麦强面弱"的不利局面。

政府为维持粮食企业的正常运营，不得不投入额外的政策补贴。如2015—2017年黑龙江省对全省单个企业具备年加工能力10万t及以上的水稻和玉米深加工企业，进行每吨200元的政府补贴；对粮食加工企业竞购国储粮的每吨水稻补贴200元。

据2017年6月对吉林省与黑龙江省的调查发现，受补贴的企业获得较为丰厚的补贴后，均敞开收购，满负荷生产，而未获得补贴的小企业开工率低、关门倒闭的现象非常普遍。仅对个别企业进行补贴，明显有违市场公平原则，也扰乱了正常的竞争秩序。

（3）粮食霉变，严重影响国民营养安全

"政策市"导致的其他问题是"稻强米弱"和"麦强面弱"的市场格局，阻碍了粮食加工企业的发展。每年相当部分的新粮变为国家库存，市场化加工企业不得不使用国

家拍卖的库存陈粮，"储新推陈"降低了终端市场上粮食产品的品质，不利于提高消费者生活质量。

中央储备粮油储存年限规定为：长江以南地区：稻谷2~3年，小麦3~4年，玉米1~2年，豆类1~2年；长江以北地区：稻谷2~3年，小麦3~5年，玉米2~3年，豆类1~2年；食油1~2年。

（4）过度耗费土地和水资源，突破了生态环境保护红线

我国本来就是土地、水资源极度稀缺的国家，粮食连年增产主要采用"高投入、高产出"的方式，但是这种方式势必加大对土地、水资源的利用强度，带来严重的生态环境问题，主要是农业面源污染与地下水耗竭。农民为了增加产量，不惜超量使用化肥、农药，严重超采地下水资源。目前，我国每亩化肥施用量是发达国家的3倍左右，而利用率只有30%左右，比发达国家低20多个百分点。耕地土壤地膜污染也日趋严重。目前全国农田平均地膜残留量一般在60~90kg/hm²，地膜污染较重区域，如新疆，其农田地膜残留量平均为255kg/hm²，是全国平均水平的5倍，南疆最高的地膜残留量甚至达600kg/hm²，且呈逐年加重态势。

同时，由于农业生产用水加大，华北地区地下水超采严重，已形成世界上最大"漏斗区"；而东北地区还在不断地"旱改水"，目前其地下水位的下降速度已经超过了华北平原，极有可能也会形成较大的地下漏斗区。

六、结论与对策

（一）基本结论

随着我国人口总量的增长与食品消费水平的提高，未来我国人地关系的紧张格局仍会持续存在，土地生产能力难以全面保障我国的农产品消费需求，耕地保护政策仍需要严格执行。

1. 口粮消费减少，畜产品消费增加，饲草料需求增长幅度较大

（1）随着社会经济发展，收入增加，生活水平提高，畜产品消费增长趋势不可避免

2015年我国人均消耗口粮量为158kg，2030年将降至131kg，2035年将降至122kg。

2015年我国人均畜产品消费量为118kg，2030年将升至167kg，2035年将增至183kg。

2015年我国口粮消费总量超过2.1亿t，2030年将降至1.9亿t，2035年将降至1.7亿t。2015年饲料粮消费总量为3.0亿t，2030年将升至4.5亿t，达到历史最高水平，2030年后我国饲料粮用量会有所降低，预计2035年将降至4.3亿t。

（2）肉类需求结构中牛羊肉比重上升，奶制品需求增长，青贮玉米、优质牧草需求倍增

2015年人均肉类消费量中牛肉、羊肉为6.5kg，占肉类的16.3%；2030年将为11.9kg；2035年将增至13.2kg，占肉类的比重提高到25.0%。

2015年人均奶制品消费量为32.1kg，2030年将提高到42.8kg，2035年将继续提升至48.9kg。

2015年我国青贮玉米种植面积不足2 000万亩，优质牧草种植面积约1 500万亩；2030年青贮玉米需求种植面积1.18亿亩，优质牧草需求种植面积7 454万亩，2035年我国青贮玉米需求种植面积1.27亿亩，优质牧草需求种植面积8 025万亩。

（3）未来粮食人均消费和总需求均将有较大增长

2015年我国粮食消费总需求量6.27亿t，人均粮食消费量456kg；2030年我国粮食消费总需求量将达7.74亿t，人均粮食消费量将为536kg，总量比2015年增长23.4%，人均粮食消费量比2015年增长17.5%；2035年我国粮食消费总需求量略有下降，为7.37亿t，人均粮食消费量将为514kg。

2．未来全国口粮安全有保证，饲料粮供需差较大，饲料粮安全保障将是未来农业生产长期面临的重要问题

（1）粮食总产量增幅有限，自给率恐难超过85%

在耕地面积保有量18.25亿亩、19.16亿亩、20.03亿亩的低水平、中水平、高水平三种方案情景下，供需形势最严峻的2030年我国粮食总产量分别为5.81亿t、6.18亿t、6.31亿t，与需求总量7.74亿t相比，供需缺口分别是1.93亿t、1.56亿t、1.43亿t，自给率分别是75%、80%、82%。

（2）口粮可以确保安全，饲料特别是蛋白饲料将有较大缺口

2030年耕地面积保有量中水平方案情景下，口粮生产量2.19亿t，是需求量的116%，可以完全满足需求。饲料粮生产量3.08亿t，仅及需求量的68%，其中，能量饲料2.76亿t，是需求量的79%；蛋白饲料生产量0.32亿t，仅是需求量的32%。

3."应保尽保"应是耕地保护的基本原则，提高质量、培育地力应是耕地持续利用的根本方向

（1）耕地总量不足，人均耕地水平低，承载压力越来越大

理论上，实现2030年我国农产品完全自给需要耕地29亿亩，人均需要2亩。而按照耕地面积保有量18.25亿亩、19.16亿亩、20.03亿亩的低水平、中水平、高水平三种情景，人均耕地分别为1.26亩、1.32亩、1.39亩，差距相当大。

（2）耕地后备资源消耗殆尽，补充耕地潜力十分有限

我国长期以来鼓励开垦荒地，甚至开发了一些不应开发的耕地。全国近期可开发利用的耕地后备资源仅为3000万亩。其中，集中连片耕地后备资源不足1000万亩，而且主要是湿地滩涂、西部的草地与荒漠、南方的荒坡地，把这种土地开发成耕地的成本很高，而且开发后的收益非常有限。因此，耕地后备资源开发潜力十分有限，现有耕地愈显珍贵。当然，一些陡坡土地水土流失严重，确不适宜继续耕种，退耕也是必要的。

（3）虚拟耕地资源进口，补充产能不足，但不能过分依赖

目前我国虚拟耕地资源净进口量达到9.6亿亩，大宗农产品虚拟耕地资源对外依存度超过32%。未来，通过全球贸易，实现虚拟耕地资源进口，补充国能产量不足，依然是必然选择。

综上，我国粮食自给率应不低于80%，耕地对外依存度应在70%左右。因此，耕地面积保有量应维持在19亿～20亿亩。而且，应下大力气建设高标准、旱涝保收、高产稳产田。

（二）主要对策

1. 粮食主产区耕地实行特殊保护，大力建设高标准基本口粮田，确保口粮安全

从播种面积上看，2015年我国水稻与小麦共有83071万亩播种面积，其中水稻播种面积为46176万亩，小麦播种面积为36895万亩，水稻产量为21214万t，小麦产量为13264万t。

从耕地面积上看，2015年小麦占用耕地36895万亩，综合考虑水稻的单双季种植情况，2015年水稻生产占用36306万亩耕地，两者合计为73201万亩口粮田（耕地面积）。同理，2020年我国需要72197万亩口粮田（耕地面积），其中小麦36173万亩，水稻36024万亩；2030年我国需要63728万亩耕地作为口粮田，其中小麦32904万亩、水稻30824万亩。综上，2015—2020年我国至少需要7.2亿亩耕地保障口粮安全，2030—2035年需要6.4亿亩作为口粮保证田（图1-34、图1-35）。

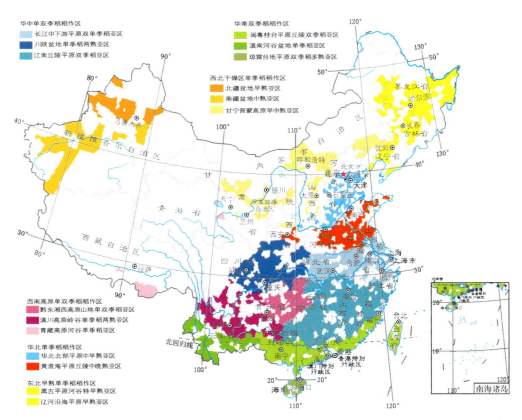

图1-34　中国水稻种植重点保护区

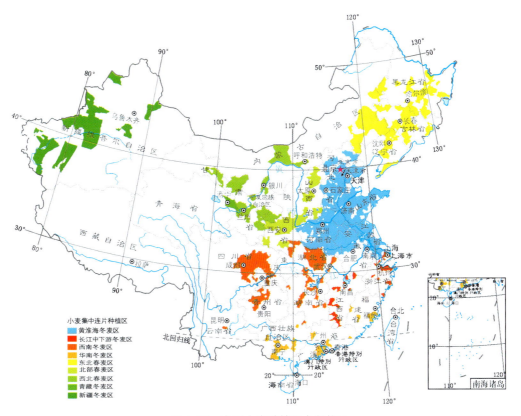

图1-35　中国小麦种植重点保护区

实施基本口粮田保护和建设工程，划定国家重点粮食保障区域，对区域内耕地实行特殊保护（图1-36）。重点需要保护粮食主产区优质的高产农田，尤其是集中连片的优质农田（图1-37）。我国的粮食主产区主要分布在东北地区的松嫩平原、三江平原、内蒙古东部部分地区、辽中南地区、黄淮海平原、长江中下游平原和四川盆地。另外，新疆、桂南、粤西、滇西南以及海南北部也是我国重要的农产品生产区。对粮食主产区的优质耕地要进行特殊保护：一是要严格控制非农占用耕地特别是基本农田，尤其是复种指数较高的农业核心区（如长江中游与江淮区、四川盆地和黄淮海平原区）。加强以防洪排涝、消除水旱灾害为重点的水利建设，同时加强改土增肥，提高基础地力，保证稳产高产。加强综合农业配套设施建设，提高其农产品综合生产能力。二是黄淮海平原区、新疆、内蒙古东部区和东北的松嫩平原区要加强建设高效节水的农业生产体系。三是保障支撑农业生产的生态系统安全，防治土地荒漠化及其他生态灾害。四是严控污染排放，防治土壤污染，华南蔗果区东部、长江中游平原及江淮区、四川盆地北部和黄淮海地区土壤污染比较严重，要重点防范，确保土壤健康、农产品安全。

2．加快农业现代化步伐，积极推进粮食生产的规模化、标准化、农场化

未来城镇化发展迅速，乡村人口仅占总人口的30%，加上人口老龄化，农村劳动力问题将十分突出。一家一户的小农生产效率不高，种粮收益也难保障，土地零散也不利于高标准农田建设的开展。因此，要加快土地制度改革步伐，大力推进规模化经营，国家加大资金、政策支持力度，建设以生产粮食为主的现代化大规模农场，保证种粮的规模效益，确保粮食生产稳步提高。

3．循序渐进，逐步发展青贮玉米、优质牧草规模化种植

根据我国草食性畜牧业发展现状及未来发展趋势，我国青贮玉米需求量约为4亿t左右，需要青贮玉米种植面积1亿亩才能满足需求，这一种植面积也仅占我国目前玉米播种面积的18%左右。其中，内蒙古、新疆、河北、黑龙江、山东和河南的青贮玉米需求量较大，应该是我国青贮玉米集中重点发展的区域。

以2016年山东青贮玉米为例，青贮玉米产量在3.5t左右，以300元/t的价格销售，亩收入为1 050元。2016年籽粒收获550kg/亩，籽粒价格在1.6元/kg左右，亩收入为880元。此外，收获籽粒还有脱粒、晾晒等方面的劳动和费用支出。所以，从目前的市场来看，青贮玉米收益高于收获玉米籽粒的收益。

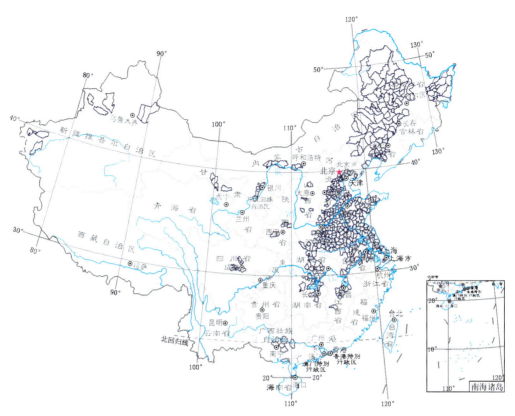

图1-36　中国粮食生产优先保护区

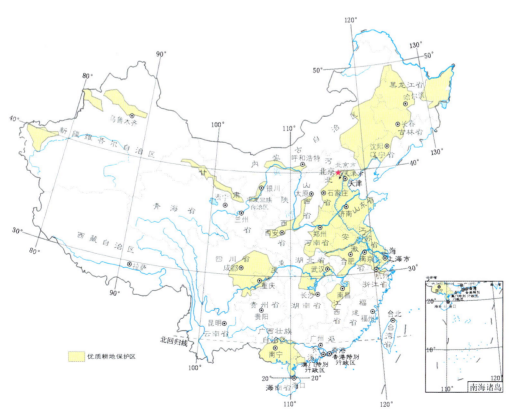

图1-37　中国优质耕地集中连片保护区

但受种植面积的限制，目前我国很多奶牛场以及肉牛场青贮规模最大的是籽粒收获后的玉米秸秆青贮，其次才是全株玉米青贮。青贮玉米栽培在发达国家畜牧业中占首要地位，其中美国青贮玉米播种面积占玉米种植面积的12%以上，法国占80%以上，俄罗斯占40%以上；中国青贮玉米种植面积仅占全国玉米面积的5%（王晓芳等，2016）。

青贮玉米长距离运输成本较高，分散的小农户由于种植面积小、田块小，收获困难，因此一般是养殖场在周边同规模种植户签订青贮玉米收购协议。青贮玉米能否实现规模化种植，成为影响青贮玉米供给的重要因素。

4. 加大扶持力度，提高国内大豆、油菜籽种植面积和产量，增加粕类供给

目前豆粕和菜籽粕是饲料的主要蛋白原料，增加国内大豆、油菜籽种植面积，提高产量水平，一方面，可以增加国内粕类资源供给，降低对外依存度；另一方面，可以优化粮食主产区种植结构，提高农业资源的可持续生产能力。

（1）提高我国大豆生产水平，尽快恢复大豆生产

大豆的故乡在中国，但近年国内大豆产量却不断下降，2015年只有1 179万t；与此同时，随着国内畜牧业和饲料的发展，豆粕需求量持续大幅度增加，导致大豆进口量不断增加，2015年已超过8 000万t，成为我国供求缺口最大的农产品品种。

从2016年开始，国家将玉米临时收储政策调整为"市场化收购"加"补贴"的新机制；农业部力推农业结构调整，减少玉米种植面积；各主产区也积极推进调减籽粒玉米播种面积，适度扩大大豆播种面积，有利于减少国内玉米过量供给，并增加大豆自给率。

我国大豆主要种植在东北地区的一年一熟春大豆区和黄淮流域夏大豆区。东北地区一年一熟春大豆区的大豆产量约占全国总产量的50%左右，黄淮流域夏大豆产量占全国产量的30%左右。

东北地区所有农作物都与大豆具有竞争关系，包括中稻、玉米、春小麦、谷子、高粱、杂豆、薯类、油菜籽、向日葵、甜菜、花生、蔬菜类等，其中与大豆具有竞争关系的最主要农作物是中稻、玉米和春小麦。

黄淮流域与大豆具有竞争关系的农作物有中稻、玉米、其他谷物、杂豆、薯类、花生、芝麻、棉花、蔬菜类等，其中玉米、花生是最主要的竞争作物。

在中国大豆主产区的东北区和黄淮海区中，包括了大兴安岭区、东北平原区、长白山山地区、辽宁平原丘陵区、华北平原区、山东丘陵区、淮北平原区7个二级区，以及

大兴安岭北部山地、大兴安岭中部山地、小兴安岭山地、三江平原、松嫩平原、长白山山地、辽河平原、千山山地、辽东半岛丘陵、京津唐平原、黄海平原、太行山麓平原、胶东半岛、胶中丘陵、胶西黄泛平原、徐淮低平原、皖北平原、豫东平原18个三级区，共计556个县。

土地详查数据显示，大豆主产区的556个县共有耕地面积4 678万 hm²。其中，水田350万 hm²，水浇地1 156.6万 hm²（主要集中在黄淮海平原区），旱地3 111万 hm²（东北平原有1 403万 hm²）。坡度小于5°的耕地有3 760万 hm²，占耕地总面积的80%；坡度在2°～6°的耕地649万 hm²，占耕地总面积的14%；坡度大于6°的耕地281万 hm²，占耕地总面积的6%。根据各地区的生态环境建设规划，有一部分耕地要逐渐退耕还林还草。

综合考虑大豆主产区的农业资源特点、农艺技术特点、农作物生产效益及国家政策等因素，根据建立的耕地资源分配与农产品生产模型，以县为基本单元，依据土地详查数据和农作物历史生产数据，对大豆主产区未来大豆可能的最大生产规模进行了预测。根据预测，中国大豆主产区大豆的最高产量可达到2 663万 t；非主产区的大豆产量在630万～700万 t，增加幅度不大。

这样，中国大豆的最大可能生产能力为2 800万～3 400万 t，将比目前的中国大豆产量增加1 500万～1 900万 t，其中增产潜力最大的地区是东北平原区的三江平原和松嫩平原，增产潜力为1 000万～1 280万 t。

东北地区玉米与大豆单产水平比是3.12∶1，即增加1 000万 t大豆产量，就相应减少3 120万 t左右的玉米产量。

在玉米、大豆主产区通过实施玉米、大豆合理轮作，可以改善土壤条件，减少化肥、农药等的投入，提高农业生产的可持续生产能力。

（2）充分挖掘油菜籽生产潜力

长江流域属亚热带地区，气候温和，降水充沛，冬季不甚寒冷，十分适宜油菜生长。而该地区的气候资源对小麦生产并不十分有利，小麦单产不高，品质差。所以，单纯从自然资源条件看，长江流域的油菜种植比小麦种植有优势。扩大长江流域油菜籽的播种面积和产量，不但可以增加国内蛋白粕和植物油的供给能力，同时也能改善土壤，提高该区域耕地资源的可持续生产能力。

在油菜籽种植机械化水平不能得到提高的情况下，难以实现规模化经营，即使国家

给予和小麦一样的优惠政策，也难以提高农民种植油菜籽的积极性。加大油菜籽收获机械的研制和推广，并提高油菜籽优良品种的推广和种植，同时适度增加油菜籽种植的补贴力度，是提高我国油菜籽产能的基础。

5. 依托"一带一路"倡议，拓宽海外农业资源利用的深度和广度

粮食是关系国计民生的最重要的农产品。为保障粮食供给，在小麦、玉米、水稻等的基础研究、技术体系应用推广、生产补贴、保护价收购等方面，我国政府给予了政策、资金上的大力支持，曾经实现了我国粮食产量的"十二连增"。由于国内主要粮食品种价格高于国际市场，我国粮食类品种的进口量不断增加。但随着畜牧业和饲料的发展，在国内油料作物种植面积徘徊不前的情况下，饲料蛋白粕类原料供给有限，即使扩大了国内大豆、油菜籽的种植面积，国内大豆及油菜籽等的进口量仍将不断增加。

目前，我国农产品进口来源国集中度和对外依存度高，在我国农业资源有限的情况下，为降低粮食供给安全风险，应进一步拓宽海外农业资源利用的广度，以保障我国农产品供给安全。

从近期来看，要加强与现有传统主要农业贸易国，如美国、巴西、阿根廷、加拿大、澳大利亚、印度尼西亚、马来西亚等的农业合作关系，保障农产品的有效供给。

从中期来看，应发展同乌克兰、俄罗斯、哈萨克斯坦等农业资源大国的合作。俄罗斯远东地区纬度跨度较大，依据我国黑龙江省农业种植条件，以其最北纬度作为农作物可以生长的界限，俄罗斯远东地区各种用地类型的面积中，森林面积最大，约621 397.75 km^2；其次为农田、自然植被混合区，面积约160 525.5 km^2；农田面积较小，面积约73 531 km^2。在进行农业生产潜力分析时，必须考虑该地区的生态环境平衡，在这个前提下，仅将农田与农田、自然植被混合区考虑为可以进行农作物耕种的区域，参考2010年黑龙江省粮食平均产量4 973kg/hm^2，则可以推算出俄罗斯远东地区粮食生产潜力可达11 639万t。

中亚地区的哈萨克斯坦位于中亚和东欧，国土横跨亚、欧两洲，是世界上面积最大的内陆国。哈萨克斯坦具有发展农业的良好条件：国土广袤，大部分领土为平原和低地；位于北温带，光热资源丰富；境内拥有众多的河流、湖泊和冰川，水资源较为丰富，能够满足该国生产和生活用水的基本需求。苏联时期，哈萨克斯坦农业基本实现了规模化、机械化经营，为种植业和养殖业的发展奠定了较为坚实的基础。近年来，哈萨克斯坦平均年产粮食1 700万～1 900万t。在哈萨克斯坦生产的粮食中，超过80%为小

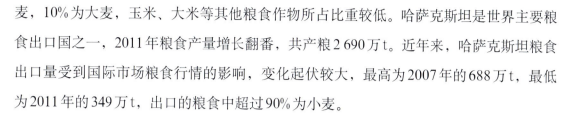

麦，10%为大麦，玉米、大米等其他粮食作物所占比重较低。哈萨克斯坦是世界主要粮食出口国之一，2011年粮食产量增长翻番，共产粮2 690万t。近年来，哈萨克斯坦粮食出口量受到国际市场粮食行情的影响，变化起伏较大，最高为2007年的688万t，最低为2011年的349万t，出口的粮食中超过90%为小麦。

从远期来看，东非地区农业资源丰富、农业发展潜力巨大，我国应加强与东非地区国家的农业合作，保障未来我国农产品的有效供给。东非耕地面积6 200万hm²，占非洲耕地面积的25%；而肯尼亚、坦桑尼亚、乌干达、赞比亚、马达加斯加、塞舌尔的耕地面积合计为3 000万hm²，占非洲耕地面积的12.2%，占东非耕地面积的49.2%。东非的可耕地面积5 526万hm²，其中肯尼亚、坦桑尼亚、乌干达、赞比亚、马达加斯加、塞舌尔6国的可耕地面积为2 585万hm²，占东非可耕地面积的46.8%。

专题报告二

中国饲（草）料粮需求与区域布局研究

一、畜牧业及饲料业发展现状及变化特点

（一）改革开放以来畜牧业的发展历程

我国畜牧业的发展与粮食生产密切相关，粮食产量的稳步提高，在一定程度上支撑了畜牧业的发展。

改革开放初期，解决我国居民的温饱问题是最主要的问题，家庭联产承包责任制的实施极大地调动了广大农民的种粮积极性，1978—1984年粮食产量由3.05亿t增加到4.07亿t，增加了33.4%；同时也缓解了城乡居民"吃肉难"问题，肉类产量从1978年的856.30万t增加到1984年1 540.60万t，是1978年的1.8倍，年均增长10.3%。

1985—1996年，我国粮食产量由4.00亿t左右，提高到5.00亿t左右，增加了25%；同时这个阶段也是满足城乡居民"菜篮子"产品需求的阶段，肉类产量由1985年的1 926.50万t，增加到1996年的4 584.00万t，是1985年的2.38倍，年均增长率达8.2%。

1997—2006年是产业结构调整优化阶段。1997年肉类产量为5 269万t，其中各主要肉类产品比重分别是猪肉65.74%、牛肉7.88%、羊肉3.99%、其他肉类22.40%。2006年肉类产量达到7 100.00万t，较1997年增加了34.75%，其中各主要肉类产品比重分别是猪肉65.50%、牛肉8.31%、羊肉5.18%、禽肉21.01%。特别值得注意的是，牛奶产量由1997年的664.00万t增加到2006年的2 945.00万t，是1997年的4.43倍。

2007年以来，则进入向现代畜牧业转型阶段，主要特征是国家政策的强力推动，畜牧业进入快速转型期，现代畜牧业生产体系逐步建立。

2015年肉类总产量8 750万t，其中，猪肉产量5 645万t，排名世界第一；禽蛋产量3 046万t，排名世界第一；牛奶产量3 180万t，排名世界第三；牛肉、羊肉和其他肉类产量分别为617万t、440万t和2 047万t（表2-1）。

表2-1　1997—2015年我国主要畜禽产品产量变化

单位：万t

年份	肉类	猪肉	牛肉	羊肉	禽肉	禽蛋	牛奶
1997	5 269	3 464	415	210	1 180	1 954	664

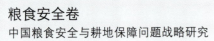

（续）

年份	肉类	猪肉	牛肉	羊肉	禽肉	禽蛋	牛奶
1998	5 724	3 884	480	235	1 125	2 125	662
1999	5 949	4 006	505	251	1 187	2 019	718
2000	6 014	4 031	533	274	1 176	2 182	827
2001	6 106	4 184	549	293	1 080	2 243	1 026
2002	6 234	4 327	585	317	1 005	2 337	1 300
2003	6 443	4 519	630	357	937	2 463	1 746
2004	6 609	4 341	676	399	1 193	2 607	2 261
2005	6 939	4 555	568	350	1 465	2 438	2 753
2006	7 100	4 650	590	368	1 491	2 424	2 945
2007	6 916	4 308	626	386	1 597	2 547	2 947
2008	7 371	4 682	618	393	1 678	2 700	3 011
2009	7 707	4 933	626	399	1 748	2 752	2 995
2010	7 994	5 138	629	406	1 820	2 777	3 039
2011	8 023	5 132	611	398	1 883	2 830	3 110
2012	8 471	5 444	615	404	2 008	2 885	3 175
2013	8 633	5 619	613	410	1 991	2 906	3 001
2014	8 818	5 821	616	428	1 954	2 930	3 160
2015	8 750	5 645	617	440	2 047	3 046	3 180

数据来源：历年农业统计资料。

（二）畜牧业发展现状及变化特点

1．畜牧业养殖区域布局特点明显

（1）生猪生产布局及其变化

作为世界上最大的生猪生产和消费国，生猪饲养在中国具有悠久的历史，并占有重要的地位。自1985年中国政府放开生猪市场管制并实现生猪价格市场化以来，中国的生猪生产迅速发展。1989—2010年，我国的生猪年存栏量由35 281万头增加至46 460万头，年均增长1.44%；年出栏量由29 023万头增加至66 686.4万头，年均增长5.90%；猪肉产量由2 122.8万t增加至5 071.2万t，年均增长5.88%。纵观1989—2010年的中国生猪产业发展历程，波动性增长特征明显，生猪生产循着"增长—波动—增长"的轨迹向前发展。1989年以来，中国生猪生产整体表现为逐年增长的趋势，个别时期如2005—2007年，由于猪价异常波动、农民生产积极性不高等因素，生猪生产量呈现明显的下降趋势。之后，在国家生猪生产调控政策的激励下，2007—2008年生产量明显回升，由2007年的56 508.3万头稳步增加到2008年的61 016.6万头。

2008—2015年，生猪生产进入新一轮的稳定增长期。2015年我国生猪出栏量为7.08亿头，其中四川是第一大生猪出栏省份，出栏量为7 236.5万头；河南和湖南的生猪出栏量分别为6 171.2万头和6 077.2万头，分别处于第二、三位。

同2000年相比，2015年全国生猪出栏量增加了1.8亿头，除北京、上海、浙江和宁夏，其他各省区的生猪出栏量均出现了不同程度的增加，其中河南和湖北生猪出栏量增幅最大，分别达到2 241万头和1 945万头（表2-2、表2-3）。

表2-2 2000—2015年我国各省份生猪存栏量变化

单位：万头，%

地区	2000年	2015年	2015年较2000年存栏量变化	变化率
北京	250	166	−84	−34
天津	165	197	32	19
河北	2 416	1 866	−550	−23
山西	468	486	18	4
内蒙古	801	645	−156	−19
辽宁	1 300	1 458	157	12
吉林	646	972	326	50
黑龙江	993	1 314	321	32
上海	230	144	−86	−37
江苏	2 015	1 780	−235	−12
浙江	1 043	730	−313	−30
安徽	1 858	1 539	−319	−17
福建	1 109	1 066	−43	−4
江西	1 755	1 693	−62	−4
山东	2 660	2 850	190	7
河南	3 588	4 376	788	22
湖北	1 900	2 497	597	31
湖南	3 584	4 079	495	14
广东	2 035	2 136	101	5
广西	3 172	2 304	−868	−27
海南	344	401	57	17

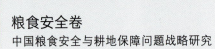
（续）

地区	2000年	2015年	2015年较2000年存栏量变化	变化率
重庆	1 610	1 450	−160	−10
四川	4 781	4 816	35	1
贵州	1 803	1 559	−244	−14
云南	2 587	2 625	38	1
西藏	24	39	15	63
陕西	640	846	206	32
甘肃	548	600	52	9
青海	104	118	14	13
宁夏	120	66	−54	−45
新疆	133	295	162	122
全国	44 682	45 113	428	1

数据来源：历年农业统计资料。

表2-3 2000—2015年我国各省份生猪出栏量变化

单位：万头，%

地区	2000年	2015年	2015年较2000年出栏量变化	变化率
北京	416	284	−132	−32
天津	236	378	142	60
河北	3 239	3 551	312	10
山西	567	784	217	38
内蒙古	851	898	47	6
辽宁	1 320	2 676	1 356	103
吉林	1 154	1 664	510	44
黑龙江	1 102	1 863	761	69
上海	473	204	−269	−57
江苏	2 780	2 978	198	7
浙江	1 360	1 316	−44	−3
安徽	2 227	2 979	752	34
福建	1 348	1 708	360	27
江西	1 863	3 243	1 380	74
山东	3 427	4 836	1 409	41
河南	3 930	6 171	2 241	57

（续）

地区	2000年	2015年	2015年较2000年出栏量变化	变化率
湖北	2 419	4 363	1 944	80
湖南	5 491	6 077	586	11
广东	2 955	3 663	708	24
广西	2 750	3 417	667	24
海南	256	556	300	117
重庆	1 821	2 120	299	16
四川	5 775	7 237	1 462	25
贵州	1 164	1 795	631	54
云南	2 033	3 451	1 418	70
西藏	14	18	4	33
陕西	752	1 206	454	60
甘肃	563	696	133	24
青海	112	138	26	23
宁夏	133	92	−41	−31
新疆	142	463	321	226
全国	52 673	70 825	18 152	34

数据来源：历年农业统计资料。

（2）肉禽（鸡）生产布局及其变化

我国肉禽主要是肉鸡，而肉鸡主要包括黄羽肉鸡和白羽肉鸡两大类。黄羽肉鸡是含有地方鸡种血统的本土品种，通常有比较强的地域特征，价格较白羽肉鸡偏高。黄羽肉鸡养殖企业主要面临区域性竞争。而白羽肉鸡则全部为进口品种，价格较低，养殖企业主要面临国际市场的竞争。

作为进口品种，白羽肉鸡属于快大型肉鸡，毛色多为白色。与黄羽肉鸡相比，其特点是生长速度快、饲料转化率较高、产肉量多，适合工业规模化生产，但是口感欠佳。白羽肉鸡是我国肉鸡产品重要组成部分，也是肉鸡屠宰加工企业的主要原料。

黄羽肉鸡是由我国优良的地方品种杂交培育而成的优质肉鸡品类，国产率近100%。黄羽肉鸡主要包含了黄羽、麻羽和其他有色羽的肉鸡。广东和广西地区黄羽肉鸡发展比较早，在行业内具有鲜明的地域代表性。与白羽肉鸡相比，黄羽肉鸡具有体重较小、生长周期长、抗病能力强、肉质鲜美等特点，体型外貌符合我国消费者的喜好及消费习惯，比较适合活鸡销售，特别适用于中式烹饪。

2015年我国家禽出栏量119.87亿只，其中山东是家禽第一大出栏省份，出栏量为17.69亿只；其次是广东和河南，出栏量分别为9.74亿只和9.15亿只（表2-4）。

2015年禽肉产量为1 826.3万t，山东禽肉产量为259.6万t，禽肉产量超过100万t的省份还有广东、辽宁、广西、江苏、河南和安徽。同2000年相比，除北京、上海、吉林，其他各省均有不同程度的增加，其中山东、广西和辽宁的增量最大，分别为92万t、77万t和71万t（表2-5）。

表2-4　2000—2015年我国各省份家禽出栏量变化

单位：万只，%

地区	2000年	2015年	2015年较2000年出栏量变化	变化率
北京	14 261	6 688	−7 573	−53
天津	4 573	8 019	3 446	75
河北	54 347	58 435	4 088	8
山西	3 416	8 781	5 365	157
内蒙古	4 774	10 439	5 665	119
辽宁	38 785	86 494	47 709	123
吉林	42 312	39 099	−3 213	−8
黑龙江	17 392	20 580	3 188	18
上海	17 550	1 944	−15 606	−89
江苏	58 398	73 537	15 139	26
浙江	17 722	15 202	−2 520	−14
安徽	47 433	75 286	27 853	59
福建	21 038	52 883	31 845	151
江西	29 081	47 656	18 575	64
山东	111 308	176 896	65 588	59
河南	44 732	91 550	46 818	105
湖北	30 554	51 223	20 669	68
湖南	31 046	41 475	10 429	34
广东	94 734	97 423	2 689	3
广西	38 726	80 825	42 099	109
海南	7 787	14 686	6 899	89
重庆	10 409	24 207	13 798	133
四川	59 310	66 155	6 845	12

（续）

地区	2000年	2015年	2015年较2000年出栏量变化	变化率
贵州	3 051	9 618	6 567	215
云南	8 476	21 081	12 605	149
西藏	0	168	168	
陕西	5 237	5 313	76	1
甘肃	2 514	3 817	1 303	52
青海	247	430	183	74
宁夏	1 892	1 019	−873	−46
新疆	4 600	7 792	3 192	69
全国	825 704	1 198 721	373 017	45

数据来源：历年农业统计资料。

表2-5　2000—2015年我国各省份禽肉产量变化

单位：万t，%

地区	2000年	2015年	2015年较2000年产量变化	变化率
北京	22	11	−11	−50
天津	6	11	5	83
河北	74	87	13	18
山西	4	11	7	175
内蒙古	8	20	12	150
辽宁	76	147	71	93
吉林	82	68	−14	−17
黑龙江	32	34	2	6
上海	28	3	−25	−89
江苏	97	122	25	26
浙江	24	24	0	—
安徽	69	126	57	83
福建	26	73	47	181
江西	35	66	31	89
山东	168	260	92	55
河南	55	120	65	118
湖北	38	69	31	82
湖南	43	58	15	35

(续)

地区	2000年	2015年	2015年较2000年产量变化	变化率
广东	109	135	26	24
广西	56	133	77	138
海南	12	25	13	108
重庆	14	38	24	171
四川	88	100	12	14
贵州	7	16	9	129
云南	13	38	25	192
西藏		0	0	—
陕西	8	9	1	13
甘肃	3	5	2	67
青海	0	1	1	—
宁夏	3	2	−1	−33
新疆	8	14	6	75
全国	1 208	1 826	618	51

数据来源：历年农业统计资料。

(3) 蛋禽生产布局及其变化

我国是世界蛋品（鸡蛋、鸭蛋、鹌鹑蛋等）大国，禽蛋年总产量已接近3 000万t左右，占世界总产量的43%左右。

我国蛋鸡产业起步较晚，但发展迅速，现已逐步进入自我整合阶段。我国蛋鸡产业的发展始于20世纪70年代末，根据联合国粮农组织的统计，1985年我国鸡蛋产量达到427.8万t，超过美国成为世界第一。随后10年持续快速增长，截至1996年，我国鸡蛋产量超过1 500万t，占世界鸡蛋总产量的35%左右。20世纪90年代中期以后，我国鸡蛋产量进入平稳增长阶段。2002年以后，高速发展的蛋鸡产业逐渐进入了业内自我整合阶段，饲养品种、雏鸡质量、饲养规模、营销手段、行业自律、政府政策等各方面都在逐渐发生变化，特别是连续几年的"禽流感"事件，更加快了行业的整合，规模化发展趋势已愈加明显。

2015年我国禽蛋产量为2 999.2万t，位居前三位的省份分别是山东、河南和河北，分别达到423.9万t、410.0万t和373.6万t。同2000年相比，禽蛋产量增加了756.0万t，除福建、上海、天津和浙江，其他各省区均有不同程度的增加，辽宁和河南增幅最大，分别增加了136.0万t和140.0万t（表2-6）。

表2-6　2000—2015年我国各省份禽蛋产量变化

单位：万t，%

地区	2000年	2015年	2015年较2000年产量变化	变化率
北京	16	20	4	25
天津	26	20	−5	−19
河北	357	374	17	5
山西	40	87	47	118
内蒙古	24	56	32	133
辽宁	140	277	136	97
吉林	80	107	27	34
黑龙江	75	100	25	33
上海	17	5	−12	−71
江苏	181	196	15	8
浙江	37	33	−4	−11
安徽	107	135	27	25
福建	41	26	−15	−37
江西	34	49	16	47
山东	366	424	58	16
河南	270	410	140	52
湖北	103	165	63	61
湖南	52	102	49	94
广东	33	34	1	3
广西	15	23	8	53
海南	3	4	1	33
重庆	28	45	17	61
四川	100	147	47	47
贵州	7	17	11	157
云南	11	26	15	136
西藏	0	0	0	—
陕西	42	58	16	38
甘肃	11	15	4	36
青海	1	2	1	100

（续）

地区	2000年	2015年	2015年较2000年产量变化	变化率
宁夏	8	9	1	13
新疆	18	33	14	78
全国	2 243	2 999	756	34

数据来源：历年农业统计资料。

（4）奶牛养殖布局及生产变化

改革开放以来，我国奶制品产业发展非常迅速，2015年我国奶类总产量达到3 295.5万t，比2008年增长1.8%。

2015年全国奶牛存栏量超过200万头的省份分别是内蒙古和新疆，存栏量分别为237.0万头和214.0万头，河北、黑龙江、山东和河南的存栏量也都超过了100万头，分别为196.1万头、193.0万头、133.4万头和107.8万头；同2000年相比，各省奶牛存栏量均有不同程度的增加，内蒙古、河北、黑龙江和山东的存栏量增幅均超过100万头，分别达到165.0万头、135.0万头、123.0万头和112.0万头（表2-7）。

随着我国奶牛存栏量的增加以及奶牛养殖及管理水平的提高，牛奶产量也快速增加，2000年全国牛奶产量只有827万t，而2015年牛奶产量增加到3 180万t，增加了2 353万t，是2000年的3.8倍。

表2-7　2000—2015年我国各省份奶牛存栏量变化

单位：万头，%

地区	2000年	2015年	2015年较2000年存栏量变化	变化率
北京	9	12	3	33
天津	5	15	10	200
河北	61	196	135	221
山西	13	35	22	169
内蒙古	72	237	165	229
辽宁	8	34	26	325
吉林	8	26	18	225
黑龙江	70	193	123	176
上海	6	6	0	0
江苏	7	20	13	186
浙江	4	4	0	0

（续）

地区	2000年	2015年	2015年较2000年存栏量变化	变化率
安徽	2	13	11	550
福建	4	5	1	25
江西	3	7	4	133
山东	21	133	112	533
河南	6	108	102	1 700
湖北	6	7	1	17
湖南	1	16	15	1 500
广东	4	5	1	25
广西	1	5	4	400
海南	0	0	0	—
重庆	2	2	0	0
四川	4	18	14	350
贵州	1	6	5	500
云南	10	17	7	70
西藏	0	38	38	—
陕西	16	44	28	175
甘肃	7	30	23	329
青海	11	26	15	136
宁夏	8	35	27	338
新疆	119	214	95	80
全国	489	1 507	1 019	208

数据来源：历年农业统计资料。

表2-8　2000—2015年我国各省份牛奶产量变化

单位：万t，%

地区	2000年	2015年	2015年较2000年产量变化	变化率
北京	30	48	18	62
天津	17	58	41	240
河北	84	402	318	379
山西	34	78	44	130
内蒙古	80	682	602	753
辽宁	19	119	100	526
吉林	14	44	30	216

（续）

地区	2000年	2015年	2015年较2000年产量变化	变化率
黑龙江	154	485	331	215
上海	26	24	−2	−8
江苏	25	51	26	104
浙江	11	14	3	31
安徽	4	26	22	559
福建	10	13	3	28
江西	6	11	5	84
山东	46	230	184	400
河南	16	290	274	1 713
湖北	6	14	8	141
湖南	1	9	8	750
广东	9	11	2	23
广西	2	9	7	325
海南	—	0	—	—
重庆	6	4	−2	−29
四川	28	57	29	103
贵州	2	5	3	155
云南	13	47	34	260
西藏	16	26	10	59
陕西	39	118	79	203
甘肃	13	33	20	155
青海	20	27	7	36
宁夏	24	115	91	379
新疆	72	130	58	81
全国	827	3 180	2 353	285

数据来源：历年农业统计资料。

2. 畜禽养殖方式逐渐由散养向规模化养殖转变

散养和规模化养殖作为两种不同的养殖方式，无论是性质方面，还是具体特点方面，均存在显著的差异。

散养，是一种家庭副业性质的养殖方式。小规模农户是养殖的主体，产品的商品率较低，养殖收益并不是家庭收入的主要来源，而仅是家庭收入的补充，养殖业从属和服务于种植业。从具体特点上看，散养方式下的养殖规模一般较小；利用家庭闲散劳动力或从事种植业以外的闲散劳动时间；庭院式圈养居多，畜禽圈舍建于房前屋后；以饲养本地品种为主；主要饲喂作物秸秆、田间杂草、糠麸、糟渣以及家庭剩饭；畜禽粪便多作为肥料肥田；畜禽疫病防治和日常保健相对随意；养殖周期一般较长。

　　规模化养殖，是一种商品生产性质的养殖方式。专业户和大、中型养殖场等是进行规模化养殖的主体，以获得经济效益为养殖目的。因此，规模化养殖方式的畜禽养殖规模较大；养殖专业户及家庭成员将养殖作为主业并投入全部劳动时间，大中型养殖场雇工经营；投资建设专门的畜禽养殖舍，实现人畜分隔；饲养优良畜禽品种；饲喂配比科学的工业饲料；按照较为严格、规范的流程进行畜禽疫病防控和日常保健；养殖周期也大大缩短（刘爱民等，2011）（表2-9）。

表2-9　两种养殖方式的性质及特点差异

项目	散养	规模化养殖
养殖性质	家庭副业	商品化生产
养殖主体	小规模农户	专业户、大中型养殖场
养殖特点		
养殖规模	小	大
劳动力利用	利用闲散劳动力或闲散劳动时间	专业养殖，甚至雇工
畜禽圈舍	房前屋后	专用养殖舍
品种	本地品种为主	优良品种
饲料	传统家庭饲料	工业饲料
防疫	随意性大，抗风险能力弱	防疫措施严格
养殖周期	一般较长	养殖时间规范

　　可见，规模化养殖和散养的根本区别在于养殖业的商品化程度及农户的养殖目的，并直接体现在养殖数量上。这是由于只有超过一定的数量、达到一定的规模，养殖收益才能够成为农户家庭收入的主要来源，才值得将畜禽养殖作为主业来经营。按国家统计部门的标准，年生猪出栏50头、肉鸡出栏2 000只、蛋鸡存栏500只是散养与规模化养殖的划分依据。

　　影响养殖方式的因素很多，这些因素构成一个比较复杂的系统，但归纳起来主要包括单位畜禽养殖收益、预期家庭收入、养殖技术及养殖能力、畜禽疫病、土地可得性及土地成本、资金可得性及资金成本6个相互关联的子系统；而每个子系统又由相互影响的不同要素构成（于潇萌、刘爱民，2007）（图2-1）。

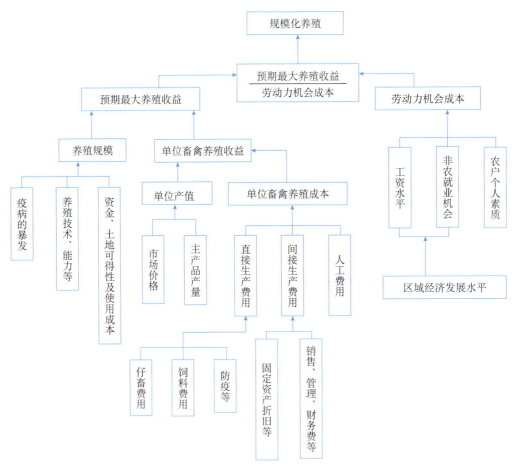

图2-1　畜禽养殖方式影响因素的系统结构

受以上各个因素变化的影响，我国畜禽养殖规模化程度不断提高。以生猪养殖为例，2008年，我国出栏生猪500头以上的养殖户生猪出栏量占全国总出栏量的比例仅为28.2%；到2012年，由于期间行业疫病的多发及价格的大幅波动，承受能力低的散养户被刚性淘汰，这一数字提升至38.5%。2016年我国生猪养殖规模化程度继续提高，规模化养殖（母猪存栏>50头）的比重在2016年末达到了53.70%。

（三）饲料产业发展现状及变化特点

1. 饲料类型

按照组成成分的不同，工业饲料可分为添加剂预混合饲料、浓缩饲料和全价配合饲料三类。添加剂预混合饲料是畜禽所需的各种氨基酸、维生素、微量元素、药物添加剂以及稀释剂的混合物，是一种中间型饲料产品。浓缩饲料是添加剂预混合饲料与蛋白饲料原料，如粕类（豆粕、棉粕、菜籽粕）、鱼粉等的混合物。在浓缩饲料中，按合理比例添加玉米、小麦、稻谷、麦麸等能量物质，构成全价配合饲料，这种饲料中包含畜禽所需全部营养物质，可以直接用于饲喂（图2-2）。不论养殖场户直接购买全价配合饲料，还是购买浓缩饲料或添加剂预混料自配，各种营养物质所占份额应大致固定，因此对相关饲料原料的需求必不可少。

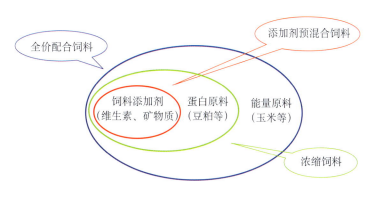

图2-2　饲料类别划分

2．饲料总产量持续稳步增长，产品结构快速调整

我国饲料工业起步于20世纪70年代中后期，经过30多年的发展，已经成为国民经济中具有举足轻重地位和不可替代的基础产业。特别是20世纪90年代中期以来，我国饲料产量保持着较高的年复合增长率。

一方面，饲料产量持续快速增加。我国饲料产量持续增加，由1996年的5 597万t，增加到2015年的2.0亿t。全价配合饲料产量由1996年的5 106万t，增加到2015年的1.74亿t；浓缩饲料产量由419万t，增加到1 961万t；添加剂预混合饲料产量由73万t增加到653万t（图2-3）。

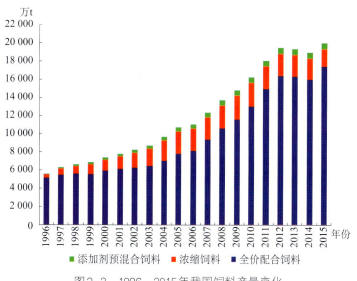

图2-3　1996—2015年我国饲料产量变化

另一方面，猪饲料占全部饲料的50%左右。在全价配合饲料中，猪全价配合饲料产量所占比例最高，达到39%左右，其次是肉禽全价配合饲料占30%，蛋禽全价配合饲料占14%，水产全价配合饲料占11%，反刍全价配合饲料占4%，其他占2%（图2-4）。

在浓缩饲料中，猪浓缩饲料产量所占比例最高，达到60%，其次是蛋禽浓缩饲料占19%，肉禽浓缩饲料占10%，反刍动物浓缩饲料占10%，其他占1%（图2-5）。

在添加剂预混合饲料中，猪预混合饲料产量所占比例最高，达到56%左右，其次是蛋禽预混合饲料占23%，肉禽预混合饲料占8%，水产预混合饲料占5%，反刍动物预混合饲料占5%，其他占3%（图2-6）。

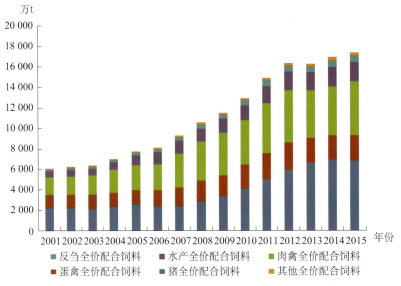

图2-4　2001—2015年我国不同类型全价配合饲料产量变化

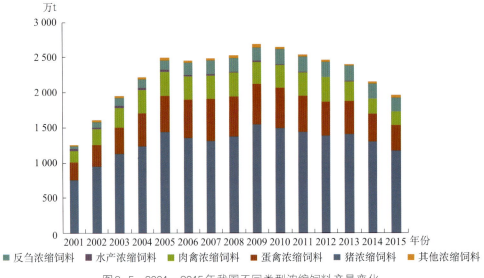

图2-5　2001—2015年我国不同类型浓缩饲料产量变化

图2-6　2001—2015年我国不同类型预混合饲料产量变化

（四）畜禽规模化养殖促进了工业饲料需求

由于散养方式下畜禽养殖的副业性质，消耗种植业副产品及家庭剩饭是农户从事养殖的重要目的，因此农户会尽可能减少养殖过程中的现金支出，极少购买工业饲料。同时，散养模式也是以大量闲散劳动力或闲散劳动时间的存在为前提的，农户在畜禽饲料置备、日常管理方面投入的时间很多。但对散养户而言，这些时间的机会成本几乎为零，并不成为其成本核算过程中考虑的因素。

规模化养殖具有商品生产的性质，与传统养殖业相比，具有以资本投入替代劳动投入的特征。由于畜禽养殖规模较大，传统的秸秆、杂草以及家庭剩饭在数量上已无法保证规模养殖对饲料的大量消耗。如果投入大量的人力来准备和配置这种饲料，必将造成人力成本的大幅增加，因此不具有可行性（刘爱民等，2011）。同时，传统饲料在质量上也满足不了畜禽生长对营养的需要，不但会造成饲料粮的浪费，还将延缓畜禽生长周期，或导致产蛋（奶）率下降，进而造成收益上的损失。工业饲料中能量、蛋白、维生素、矿物质等各类成分配比科学合理，可以充分满足畜禽各生长阶段的需求，并最大限度地发挥了每种饲料原料的作用，具有较高的饲料转化率，缩短了畜禽生长周期，带来了更好的经济效益。使用工业饲料也减少了养殖过程中劳动时间的投入和对劳动力的需求，进而提高了劳动生产率，降低了人力成本。显然，规模化养殖的性质直接决定了其使用工业饲料的饲料消耗结构。

一方面，我国畜禽养殖规模不断增大；另一方面，规模化生产方式下畜禽养殖量增加，导致国内工业饲料需求量大幅度提高。

二、饲（草）料供给与需求

（一）能量饲料原料供给与需求

玉米、麦麸、大麦、高粱等都可以作为能量饲料原料，根据价格的变化，考虑经济性，有时小麦、稻米等也作为能量饲料原料。根据各原料的成本变化，在全价配合饲料中，对不同品种的能量饲料比例在一定范围内进行调整。其中，玉米是最主要的能量饲料原料。

1．国内玉米供给

（1）玉米生产变化

玉米是我国集粮食、饲料、工业原料和生物质能源等用途于一体的优势作物。玉米中最主要的成分是淀粉，平均含量为75%左右。玉米中的淀粉消化率高，粗纤维含量较低，所以成为畜牧业必不可少的饲料来源。统计表明，我国玉米消费的69%用于饲料，23%用于工业，7%用于种用和食用，其余1%为少量损耗；玉米深加工产业链广、工业价值高。虽然玉米作为饲料和生产淀粉的主要用途需求稳定，但仍难以消化过剩的供给。

2003—2015年，玉米种植面积由2 407万hm²增加到4 497万hm²，增加了87%；玉米产量由1.16亿t增加到2.65亿t，增加了129%，是唯一一个种植面积和产量均大幅度增加的作物品种（图2-7）。

（2）玉米生产布局及其变化

2003—2015年，我国玉米播种面积和产量在各省份的不一致变化，使得玉米生产布局在全国层面发生了明显变化，主要趋势是玉米生产重心北移明显，北方区已超越黄淮海区成为我国第一大玉米主产区，但北方区和黄淮海区始终是中国最重要的玉米主产区。从中国玉米生产的省际变化趋势来看，我国玉米生产向北方地区（河南、山东、内蒙古和东北地区）转移明显，同时，东部、南部的一些省份（如浙江、广西等）玉米生产地位逐步下降，东部和北部的一些省份玉米生产地位逐渐加强，如黑龙江和内蒙古正崛起为新的玉米主产省份。

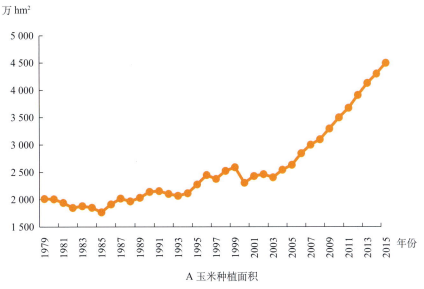

A 玉米种植面积

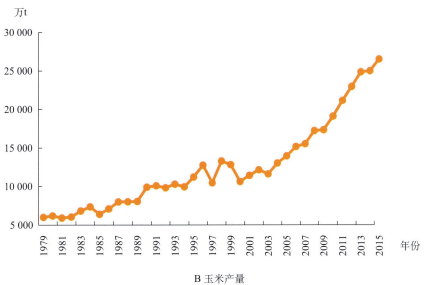

B 玉米产量

图2-7　1979—2015年我国玉米种植面积及产量变化

（3）主产区玉米种植面积增加明显

在对黑龙江最适宜大豆的种植区——嫩江县的种植结构变化分析中发现，大豆种植面积下降、玉米种植面积增加明显。

2000年大豆播种面积22.3万hm²，占主要粮食作物播种面积的80%；春小麦占比为20%；2007年大豆播种面积增加了8万hm²，但由于粮食作物总播种面积增加，其占比保持稳定；2014年玉米是嫩江县的新兴作物，且播种面积迅猛增加，2014年已超过17万hm²，占比高达36%，成为大豆最有竞争力的作物。而大豆播种面积下降到25.9万hm²，占比较2000年下降27个百分点，春小麦占比也下降至11%。

（4）玉米收购价格不断升高是玉米种植面积不断增加的主因

为提高广大农民粮食生产的积极性，2007年以来，国家在东北三省和内蒙古自治区实行玉米临时收储政策，粮食收储价格由2008年的1 500元/t提高到2014年的2 240元/t，提高了49%。在特定历史阶段，这一政策对保护农民利益和种粮积极性、保持市场稳定、保障国家粮食安全发挥了重要作用。但同时，国家收储行为客观上也造成粮食价格形成机制及市场价格信号的扭曲，对饲料业和加工行业造成了较大的冲击。尤其近两年随着国际粮价不断回落，国外玉米及其替代品大量进口，加之国内丰收，玉米消费需求下滑，库存不断增加。不仅国家背负了沉重的财政补贴负担，长期看，也不利于国家的粮食安全和农民利益的保护（图2-8）。

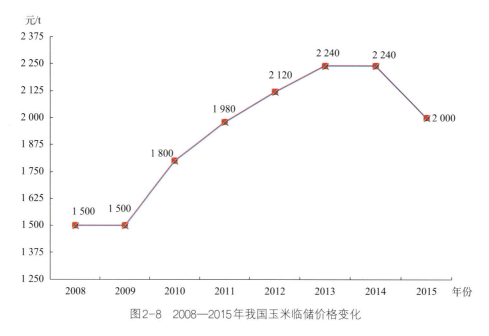

图2-8　2008—2015年我国玉米临储价格变化

为此，政府取消了实施8年的玉米临储收购政策，转而实施"市场化收购＋补贴"的新政策，从而导致玉米价格大幅下跌；2016年我国玉米种植面积3 676万hm²，较2015年减少136万hm²，13年来首次减少；玉米产量为21 955万t，同比减少2.3%。

2．其他能量饲料供给

小麦和稻谷是我们居民的基本口粮，保证口粮绝对安全是我国的一项基本国策，为此国家不断提高小麦和水稻的托市收购价格，其中混合麦和粳稻的托市收购价格分别由2008年的1 400元/t和1 580元/t，提高到2014年的2 360元/t和3 000元/t，分别提高了69%和90%；2015年、2016年小麦和水稻的托市收购价格仍然维持2014年的水平。

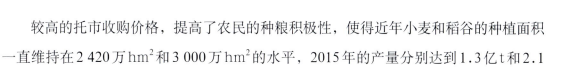

较高的托市收购价格，提高了农民的种粮积极性，使得近年小麦和稻谷的种植面积一直维持在2 420万hm²和3 000万hm²的水平，2015年的产量分别达到1.3亿t和2.1亿t的历史最高水平。

考虑到价格问题，我国部分地区在部分时段也会利用小麦和稻米作为能量饲料的重要替代品，但总的来说没有影响口粮的基本供给。

在我国，高粱和大麦等一般被称为杂粮，2015年的种植面积分别为83.9万hm²和44.7万hm²，产量分别为275万t和187万t，主要是工业和饲料用。但由于前两年国内玉米价格高，国内饲料企业大幅增加了大麦和高粱的进口量。

（二）饲料蛋白原料供给

饲料蛋白原料主要有豆粕、菜籽粕、棉籽粕、花生粕、玉米酒糟（DDGS）、鱼粉等，可以在一定程度上相互替代。大豆压榨后的产品主要是豆油和豆粕，其中的豆粕主要作为饲料蛋白原料。

豆粕中蛋白含量约在42%～48%，氨基酸组成平衡合理，可以最大限度地满足畜禽生长需求，且适口性好，因此被广泛应用于生猪和家禽的饲料中。菜籽粕、棉籽粕、鱼粉均对豆粕有一定替代作用，当豆粕价格过高时，养殖户或饲料场将会调低豆粕在饲料中的添加比例，用其他粕类替代以降低成本。但是，菜籽粕含有芥酸和硫甙，棉籽粕含有棉酚，这些成分超过一定比例后，将会抑制畜禽生长或使产蛋率降低。因此，菜籽粕和棉籽粕虽然价格很低廉，但对豆粕的替代作用非常有限，这两种粕类主要用于鱼类及反刍动物饲料中。鱼粉是最主要的动物蛋白原料，蛋白含量在60%～70%，是平衡氨基酸和矿物质的优质高档饲料，在作用上可以取代豆粕。但是，我国鱼粉产量很少，主要从秘鲁进口，国内供应量不大；此外，鱼粉价格非常昂贵，一般为豆粕价格的2倍以上，因此在畜禽饲料中的添加比例也较少，一般不超过2%。可以说，畜禽养殖业对豆粕的需求是一种刚性需求，价格弹性不大，尤其是在生猪、肉鸡、蛋鸡的饲料中，其他动植物蛋白对豆粕的替代作用非常有限。

国内粕类资源供给中，大豆和油菜籽压榨所产生的豆粕和菜籽粕是最重要的粕类资源。

1. 国内大豆生产

豆粕是大豆提取豆油后得到的产品，约占大豆加工制品的78%。豆粕是棉籽粕、花

生粕、菜籽粕等12种动植物油粕饲料产品中产量最大、用途最广的一种，是牲畜与家禽饲料的主要原料。

（1）国内大豆种植效益明显低于玉米和水稻

在一定资源条件和技术条件下，大豆生产效益是影响大豆实际生产水平的最主要因素。一方面，受进口大豆的冲击，对国产大豆需求下降；另一方面，国家不断提高玉米、水稻等粮食作物的临储价格和最低保护价收购价格。

以我国最大的大豆产区黑龙江省为例：对黑龙江省主要粮食作物大豆、玉米和

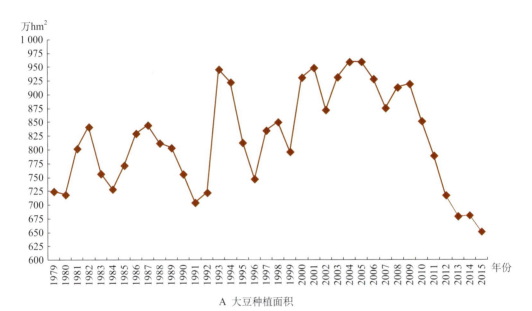

图2-9　1979—2015年我国大豆种植面积和产量变化

粳稻的收益指标进行整理分析可以发现,不同作物的收益大不相同,三种作物的净利润比较为:粳稻＞玉米＞大豆。2000—2015年,粳稻的平均净利润最高,达到3 890元/hm²,其次是玉米(2 259元/hm²),大豆最差,仅为1 212元/hm²。在我国大豆需求量不断上涨的背景下,大豆的比较效益低是其种植面积不升反降的主要原因。

(2)国内大豆种植面积和产量持续下降

我国东北地区、黄淮地区及长江中下游地区均适合大豆种植,而目前东北地区,特别是黑龙江省是我国最主要的大豆产区。尽管国内大豆需求量不断增加,但中国大豆种植面积和产量却分别由2000年的930hm²和1 540万t,下降到2015年的650.6万hm²和1 178.5万t(图2-9、表2-10)。同进口大豆相比,国产大豆成本高、出油率低、离豆粕消费地远,使得国产豆粕在饲料领域的竞争力越来越差,这是国内大豆种植面积和产量下降的主要原因。

表2-10 我国各省份大豆生产情况变化

单位:万hm²,万t,%

地区	2000年		2015年		2015年较2000年生产变化情况		2015年较2000年生产情况变化率	
	面积	产量	面积	产量	面积	产量	面积	产量
北京	2.2	5	0.4	1	−1.8	−4	−82	−80
天津	3.5	4	0.6	1	−2.9	−3	−83	−75
河北	42.4	63	11.6	23	−30.8	−40	−73	−63
山西	27.3	36	18.9	20	−8.4	−16	−31	−44
内蒙古	79.4	86	53.0	89	−26.4	3	−33	3
辽宁	30.2	48	10.7	24	−19.5	−24	−65	−50
吉林	53.9	120	16.1	29	−37.8	−91	−70	−76
黑龙江	287.0	450	240	428	−46.7	−22	−16	−5
上海	0.6	2	0.2	1	−0.4	−1	−67	−50
江苏	24.9	67	20.2	48	−4.7	−19	−19	−28
浙江	12.9	28	9.1	23	−3.8	−5	−29	−18
安徽	68.2	92	82.1	127	13.9	35	20	38
福建	10.5	21	6.8	18	−3.7	−3	−35	−14
江西	15.2	26	10.4	24	−4.8	−2	−32	−8
山东	45.8	105	13.7	35	−32.1	−70	−70	−67
河南	56.5	116	36.6	50	−19.9	−66	−35	−57

（续）

地区	2000年		2015年		2015年较2000年 生产变化情况		2015年较2000年 生产情况变化率	
	面积	产量	面积	产量	面积	产量	面积	产量
湖北	22.5	46	10.0	21	−12.5	−25	−56	−54
湖南	20.6	43	9.1	21	−11.5	−22	−56	−51
广东	9.7	19	6.4	17	−3.3	−2	−34	−11
广西	28.1	36	9.6	14	−18.5	−22	−66	−61
海南	0.9	2	0.3	1	−0.6	−1	−67	−50
重庆	8.0	9	10.4	21	2.4	12	30	133
四川	17.0	37	22.7	53	5.7	16	34	43
贵州	14.1	18	13.5	13	−0.6	−5	−4	−28
云南	5.2	8	12.2	31	7.0	23	135	288
西藏	0.1	0	0		−0.1	0	−100	
陕西	24.7	21	11.1	12	−13.6	−9	−55	−43
甘肃	8.8	13	8.2	17	−0.6	4	−7	31
青海	0		0		0	0		
宁夏	4.4	3	1.0	1	−3.4	−2	−77	−67
新疆	6.3	17	5.7	16	−0.6	−1	−10	−6
全国	930.7	1 541	650.6	1 179	−280.1	−362	−30	−23

数据来源：历年农业统计资料。

2．国内油菜籽供给

（1）油菜籽生产布局

长江流域是世界最大的油菜籽生产带，油菜籽种植面积和产量均占全国总种植面积和产量的85%以上。

除了长江流域，我国东北、西北地区也有部分春油菜籽种植，但相对种植面积和产量仅占全国总种植面积和产量的10%左右（表2−11）。

表2−11　我国各省份油菜籽生产情况变化

单位：万hm²，万t，%

地区	2000年		2015年		2015年较2000年 生产变化情况		2015年较2000年 生产情况变化率	
	面积	产量	面积	产量	面积	产量	面积	产量
北京	—		0		0	0		
天津	0		0		0	0		

(续)

地区	2000年		2015年		2015年较2000年 生产变化情况		2015年较2000年 生产情况变化率	
	面积	产量	面积	产量	面积	产量	面积	产量
河北	2.8	2	1.8	3	−1.0	1	−36	50
山西	0.9	1	0.4	1	−0.5	0	−56	0
内蒙古	29.5	30	31.6	42	2.1	12	7	40
辽宁	0.1	0	0.1	0	0	0	0	
吉林	0	—	0		0			
黑龙江	8.0	7	0		−8.0	−7	−100	−100
上海	7.0	16	0.4	1	−6.6	−15	−94	−94
江苏	65.1	143	37.6	106	−27.5	−37	−42	−26
浙江	29.7	44	12.2	25	−17.5	−19	−59	−43
安徽	96.5	157	53.2	126	−43.3	−31	−45	−20
福建	1.7	2	1.3	2	−0.4	0	−24	0
江西	62.9	53	54.5	74	−8.4	21	−13	40
山东	2.5	5	0.9	2	−1.6	−3	−64	−60
河南	24.8	34	34.8	86	10.0	52	40	153
湖北	116.0	199	123.0	255	7.3	56	6	28
湖南	78.4	109	132.0	211	53.1	102	68	94
广东	1.0	1	0.7	1	−0.3	0	−30	0
广西	8.9	8	2.5	3	−6.4	−5	−72	−63
海南	0	—	0		0			
重庆	17.3	23	24.2	47	6.9	24	40	104
四川	77.7	137	103.0	239	25.0	102	32	74
贵州	46.1	66	52.8	89	6.7	23	15	35
云南	12.6	19	29.3	56	16.7	37	133	195
西藏	1.6	4	2.4	6	0.8	2	50	50
陕西	16.4	22	20.4	43	4.0	21	24	95
甘肃	13.8	22	16.2	34	2.4	12	17	55
青海	18.5	19	14.2	30	−4.3	11	−23	58
宁夏	0.1	0	0.1	0	0	0	0	0
新疆	9.6	15	4.4	11	−5.2	−4	−54	−27
全国	749.4	1 138	753.4	1 493	4.0	355	1	31

数据来源：历年农业统计资料。

长江流域1990年之后单一绿肥的种植模式逐渐被多种冬作综合开发代替，由于经济效益低下、养地效果有限等，绿肥的种植面积大幅下降，目前小麦和油菜籽是该区域冬季播种面积最大的作物。

（2）油菜籽种植面积和产量增幅有限

无论是植物油，还是蛋白粕，我国都严重短缺；尽管如此，我国油菜籽种植面积和产量增幅仍然非常有限。2015年我国油菜籽种植面积为753.4万hm²，仅比2000年增加0.53%；由于单产水平的提高，油菜籽产量为1 493万t，较2000年增加31.2%，但近几年一直维持在1 400万t左右（图2-10）。

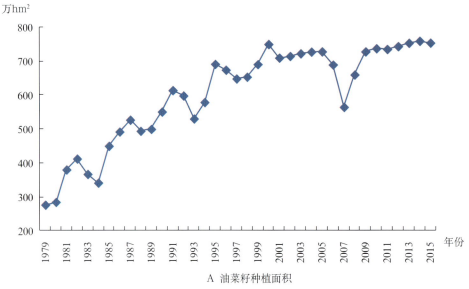

A 油菜籽种植面积

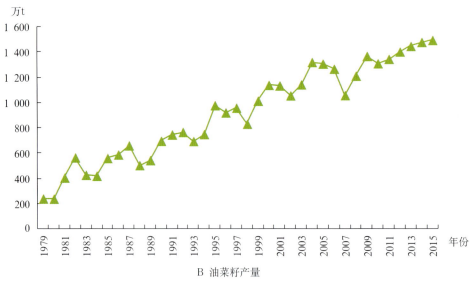

B 油菜籽产量

图2-10 1979—2015年我国油菜籽种植面积和产量变化

（3）油菜籽生产潜力大，但难以转化为现实生产能力

一方面，油菜籽种植的机械化水平明显低于冬小麦（李燕玲、刘爱民，2009）。

目前油菜籽的生产工艺主要有直播、育苗移栽和免耕三种。

育苗移栽：一般每年9月底开始整理苗床，即在用作苗床的田地上清理上季作物的剩余秸秆，翻耕土块，施一定量的N、P、B作底肥，进行播种。在移栽壮苗前做好大田的翻耕整理，步骤同苗床整理，苗床与大田的面积比约为1∶6。10月下旬，菜苗长到6片真叶时，进行起苗和移栽，移栽时应注意合理密植。之后，根据苗的长势及天气状况适时进行田间管理，施一定量的尿素作腊肥和抽薹肥，除草防虫治病，有时还需要灌水。次年5月中旬，收前测产后人工割秆，人工或机械脱粒，秸秆归田，籽粒运回摊晒，等待收购或自留榨油。

直播：油菜籽直播不用单独育苗并移栽，而是直接整理大田并撒播种子。所以，直播播种的日期可以比育苗移栽晚一些。其他工艺步骤同育苗移栽。

免耕：油菜籽免耕是近年新兴的工艺，工艺步骤与直播大体相同。但在田块准备和播种这两道工序中，免耕不用犁耕大田，而是削平地上的剩余秸秆，打免耕药除草防病，3～5d后直接施底肥、撒种并覆盖稻草直至看不到土。

从三种生产工艺的复杂程度来看，免耕＜直播＜育苗移栽。尤其是育苗移栽，由于要进行人工移栽，比免耕和直播多耗费大量劳力和工时。

小麦的生产工艺与油菜籽直播相似，但更加成熟，耕地播种、收获脱粒等费时费力的工序已基本实现机械化；而无论哪种工艺，油菜籽收获环节都比小麦复杂许多，很难完全实现机械化，机械脱粒造成的浪费也比较严重。

所以，在劳动力短缺、劳动力成本不断提高的情况下，种植冬小麦比油菜籽省时、省力，对当地农民更具有吸引力。

另一方面，油菜籽种植效益明显低于冬小麦。

国家对小麦实行保护价收购政策，并进行各种补贴，使农民种植油菜籽的积极性受到很大影响。同样，国家政策的影响也反映在作物的经济效益上。

在安徽舒城的典型调查显示：油菜亩产150kg菜籽，按照5元/kg价格，收入为750元。而油菜收割主要靠人工，一到收获季节就出现人工荒。如果要雇人收割，一个劳动力出工一天至少要100元，一亩至少两天才能收割完。再除去地租、肥料、种子费、人工费后，几乎赚不到钱，收成不好时甚至亏本。而如果选择种小麦，其亩产

300kg左右，可以实现机械化收割，成本大大减少。小麦种子补贴每亩10元，加上农资综合补贴70元；油菜仅有10元补贴。

3．国内大豆、油菜籽生产潜力大

（1）国内非转基因大豆生产潜力大

大豆的故乡在中国，但近年国内大豆产量却不断下降，2014年只有1 215万t；与此同时，随着国内畜牧业和饲料的发展，豆粕需求量持续大幅度增加，导致大豆进口量不断增加，2015年已超过8 000万t，成为我国供求缺口最大的农产品品种。

我国大豆主要种植在东北地区的一年一熟春大豆区和黄淮流域夏大豆区。东北地区一年一熟春大豆区的大豆产量约占全国大豆总产量的50%左右，黄淮流域夏大豆产量占全国大豆产量的30%左右。

东北地区所有农作物都与大豆具有竞争关系，包括中稻、玉米、春小麦、谷子、高粱、杂豆、薯类、油菜籽、向日葵、甜菜、花生、蔬菜类等，其中与大豆具有竞争关系的最主要的农作物是中稻、玉米和春小麦。

黄淮流域与大豆具有竞争关系的农作物有中稻、玉米、其他谷物、杂豆、薯类、花生、芝麻、棉花、蔬菜类等，其中玉米、花生是最主要的竞争作物。

在中国大豆主产区的东北区和黄淮海区，包括大兴安岭区、东北平原区、长白山山地区、辽宁平原丘陵区、华北平原区、山东丘陵区、淮北平原区7个二级区，以及大兴安岭北部山地、大兴安岭中部山地、小兴安岭山地、三江平原、松嫩平原、长白山山地、辽河平原、千山山地、辽东半岛丘陵、京津唐平原、黄海平原、太行山麓平原、胶东半岛、胶中丘陵、胶西黄泛平原、徐淮低平原、皖北平原、豫东平原18个三级区，共计556个县。

土地详查数据显示，大豆主产区的556个县共有耕地面积4 678万hm²。其中，水田350万hm²，水浇地1 156.6万hm²（主要集中在黄淮海平原区），旱地3 111万hm²（东北平原有1 403万hm²）。坡度小于5°的耕地有3 760万hm²，占耕地总面积的80%；坡度在2°～6°的耕地649万hm²，占耕地总面积的14%；坡度大于6°的耕地281万hm²，占耕地总面积的6%。根据各地区的生态环境建设规划，有一部分耕地要逐渐退耕还林还草。

综合考虑大豆主产区的农业资源特点、农艺技术特点、农作物生产效益及国家政策等因素，根据建立的耕地资源分配与农产品生产模型，以县为基本单元，依据土地详查数据和农作物历史生产数据，对大豆主产区未来的大豆最大可能生产规模进行了预测。根据预测，中国大豆主产区大豆的最高产量可达到2 663万t；非主产区的大豆产量在630万~700万t，增加幅度不大。

这样，中国大豆的最大可能生产能力为2 800万~3 400万t，将比目前的中国大豆产量增加1 500万~1 900万t，其中增产潜力最大的地区是东北平原区的三江平原和松嫩平原，增产潜力为1 000万~1 280万t。

东北地区玉米与大豆单产水平比是3.12∶1，增加1 000万t大豆产量，就相应减少3 120万t左右的玉米产量（刘爱民、于潇萌、李燕玲，2009；刘爱民等，2003a、2003b）。

（2）油菜籽生产潜力大，多措施提高产量

长江流域属亚热带地区，气候温和，降水充沛，冬季不甚寒冷，十分适宜油菜生长。而该地区的气候资源对小麦生产并不十分有利，小麦单产不高，品质差。所以，单纯从自然资源条件看，长江流域的油菜种植比小麦有优势。

扩大长江流域油菜籽的种植面积和产量，不但可以增加国内蛋白粕和植物油的供给能力，同时也能改善土壤，提高该区域耕地资源的可持续生产能力。

在油菜籽种植机械化水平不能得到提高的情况下，难以实现规模化经营，即使给予和小麦一样的优惠政策，也难以提高农民种植油菜籽的积极性。

国家加大油菜籽收获机械的研制和推广，并提高油菜籽优良品种的推广和种植，同时适度增加油菜籽种植的补贴力度，是提高我国油菜籽产能的基础。

4．国内粕类资源总供给

由于国内大豆产量不断下降，国产大豆生产的豆粕量不断下降，加之国产大豆价格高于进口大豆，国产大豆豆粕的生产成本高，竞争力差，目前主要用于东北产区畜牧业养殖，以及部分有机畜禽产品养殖所需的饲料原料供给。目前国内豆粕的供给主要是进口大豆压榨生产的豆粕。

由于国内油菜籽种植面积徘徊不前，甚至出现了下降，国产油菜籽豆粕量也不断下降，而水产、反刍畜类饲料的蛋白原料需求部分被豆粕替代，同时随着进口油菜籽数量的不断增加，国内菜籽粕市场逐渐被进口油菜籽生产的菜粕所替代。

综合考虑国内豆粕、菜籽粕、棉籽粕、DDGS等产量、贸易量等，国内粕类资源的总净供给量在7 800万t左右（表2-12）。

表2-12　2001年、2010年和2015年我国粕类分品种供给量

单位：万t

品类	2001年	2010年	2015年
豆粕	1 585	3 783	5 967
菜籽粕	745	523	401
棉籽粕	312	493	437
花生粕	255	270	319
葵花籽粕	58	57	76
玉米粕	81	419	600
总计	3 036	5 545	7 799

数据来源：利用国内油料压榨量计算获得。

（三）粗饲（草）料供给

由于牛、羊等草食性家畜的纤维消化功能较强，能利用粗纤维较高的牧草、秸秆等农作物副产品进行饲料供给。粗饲（草）料来源主要包括牧草资源和秸秆资源，其中牧草资源主要是指天然草地和人工草地干草；秸秆资源主要包括谷物和豆类。

1．家畜对粗饲（草）料食用

（1）草食性家畜

草食性家禽（如牛、羊）由于有瘤胃和发达的盲肠，对粗纤维的利用能力较强，日粮中以粗饲料为主，辅以适量精料。

第一，粗饲料是体成分和乳成分的重要来源。粗饲料中的粗纤维，在瘤胃消化的产物是低级脂肪酸，其中包括乙酸、丙酸、丁酸，而乙酸是体脂和乳脂合成的重要前体物，丙酸是血糖和乳糖合成的重要前体物，丁酸可以转变为乙酸。低级脂肪酸也是牛体所需能量的重要来源，亦可合成体蛋白质和乳蛋白质。

第二，日粮中粗饲料比例对乳脂率有重要影响。日粮中精、粗饲料比例对瘤胃发酵类型有重要的影响，进而影响乳脂率。当日粮中粗饲料的比例大于60%时，瘤胃发酵产生的乙酸和丁酸比例较高，相应地合成乳脂也较多，乳脂率上升。当日粮中粗饲料的比例小于40%时，瘤胃发酵产生的丙酸比例增加，乙酸、丁酸比例减少，相应地合成乳脂也较少，乳脂率下降。

第三，日粮中粗饲料比例对粗纤维消化有重要作用。日粮中粗饲料比例影响瘤胃中各类型饲料的通过速度。增加粗饲料比例时，瘤胃中小颗粒饲料，特别是精饲料，可被皱胃和肠道快速消化，而粗饲料的消化速度减慢。这样能在瘤胃中消化较多的粗饲料，粗纤维的消化率上升；相反，当增加精饲料比例时，粗纤维的消化率下降。

第四，粗饲料对防止酸中毒有重要作用。粗饲料对瘤胃的机械刺激，促进了牛体的反刍，反刍可以吞进大量唾液，唾液为碱性，能中和瘤胃发酵产生的酸，从而保持瘤胃酸的相对恒定。如果日粮中精饲料比例过高，会快速产生大量的酸，且粗饲料比例在相应地下降，则反刍减弱，唾液减少，中和瘤胃酸的能力减弱，从而引起瘤胃酸度上升，pH下降；一旦pH低于5.5时，便会出现酸中毒症状。

第五，粗饲料可以促进幼畜瘤胃消化机能的发育。由于粗饲料的机械刺激和所产生低级脂肪酸的理化作用，对反刍动物幼畜提早补饲粗饲料，可以促进瘤胃消化机能的发育。

第六，粗饲料对塑造种畜的体型有重要作用。粗饲料是塑造家畜品种的原料，用充足而优质的粗饲料培育的牛，骨架大，采食量大，消化力强，利用年限长，生产性能高。若口粮中精饲料比例高，培育的牛体型小，利用年限短，生产性能低。

（2）单胃杂食动物

猪属于单胃杂食动物，只能在盲肠内消化少量粗纤维，对含粗纤维高的青绿饲料利用率较差。因此养猪一般选用营养物质易消化且含粗纤维低的青绿饲料，如美国籽粒苋、紫花苜蓿、白三叶草、黑麦草、苦荬菜、胡萝卜等，较常使用的为苦荬菜和黑麦草。但青绿饲料中营养不全，不能单独饲喂，应以精料为主，合理搭配使用青绿饲料。目前在西南、江南等山区，农民散养生猪中仍大量使用青绿饲料饲喂生猪。

青绿饲料是家畜的良好饲料，但总的来说，单位重量的营养价值仍不能满足商品化家畜快速生长的需要。同时，由于不同畜禽的消化系统结构和消化生理存在差异，利用方法也有不同，因此，必须与其他饲料搭配利用，以求达到最佳利用效果。

2．秸秆资源及饲料秸秆供给

秸秆作为农作物副产品，主要产自农区，全国产粮大省提供了主要的饲料秸秆。目前我国禾谷类和豆类秸秆总量约为5.6亿t，其中可为草食性家畜利用的饲料化秸秆为1.4亿t。从区域上看，北方的东北三省、河南、河北、山东和南方的江苏、安徽、四川、湖南10省份饲料秸秆占全国饲料秸秆产量的80%以上，其中河南饲料秸秆最高，达1 500万t，而6个重点牧区除四川饲料秸秆供给量较高，其他省份均处于较低水平（张英俊等，2014）（表2-13）。

表2-13　我国秸秆总拥有量和饲料秸秆产量

单位：万t

区域	地区	秸秆总有量	饲料秸秆
重点牧区	西藏	132	33
	内蒙古	2 453	613
	新疆	1 317	329
	青海	81	20
	四川	2 862	716
	甘肃	950	237
东北地区	辽宁	1 964	491
	吉林	3 229	807
	黑龙江	5 495	1 374
华东地区	上海	114	28
	江苏	3 247	812
	浙江	693	173
	安徽	3 144	786
	福建	507	127
	江西	1 728	432
华北地区	北京	135	34
	天津	183	46
	河北	3 345	836
	山西	1 271	318
华中南地区	山东	4 754	1 189
	河南	5 947	1 487
	湖北	2 179	545
	湖南	2 537	634
	广东	1 073	268
	广西	1 299	325
	海南	139	35
西南地区	重庆	892	223
	贵州	1 011	253
	云南	1 464	366
西北地区	陕西	1 264	316
	宁夏	351	88
全国总计		55 761	13 940

注：秸秆来源主要包括水稻、小麦、玉米、谷子、高粱、其他谷物和豆类。

数据来源：张英俊，张玉娟，潘利，唐士明，黄顶，2014.我国草食家畜饲草料需求与供给现状分析［J］. 中国畜牧杂志，50（10）.

3．绿肥及青绿饲料供给

绿肥是指利用栽培或野生的绿色植物体直接或间接作为肥料的植物体，也能改良和保护土壤，多数可用作饲料。根据栽培的生长季节分为冬季绿肥、夏季绿肥、春季绿肥、秋季绿肥和多年生绿肥。绿肥一向以采用豆科植物为主，以丰富土壤氮素；也采用其他科属的植物，以富集各种养分并改良土壤。

绿肥不但可以肥田增产，而且是营养价值很高的饲料。豆科绿肥干物质中粗蛋白质的含量占15%～20%，并含有各种必要的氨基酸以及钙、磷、胡萝卜素和各种维生素。适时收割的绿肥，蛋白质含量高，粗纤维含量低，柔嫩多汁，适口性强，易消化；草籽也可以代替粮食用作牲畜的精料。

《中国农业统计年鉴》数据显示，从近20年的情况来看，2003年青绿饲料种植面积最大，为353.2万hm²，但自2004年起种植面积不断下降，近年维持在200万hm²左右（图2-11）。根据近两年的情况，内蒙古的青绿饲料种植面积最大为24.7万hm²，其次是江西、宁夏和重庆，分别为7.8万hm²、7.7万hm²和6.7万hm²。

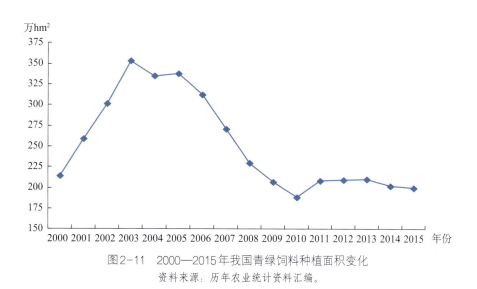

图2-11　2000—2015年我国青绿饲料种植面积变化

资料来源：历年农业统计资料汇编。

4．青贮玉米生产与供给

欧洲、北美等畜牧业发达国家十分重视饲料玉米的种植和加工，并将饲料玉米的发展作为畜牧业发展的基础，多年前就已培育出大量粮饲兼用型玉米品种，如甜玉米、爆裂玉米、优质蛋白玉米、高油玉米、分蘖玉米等，还进行了大面积推广种植。1999年，美国青贮玉米种植面积达355万hm²，2008年增加到596万hm²，产量1.12亿t。法国青贮玉米种植面积占玉米总种植面积的80%，荷兰青贮玉米种植面积占各类饲料总量的

30%以上（张晓庆等，2013）。

我国是玉米生产大国之一，玉米总产量的75%左右用作畜禽饲料。青贮玉米在我国畜牧业生产中发挥着愈来愈重要的作用。由于受传统粮食观念和饲养方式等因素的影响，我国对饲料玉米重视不足，种植品种以粮用为主，并一直以籽实高产作为品种更换的主要目标，青贮玉米品种很少，只是在一些大型农牧场和城郊奶牛场推广应用。

目前，适合我国各地种植的青贮玉米品种（品系）至少有68种，这些品种（或品系）的干物质产量为 $16.1\sim28.5t/hm^2$，CP含量为 $7.69\%\sim8.42\%$，NDF和ADF含量分别为 $55.30\%\sim84.99\%$ 和 $30.34\%\sim49.31\%$，将其加工成青贮饲料可以很好地保存其营养价值，一年四季均可为家畜提供优质饲料。

自2015年实施"粮改饲"以来，这一政策已经连续三年被写入中央1号文件，2016年国家开始按照"市场定价、价补分离"的原则对玉米收储制度进行改革，将玉米临时收储政策调整为"市场化收购"加"补贴"的新机制。2016年，中央财政对于"粮改饲"的补贴增加到10亿元，试点范围扩大到"镰刀弯"地区和黄淮海玉米主产区的17个省份、121个试点县，落实种植面积678万亩，减少普通玉米339万t，占试点地区玉米总产量的7.3%。

目前，试点区域已覆盖奶牛213万头、肉牛90.7万头、肉羊202万只，既促进了增草保畜，也减轻了天然草原的放牧压力。同时，试点区域秸秆饲料化利用总量达到1830万t。全株青贮玉米收获期比普通玉米提前15d左右，更加有利于秋后整地、茬口衔接、休耕轮作和地力保护。

试点省区种养一体化经营的比例已经达到30%，出现了以"养殖企业＋新型农业经营主体"、种收贮专业化等在内的一批典型生产模式。在一体化模式下，养殖企业有需求，种植户有意愿，规模化牛羊养殖企业与种植大户、饲（草）料专业合作社通过签订饲（草）料收购合同，开展订单生产、订单收购，构建起了完善的利益联结机制，实现了种养双赢。

5. 农区草业发展现状及潜力

发展农区草业是促进粮食、经济作物、饲（草）料三元种植结构协调发展的重要内容，是实现我国现代农业转型和农业可持续发展的重要战略。

农区草业发展不仅对保障我国食物安全具有重要意义，而且对改善农区生态环境具有重要价值。在农区发展草业，有助于解决农区土壤有机质降低、盐碱化严重等问题，减轻农区水土流失，减少我国农业污染源化肥、农药的使用，减轻畜禽养殖废弃物等污染问题。在农区发展草田轮作、粮草间作和休耕种草，实施坡耕地种草、果（茶）—草套种和人工草地牧业，推广以草类种植为核心的养殖污染和面源污染治理，对维护生态系统健康、提升生态系统服务功能和增加土壤碳汇，从而应对全球变化，具有重要作用和意义（任继周、林慧龙、侯向阳，2007；任继周，2013；任继周、南志标、林慧龙，2005）。

2015年中央1号文件提出，加快发展草牧业，支持青贮玉米和苜蓿等饲（草）料种植，开展粮改饲和种养结合模式试点，促进粮食、经济作物、饲（草）料三元种植结构协调发展。这为我国各地农区大力发展草牧业提供了政策保障和带来了新的发展机遇。

我国草地农业发展在过去三十多年间一直没有受到足够重视，近几年，我国农区草业发展才刚刚开始起步。2013年我国栽培牧草面积1 246.5万 hm²，相比2001年的962.4万 hm²，十多年来全国栽培草地面积增加了30%；其中，农区栽培草地731.5万 hm²，占全国栽培草地面积的58.7%。

我国不同区域间饲草需求和供给存在明显差异，饲草需求与供给的不平衡主要集中在山东、河南、云南、辽宁、河北、甘肃6个省份，其他省份饲草供给基本能满足草食性家畜需求。尤其是山东、河南、云南、辽宁4个省份草畜结构严重不平衡，饲草供求差额为1 000万 t以上，而6个重点牧区省份（甘肃省除外）的草食性家畜饲草需求和供给基本平衡，甘肃省饲（草）料供给差额较大，在500万 t左右。饲（草）料供求差额＝需求量－饲料秸秆－牧草，其中牧草供给量＝天然草地＋人工草地。在农田中增加高产优质饲料作物的种植面积，由当前的"粮食—经济作物"二元结构转变为"粮—经—饲"三元种植业结构模式，从而增加饲（草）料的有效供给。

受农区草业发展缓慢以及国内畜禽产品需求快速增长等因素的影响，我国饲草进口呈现快速上涨趋势。2015年，我国进口干草136万 t。虽然我国商品草种植面积从2001年的18.2万 hm²提高到2010年的210.1万 hm²，但商品草种植面积仅占草地面积的0.5%，远远无法满足我国巨大的畜禽养殖需求，如果不重视农区草业的发展，我国饲草进口量预计在未来一段时期还将进一步扩大。

随着商品化、规模化草食性畜牧业的发展，我国对优质饲草的需求量将大幅度增加。我国农区适宜于种草的土地资源丰富，具有较大的饲草生产潜力。若将中低产田、

农闲田、林（茶、果）间地等空闲地、空隙地用于种植高产优质牧草，可以大幅提高我国饲草供给。建立农区与牧区耦合的草业系统，在牧区发展一定规模的栽培草地；在农区施行草田轮作，实施农区与牧区耦合发展，能大幅提高整体畜牧业的生产水平。我国政府应通过促进农区草产品流通和加工产业发展、政策引导和给予一定的种草补贴、提高技术支持等措施，有效促进农区草业发展。

（四）主要饲料原料需求

根据历年《全国工业饲料统计资料》不同类型工业饲料产量等数据，以及历年《中国农业统计资料汇编》中生猪、肉禽、蛋禽、水产、奶牛、肉牛以及肉羊等分区域的存出栏量及肉禽产品产量数据，特别是禽蛋产量数据，对饲料中能量饲料、蛋白饲料以及饲（草）料需求进行计算分析；并根据未来我国居民畜禽产品消费量的变化，对未来饲（草）料的需求进行预测。

1. 畜禽饲料需求计算系数

（1）耗粮系数

根据调研数据以及相关研究资料，获得主要畜禽产品的耗粮系数，即耗粮（草）与商品肉类的比值（表2-14）。

表2-14　单位牲畜（或产品）的粮食转换系数

类型	猪肉	牛肉	羊肉	禽肉	牛奶	禽蛋	水产品
全国平均	2.8	4.74	3.8	2.5	0.9	2.5	1.3

（2）生猪、蛋鸡、肉鸡等饲料中蛋白和能量原料比重

生猪、蛋鸡和肉禽全程养殖过程中，全价配合饲料中能量饲料占75%，蛋白饲料占20%左右。

（3）奶牛饲料构成及比重

在奶牛饲料标准TMR配方中，青贮占50%，干草占17%，精料占33%。精料中，能量料占60%，蛋白料占35%。

在TMR配方中，青贮、干草和精料的干物质系数分别是0.25、0.89和0.85。

每1000头基础奶牛群的饲（草）料年干物质消费量=28kg/头×365d×1000头/1000=10 220t；每头奶牛每年平均消费10.22t，其中青贮、干草和精料干物质量分别为5.11t、

1.74t和3.37t；每1 000头奶牛每年实际消耗的青贮、干草和精料量分别为20 440t、2 000t和4 000t（每头奶牛每年实际消耗26.4t，其中青贮、干草和精料实物量分别为20.4t、2.0t和4.0t）。

（4）肉牛和肉羊

在肉牛和肉羊标准化饲养中，一般精料和粗料（草）的比例为1∶1，草料为青贮玉米；精料中能量占80%（玉米、麸皮等），蛋白占10%～13%（其中菜粕和棉粕占24%）。但我国肉牛和肉羊的规模化、专业化养殖程度低。1头肉牛相当于5个羊单位。

2. 能量饲料需求

由于我国畜牧养殖业和饲料业的快速发展，对能量饲料原料的需求不断增加。根据历年《全国饲料工业统计资料》提供的不同类型饲料产量变化，对能量饲料需求进行了推算。

我国能量饲料需求由2001年的1.3亿t，增加到2015年的2.4亿t。从2015年的情况来看，生猪养殖能量饲料需求达9 518万t，占比为39.1%；其次是肉禽和蛋禽养殖，分别为4 668万t和4 369万t，占比分别为19.2%和18.0%（图2-12、表2-15）。

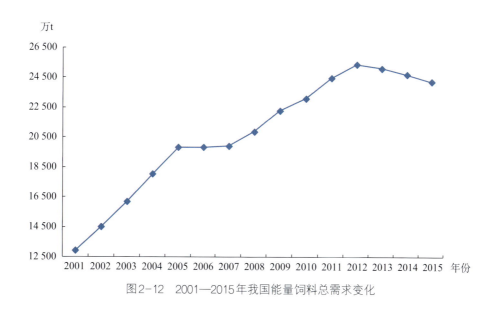

图2-12　2001—2015年我国能量饲料总需求变化

表2-15　2001年、2010年和2015年不同类型饲料中能量饲料需求量

单位：万t

品类	2001年	2010年	2015年
猪能量饲料	4 535	8 739	9 518

(续)

品类	2001年	2010年	2015年
蛋禽能量饲料	1 875	4 501	4 668
肉禽能量饲料	2 240	4 756	4 369
水产能量饲料	478	1 028	1 253
反刍能量饲料需求	3 864	4 396	4 519
总计	12 992	23 420	24 326

从分区域的能量饲料需求来看，2015年山东、广东、辽宁、河南和河北的需求量均接近或超过2 000万t，分别为2 518万t、2 071万t、1 842万t、1 783万t和1 737万t（表2-16）。

表2-16　2001年、2010年和2015年我国各省份能量饲料需求

单位：万t

地区	2001年	2010年	2015年
北京	308	455	396
天津	286	320	324
河北	1 259	1 538	1 737
山西	304	580	370
内蒙古	400	869	811
辽宁	950	2 100	1 842
吉林	492	882	800
黑龙江	788	1 505	1 470
上海	86	164	186
江苏	227	654	922
浙江	259	396	313
安徽	328	365	528
福建	156	424	649
江西	383	656	757
山东	848	2 008	2 518
河南	1 237	2 359	1 783
湖北	518	582	747
湖南	719	998	953

（续）

地区	2001年	2010年	2015年
广东	729	1 494	2 071
广西	90	169	179
海南	288	633	855
重庆	122	262	242
四川	617	1 103	1 110
贵州	81	163	195
云南	213	586	578
西藏	94	105	129
陕西	414	890	777
甘肃	210	379	275
青海	102	107	111
宁夏	58	130	109
新疆	427	547	590
全国	12 992	23 420	24 326

3．蛋白饲料需求

根据历年《全国饲料工业统计资料》提供的不同类型饲料产量变化，对蛋白饲料需求进行推算。

由于国内工业化饲料产量和需求量的增加，蛋白饲料原料需求量大幅度增加，由2001年的3 455万t，增加到2015年的7 497万t（图2-13）。

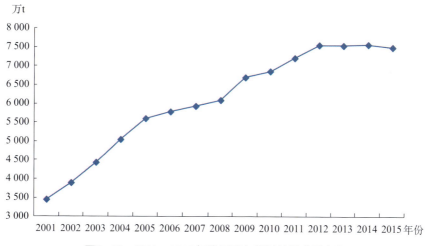

图2-13　2001—2015年我国蛋白饲料总需求量变化

从2015年的情况来看，生猪饲料粕类需求量为2 289万t，占比为31%；其次是肉禽和蛋禽养殖，分别为1 205万t和1 168万t，均占16%左右（表2-17）。

表2-17 2001年、2010年和2015年不同类型饲料中粕类需求量

单位：万t

品类	2001年	2010年	2015年
猪饲料粕类需求	1 048	2 012	2 289
肉禽饲料粕类需求	466	1 131	1 205
蛋禽饲料粕类需求	507	1 038	1 168
水产饲料粕类需求	347	742	904
反刍饲料粕类需求	1 087	2 167	1 931
总需求	3 455	7 091	7 497

从分区域的粕类饲料原料需求来看，山东、广东、河北、河南、黑龙江和辽宁的需求量均超过400万t，分别为757万t、699万t、576万t、502万t、476万t和453万t（表2-18）。

表2-18 2001年、2010年和2015年我国各省份豆粕需求量

单位：万t

地区	2001年	2010年	2015年
北京	105	125	127
天津	95	88	104
河北	334	508	576
山西	72	158	111
内蒙古	130	394	332
辽宁	218	507	453
吉林	103	224	191
黑龙江	243	552	476
上海	29	46	57
江苏	71	228	325
浙江	81	138	111
安徽	62	92	147
福建	58	134	204
江西	87	161	214

地区	2001年	2010年	2015年
山东	202	581	757
河南	242	580	502
湖北	135	174	250
湖南	177	278	284
广东	205	485	699
广西	40	69	59
海南	68	166	236
重庆	27	61	59
四川	153	292	310
贵州	31	48	47
云南	74	172	151
西藏	25	39	50
陕西	101	263	223
甘肃	51	91	70
青海	33	43	37
宁夏	18	56	49
新疆	186	338	286
全国	3 455	7 091	7 497

4．青贮玉米需求

在发达国家农业产业结构中，畜牧业占农业的比重高达70%～80%，而我国畜牧业产值占整个农业产值的比重仅为30%左右。在畜牧业中，发达国家牛、羊等反刍家畜的养殖比例较大，最高达80%以上，而我国仅达25%左右。

由于我国人口数量持续增长，耕地面积仍将持续减少，粮食增产难度将越来越大，进一步开发利用牧草和秸秆资源，通过"以草换肉"能有效缓解粮食压力。随着奶牛产业和肉牛产业的发展，反刍动物对青贮饲料的需求量也不断增加，而青贮玉米是一重要资源，在我国广大地区具有发展青贮玉米的优势。

（1）奶牛青贮玉米需求

在我国反刍动物中，奶牛是发展最为迅速、养殖规模化最高、对商品化饲（草）料需求量最大的品种。在对中鼎牧业比较先进的饲喂体系进行深入调查的基础上，得到了其奶牛饲料标准TMR配方。

按2015年全国奶牛存栏1 507万头计算，我国奶牛青贮玉米潜在需求量为3.07亿t。

将山东地区全株玉米每亩收贮量3.5t左右（实际调研）作为平均数来计算，全国奶牛养殖需要青贮玉米种植8 587万亩，其中，内蒙古、新疆、河北、黑龙江、山东和河南等奶牛养殖大省（自治区）的需求量最大，都超过2 000万t左右，需要的青贮玉米种植面积分别应在1 382.5万亩、1 247.3万亩、1 144.1万亩、1 127.2万亩、777.5万亩和628.3万亩（表2-19）。

表2-19　2000年、2010年和2015年奶牛青贮玉米潜在的需求量和种植面积变化

单位：万t，万亩

地区	2000年		2010年		2015年	
	需求量	种植面积	需求量	种植面积	需求量	种植面积
北京	194	55	304	87	253	72
天津	94	27	273	78	304	87
河北	1 248	357	3 621	1 035	4 005	1 144
山西	259	74	794	227	706	202
内蒙古	1 467	419	5 712	1 632	4 839	1 383
辽宁	163	47	877	251	685	196
吉林	163	47	981	280	534	153
黑龙江	1 424	407	5 459	1 560	3 945	1 127
上海	118	34	137	39	118	34
江苏	139	40	414	118	408	117
浙江	82	23	145	41	90	26
安徽	41	12	194	55	265	76
福建	73	21	86	24	102	29
江西	61	17	73	21	147	42
山东	430	123	2 628	751	2 721	778
河南	137	39	1 730	494	2 199	628
湖北	131	37	133	38	141	40
湖南	14	4	67	19	316	90
广东	75	22	106	30	108	31
广西	20	6	47	13	106	30
海南	—	—	2	1	2	1
重庆	33	9	51	15	37	10
四川	88	25	365	104	363	104
贵州	16	5	45	13	124	36

（续）

地区	2000年		2010年		2015年	
	需求量	种植面积	需求量	种植面积	需求量	种植面积
云南	212	61	414	118	349	100
西藏	—	—	28	8	77	22
陕西	320	92	1 428	408	887	254
甘肃	145	41	420	120	612	175
青海	235	67	432	124	522	149
宁夏	165	47	702	201	722	206
新疆	2 426	693	5 510	1 574	4 366	1 247
全国	9 974	2 850	33 178	9 479	30 055	8 587

（2）肉牛青贮玉米需求

肉牛幼牛期每天每头牛需要青贮玉米4kg左右；育肥期每天每头牛需5kg左右；后期追肥期需要6kg左右。每头肉牛平均按每天食用5kg青贮玉米计算。

按2015年肉牛存栏7 372万头计算，青贮玉米潜在需求量1.34亿t。其中四川、河南和云南的需求量最大，都超过1 000万t（表2-20）。但考虑到非玉米产区难以实现青贮玉米的饲喂，只能依靠放牧，饲喂一般作物秸秆等；玉米主产区的反刍动物规模化饲养程度难以短期内大幅提高，实际的潜在青贮玉米需求在为1 058万t，其中河南和山东最高，分别为125万t和103万t；青贮玉米种植面积需求在302万亩左右。

表2-20 2000年、2010年和2015年肉牛青贮玉米潜在的需求量和种植面积变化

单位：万t，万亩

地区	2000年		2010年		2015年	
	需求量	种植面积	需求量	种植面积	需求量	种植面积
北京	5	1	3	1	2	1
天津	4	1	5	1	5	1
河北	99	28	88	25	80	23
山西	11	3	7	2	9	3
内蒙古	33	9	75	21	80	23
辽宁	39	11	63	18	61	17
吉林	51	14	65	19	70	20
黑龙江	41	12	59	17	63	18

（续）

地区	2000年		2010年		2015年	
	需求量	种植面积	需求量	种植面积	需求量	种植面积
上海	—	—	—	—	0	0
江苏	8	2	5	2	5	1
浙江	1	0	2	0	2	1
安徽	48	14	28	8	24	7
福建	3	1	3	1	5	1
江西	8	2	17	5	21	6
山东	105	30	104	30	103	29
河南	125	36	125	36	125	36
湖北	21	6	27	8	35	10
湖南	20	6	25	7	30	9
广东	8	2	10	3	11	3
广西	15	4	21	6	22	6
海南	3	1	3	1	4	1
重庆	7	2	10	3	13	4
四川	36	10	44	13	53	15
贵州	11	3	18	5	25	7
云南	19	6	45	13	52	15
西藏	13	4	22	6	25	7
陕西	12	3	11	3	12	3
甘肃	12	3	24	7	28	8
青海	10	3	13	4	17	5
宁夏	5	1	11	3	15	4
新疆	34	10	54	15	61	17
全国	805	230	987	282	1 058	302

（3）肉羊青贮玉米需求

每5只羊按1头牛的青贮玉米需求来计算，2015年羊出栏3.1亿只，青贮玉米需求量为1.13亿t，需要青贮玉米种植面积3 200万亩。但考虑到非玉米产区难以实现青贮玉米的饲喂，只能依靠放牧，饲喂一般作物秸秆等；玉米主产区的反刍动物规模化饲养程度难以短期内大幅提高，实际的潜在青贮玉米需求量为600万t左右，需要青贮玉米种植面积175万亩左右（表2-21）。

表2-21　2000年、2010年和2015年肉羊青贮玉米潜在的需求量和种植面积变化

单位：万t，万亩

地区	2000年		2010年		2015年	
	需求量	种植面积	需求量	种植面积	需求量	种植面积
北京	2	1	2	1	2	0
天津	3	1	2	1	2	1
河北	34	10	41	12	44	13
山西	10	3	8	2	10	3
内蒙古	44	13	124	35	129	37
辽宁	5	1	11	3	12	3
吉林	4	1	5	2	7	2
黑龙江	5	1	17	5	17	5
上海	1	0	1	0	1	0
江苏	22	6	10	3	11	3
浙江	4	1	3	1	3	1
安徽	16	4	20	6	23	7
福建	2	1	3	1	3	1
江西	1	0	2	0	2	0
山东	35	10	46	13	52	15
河南	45	13	35	10	36	10
湖北	4	1	11	3	12	4
湖南	8	2	15	4	16	5
广东	1	0	1	0	1	0
广西	3	1	5	1	5	1
海南	1	0	2	0	1	0
重庆	3	1	3	1	5	2
四川	23	6	35	10	37	10
贵州	6	2	5	1	6	2
云南	8	2	18	5	21	6
西藏	8	2	12	3	11	3
陕西	8	2	10	3	11	3
甘肃	10	3	22	6	27	8
青海	10	3	14	4	16	5
宁夏	5	1	10	3	14	4
新疆	52	15	65	19	77	22
全国	381	109	555	159	614	175

（4）反刍动物青贮玉米总需求

综合考虑奶牛、肉牛、肉羊等的青贮玉米需求，得到我国反刍动物对青贮玉米的潜在需求量为3.24亿t；满足国内奶牛、肉牛、肉羊等对青贮玉米的潜在需求，需要青贮玉米种植面积9 065万亩（表2-22）。

表2-22　2000年、2010年和2015年反刍动物青贮玉米潜在的需求量和种植面积变化

单位：万t，万亩

地区	2000年		2010年		2015年	
	需求量	种植面积	需求量	种植面积	需求量	种植面积
北京	201	57	309	88	257	73
天津	101	29	280	80	311	89
河北	1 381	395	3 750	1 071	4 129	1 180
山西	280	80	809	231	724	207
内蒙古	1 544	441	5 911	1 689	5 048	1 442
辽宁	207	59	951	272	758	217
吉林	218	62	1 052	301	612	175
黑龙江	1 470	420	5 535	1 581	4 025	1 150
上海	119	34	137	39	119	34
江苏	168	48	430	123	424	121
浙江	87	25	149	43	94	27
安徽	105	30	241	69	313	89
福建	78	22	92	26	110	31
江西	70	20	92	26	169	48
山东	570	163	2 777	793	2 876	822
河南	307	88	1 890	540	2 360	674
湖北	156	44	171	49	188	54
湖南	43	12	107	30	362	104
广东	84	24	117	33	120	34
广西	39	11	72	21	132	38
海南	5	1	7	2	7	2
重庆	42	12	64	18	55	16
四川	146	42	444	127	453	130
贵州	33	9	68	19	156	44
云南	240	68	477	136	422	120

（续）

地区	2000年		2010年		2015年	
	需求量	种植面积	需求量	种植面积	需求量	种植面积
西藏	21	6	62	18	113	32
陕西	340	97	1 449	414	910	260
甘肃	167	48	466	133	668	191
青海	254	73	459	131	556	159
宁夏	175	50	723	207	751	215
新疆	2 511	718	5 629	1 608	4 504	1 287
全国	11 160	3 189	34 720	9 920	31 726	9 065

5. 牧草需求

奶牛产业的发展对牧草，特别是优质干草的需求量不断增加。为满足国内优质牧草的需求，苜蓿等的进口量逐年增加，2014年超过100万t，达到100.4万t，2016年更是达到168万t。

根据奶牛规范、科学的养殖需求，平均每头奶牛每年消耗干草2t左右。按1 500万头奶牛计算，全国优质干草年消耗量为3 000万t；按每亩单产0.6t计算，需要5 000万亩的种植面积（表2-23）。

表2-23　2000年、2010年和2015年反刍动物牧草潜在的需求量和种植面积变化

单位：万t，万亩

地区	2000年		2010年		2015年	
	需求量	种植面积	需求量	种植面积	需求量	种植面积
北京	19	32	30	50	25	41
天津	9	15	27	45	30	50
河北	122	204	355	592	393	654
山西	25	42	78	130	69	115
内蒙古	144	240	560	933	474	791
辽宁	16	27	86	143	67	112
吉林	16	27	96	160	52	87
黑龙江	140	233	535	892	387	645
上海	12	19	13	22	12	19
江苏	14	23	41	68	40	67
浙江	8	13	14	24	9	15

（续）

地区	2000年		2010年		2015年	
	需求量	种植面积	需求量	种植面积	需求量	种植面积
安徽	4	7	19	32	26	43
福建	7	12	8	14	10	17
江西	6	10	7	12	14	24
山东	42	70	258	429	267	445
河南	13	22	170	283	216	359
湖北	13	21	13	22	14	23
湖南	1	2	7	11	31	52
广东	7	12	10	17	11	18
广西	2	3	5	8	10	17
海南	—	—	0	0	0	0
重庆	3	5	5	8	4	6
四川	9	14	36	60	36	59
贵州	2	3	4	7	12	20
云南	21	35	41	68	34	57
西藏	—	—	27	45	75	125
陕西	31	52	140	233	87	145
甘肃	14	24	41	69	60	100
青海	23	38	42	71	51	85
宁夏	16	27	69	115	71	118
新疆	238	396	540	900	428	713
全国	978	1 630	3 277	5 462	3 014	5 024

（五）饲（草）料供求分析

1．能量饲料供求

2015年我国能量饲料原料总需求约2.4亿t。

根据农业部统计数据，近年我国玉米产量均超过2亿t；小麦麸皮年产量在2 200万～2 500万t；2015年进口饲用大麦和高粱分别超过1 000万t。受价格因素的影响，小麦、稻米也用于饲料，最高时小麦用于饲料的数量在2 000万～3 000万t；再加上进口玉米等，国内基础能量饲料原料在3亿t左右。

但由于玉米深加工产业发达，正常情况下，每年消费玉米5 000万～7 000万t，由于前两年玉米价格大幅提高，国内深加工用玉米量大幅度减少。通过大量进口木薯干和木薯粉替代部分玉米淀粉，每年玉米深加工消费量在5 000万t左右。

所以，可以直接用于能量饲料原料的数量在2.5亿t左右（表2-24）。

另外，西南山区以及其他地区的农村地区也通过利用其他农产品品种（如薯类等）以及野草、野菜、剩饭剩菜等满足家畜的饲料需求。

表2-24　能量饲料供求平衡表

单位：万t

品类	2001年	2005年	2010年	2015年
能量饲料需求总量	12 966	19 859	23 179	24 256
生猪	4 535	7 342	8 739	9 518
肉禽	1 875	3 132	4 501	4 668
蛋禽	2 240	3 727	4 756	4 369
水产	453	705	970	1 182
奶牛	576	1 238	1 593	1 994
肉牛	1 915	2 001	1 328	1 094
羊	1 372	1 714	1 292	1 430
国内能量饲料供给				
饲用玉米	9 409	10 637	13 225	17 463
饲用小麦及麸皮	2 629	3 118	3 686	4 166
饲用稻米	1 360	1 275	1 253	1 347
其他	570	697	886	1 123
国内能量饲料进口				
饲用玉米	4	0	157	473
饲用高粱	0	1	8	1 070
饲用大麦	237	218	237	1 073
国内能量饲料出口				
玉米出口	600	861	13	1
能量饲料总供给	13 038	14 388	18 553	25 592
供求差	73	−5 471	−4 625	1 336

2．蛋白饲料供求分析

国内大豆产量不断下降，而且基本用于食用，所以国产豆粕产量非常有限；满足国内庞大数量的植物蛋白需求，只能依赖进口。考虑到国内大豆、油菜籽、花生、棉籽、葵花籽的产量以及压榨量，进口大豆、油菜籽、玉米酒糟（DDGS），以及豆粕的部分出口，近年国内粕类资源总供给量约为7 800万t（表2-25）。

2015年我国蛋白饲料原料总需求约7 500万t。

总之，由于大豆的大量进口，国内植物蛋白粕类供给充足，基本满足国内畜牧业的植物蛋白需求。

表2-25 蛋白饲料供求平衡表

单位：万t

品类	2001年	2010年	2015年
粕类需求			
粕类需求小计	3 454	6 857	7 497
国内粕类生产			
豆粕	1 585	3 783	5 967
菜籽粕	745	523	401
棉籽粕	312	493	437
花生粕	255	270	319
葵花籽粕	58	57	76
DDGS	81	419	600
生产小计	3 036	5 545	7 799
进口			
豆粕进口	10	19	6
花生粕进口	1	56	38
其他粕类进口	0	3	—
DDGS进口	0	285	682
进口小计	11	362	725
出口			
豆粕出口	20	104	170
花生粕出口	50	53	5
其他粕类出口	—	—	—
DDGS出口	—	—	—
出口小计	70	156	174
粕类供求差	19	46	271

3．饲（草）料供求分析

国内饲（草）料供给不能满足国内需求。从区域上看，饲（草）料供求不平衡的区域集中在山东、河南、云南、辽宁、河北和甘肃，尤其是山东、河南、云南和辽宁四个省份草畜结构严重不平衡，饲草供求差额在1 000万 t以上（表2-26）。

一方面，通过降低草食性家畜的生产性能，从而降低需求；另一方面，通过其他没有统计在内的饲（草）料作物和农作物秸秆（薯类、油料作物等）以及相应提高秸秆饲料转化率来补充供给。以上也只是草食性家畜基本营养需求下的饲（草）料供求。

随着我国奶牛、肉牛以及肉羊养殖业的快速发展，产业化程度不断提高，饲草需求量还将进一步增长，优质饲草缺口将进一步扩大。

表2-26　我国饲（草）料分区域供求平衡情况

单位：万只羊，万 t

地区	草食性家畜存栏量	饲（草）料需求量	饲草总有量	饲料秸秆	人工草地牧草供给量	天然草地牧草供给量	牧草总供给量	供求差额
西藏	4 406	2 895	132	33	39	2 812	2 851	−10
内蒙古	9 640	6 334	2 453	613	888	5 559	6 447	727
新疆	5 325	3 499	1 317	329	437	2 947	3 385	215
青海	3 865	2 539	81	20	415	2 451	2 866	347
四川	4 859	3 192	2 862	716	579	2 757	3 336	859
甘肃	4 738	3 113	950	237	1 144	1 208	2 352	−524
辽宁	3 369	2 213	1 964	491	154	489	644	−1 079
吉林	2 902	1 907	3 229	807	55	627	682	−418
黑龙江	3 861	2 536	5 495	1 374	237	969	1 206	43
上海	66	43	114	28				−15
江苏	613	402	3 247	812	18		18	428
浙江	203	134	693	173				40
安徽	1 271	835	3 144	786	14	136	150	101
福建	288	189	507	127				−62
江西	1 201	789	1 728	432	125	584	709	353
北京	184	121	135	34	3		3	−85
天津	201	132	183	46	1		1	−86
河北	3 827	2 514	3 345	836	253	790	1 043	−635
山西	1 285	844	1 271	318	116	445	561	35

（续）

地区	草食性家畜存栏量	饲（草）料需求量	饲草总有量	饲料秸秆	人工草地牧草供给量	天然草地牧草供给量	牧草总供给量	供求差额
山东	4 538	2 981	4 754	1 189	126	212	338	−1 455
河南	5 674	3 728	5 947	1 487	232	760	992	−1 250
湖北	1 407	924	2 179	545	260	922	1 181	802
湖南	1 925	1 265	2 537	634	618	850	1 467	837
广东	618	406	1 073	268	46		46	−92
广西	935	614	1 299	325	185	883	1 068	778
海南	323	212	139	35	10		10	−167
重庆	601	395	892	223	66	464	530	358
贵州	2 075	1 363	1 011	253	909	917	1 826	716
云南	5 250	3 449	1 464	366	490	1 469	1 959	−1 124
陕西	1 530	1 005	1 264	316	53	718	771	82
宁夏	1 020	673	350	88	250	139	388	−197
总计	78 000	51 246	55 759	13 941	7 723	29 108	36 829	−477

三、未来饲（草）料需求预测

由于我国大陆和台湾地区有比较相近的饮食习惯，为此在分析全球主要国家和地区食物消费变化特点的基础上，以我国台湾地区主要的食物消费量及其变化为重要参考，确定未来我国的主要食物需求。

（一）国际食物消费的变化规律

根据国际重点国家（或地区）的食物消费变化，可以发现国际食物消费有以下几个特点（毛学峰、刘靖、朱信凯，2014）：

一是，农业自然资源禀赋决定和影响着食物消费结构。美国农业资源丰富，种植业和畜牧业发达，人均年肉类消费需求保持在一个较高的水平（104.7kg）；而日本维持在42kg左右，但其人均年水产品消费量大（最高时达70kg，现在维持在55kg左右的水平）。

二是，小康到富裕阶段，包括肉、蛋、奶、水果等在内的副食品消费量快速增加。我国台湾地区人均年肉类消费从1960年的16.2kg，增加到2000年的79kg，增加了

3.86倍；日本人均年肉类消费从1960年的6.5kg增加到2009年的43.5kg，增幅达5.69倍；美国和欧盟也经历过一个较为长期的消费需求增长的过程。

　　三是，食物消费存在饱和状态。一般而言，随着家庭收入的增加，民众进入较为富裕的阶段，食物消费将趋于稳定或缓慢增长，消费模式也较为稳定，居民食物消费的种类和数量受价格和收入的影响相对较小，其中人均年粮食和肉类（包括水产品）消费量均在100kg左右（图2-14、图2-15）。

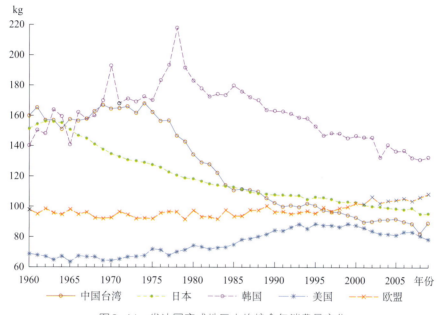

图2-14　发达国家或地区人均粮食年消费量变化

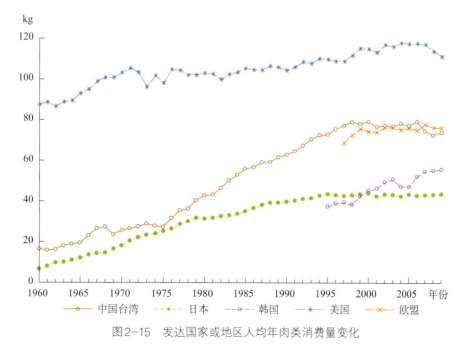

图2-15　发达国家或地区人均年肉类消费量变化

（二）台湾地区食物消费结构变化

按照恩格尔系数，参照人均GDP和人均收入水平，可以将20世纪60年代以来台湾地区食物消费发展划分为3个阶段，即温饱—小康阶段、小康—富裕阶段、富裕—食物结构优化阶段。包括口粮、蔬菜、水果、肉类、蛋类、乳品及水产品等在内，各阶段呈现以下食物消费特点：

1. 台湾地区口粮消费变化

我国台湾地区人均年口粮消费量持续回落，小康—富裕阶段快速下降。由1968年的160kg下降到2012年的81.37kg，下降了一半；其中在1977—1997年的小康—富裕阶段，就由147.64kg下降到88.67kg，年均下降5%（图2-16）。

图2-16　我国台湾地区人均年口粮消费量变化

资料来源：台湾"行政院农业委员会"统计资料。

2. 台湾地区蔬菜消费变化

在温饱—小康阶段，蔬菜消费量快速增加，之后呈现小幅回落。1968—1976年，台湾地区人均年蔬菜消费量由67.56kg增加到118.39kg，年均增加7%；之后呈现持续小幅回落状态（图2-17）。

3. 台湾地区水果、肉类、蛋类、乳品和水产品消费变化

在温饱—小康阶段，水果、肉类、蛋类、乳品和水产品消费均呈现小幅增加；而在小康—富裕阶段均快速增长；进入富裕—食物结构优化阶段均小幅回落（图2-18至图2-22，表2-27）。

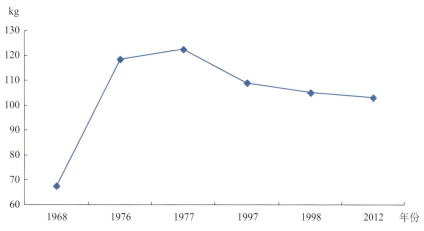

图2-17　我国台湾地区人均年蔬菜消费量变化

资料来源：台湾"行政院农业委员会"统计资料。

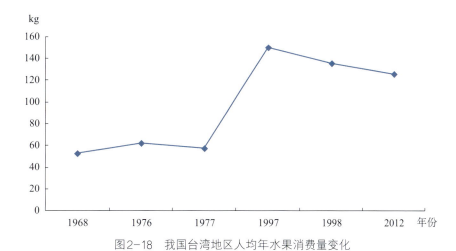

图2-18　我国台湾地区人均年水果消费量变化

资料来源：台湾"行政院农业委员会"统计资料。

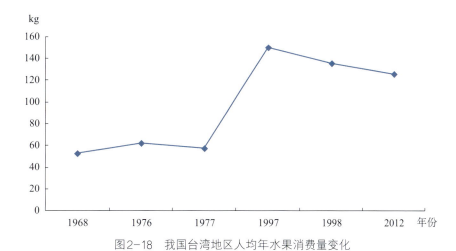

图2-19　我国台湾地区人均年肉类消费量变化

资料来源：台湾"行政院农业委员会"统计资料。

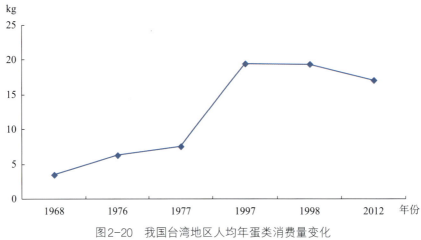

图2-20　我国台湾地区人均年蛋类消费量变化
资料来源：台湾"行政院农业委员会"统计资料。

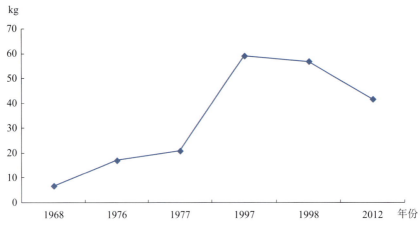

图2-21　我国台湾地区人均年乳品消费量变化
资料来源：台湾"行政院农业委员会"统计资料。

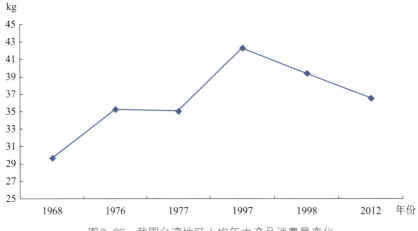

图2-22　我国台湾地区人均年水产品消费量变化
资料来源：台湾"行政院农业委员会"统计资料。

表2-27　台湾地区主要食物人均年消费量变化

单位：kg

食物消费阶段		口粮	蔬菜	水果	肉类	蛋类	乳品	水产品
温饱—小康阶段	1968年	160.30	67.56	52.65	27.08	3.47	6.70	29.69
	1976年	148.90	118.39	62.14	35.26	6.27	16.95	35.27
小康—富裕阶段	1977年	147.64	122.37	57.41	36.12	7.55	20.83	35.05
	1997年	88.67	108.95	150.06	77.30	19.43	59.01	42.30
富裕—食物结构优化阶段	1998年	88.64	105.01	135.53	78.77	19.35	56.82	39.40
	2012年	81.37	103.04	125.74	75.17	17.05	41.66	36.54

资料来源：台湾"行政院农业委员会"统计资料。

（三）未来肉、蛋、奶需求量预测

1．2015年我国人均食物表观占有量

2015年我国人均年肉类表观消费量为62.32kg，其中猪肉40.4kg、禽肉13.4kg、牛羊肉8.5kg；人均禽蛋年表观消费量为21.7kg；人均牛奶年表观消费量为30.7kg。

2001—2015年我国人均猪肉、牛肉、羊肉、禽肉、禽蛋和牛奶的占有量增速分别为23.2%、25.0%、34.1%、38.1%、23.8%和267.3%（表2-28）。

表2-28　我国人均年食物占有量变化

单位：kg，%

品类	2001年	2010年	2015年	2015年较2001年变化率
肉类	49.1	57.9	62.3	26.9
猪肉	32.8	37.9	40.4	23.2
牛肉	4.3	4.9	5.4	25.0
羊肉	2.3	3.0	3.1	34.1
禽肉	9.7	12.1	13.4	38.1
禽蛋	17.5	20.4	21.7	23.8
牛奶	8.4	29.1	30.7	267.3
粮食	350.8	411.1	475.3	35.5
小麦	73.7	86.8	96.8	31.3
稻谷	137.9	145.8	153.7	11.5
玉米	84.7	133.3	166.8	96.9

（续）

品类	2001年	2010年	2015年	2015年较2001年变化率
国产大豆	12.1	11.2	8.9	−26.4
蔬菜	377.3	478.9	565.7	49.9
水果	51.7	95.5	128.1	147.9
水产品	34.6	40.4	48.7	40.7
食糖	7.7	10.3	12.4	60.8
植物油	10.7	19.7	22.9	112.7

2．未来我国人均食物占有量预测

在综合考虑我国台湾地区人均食物消费量变化、我国目前人均食物占有水平的基础上，对我国未来人均食物占有量给出三种预测方案。

对2020年、2025年、2030年、2035年我国人均畜禽产品占有量分中水平、低水平、高水平三个方案进行预测（表2-29、表2-30、表2-31）。

表2-29　2020年、2025年、2030年和2035年我国肉蛋奶食物人均年占有量中水平方案预测

单位：kg

品类	2020年	2025年	2030年	2035年
肉类	68.5	75.5	78	80.5
猪肉	43.2	46.2	46.9	47.5
牛肉	6.0	6.6	7.0	7.3
羊肉	3.8	4.5	4.9	5.2
禽肉	15.5	18.2	19.4	20.5
水产品	50.0	53.0	55.5	58.0
蛋类	22.5	23.6	23.8	24.0
奶类	35.5	40.2	42.6	45.0

表2-30　2020年、2025年、2030年和2035年我国肉蛋奶食物人均年占有量低水平方案预测

单位：kg

品类	2020年	2025年	2030年	2035年
肉类	64.0	68.0	70.2	72.5
猪肉	40.8	41.6	42.2	42.8
牛肉	5.6	5.9	6.3	6.6

（续）

品类	2020年	2025年	2030年	2035年
羊肉	3.6	4.1	4.4	4.7
禽肉	14.0	16.4	17.4	18.5
水产品	49.6	47.7	50.0	52.2
蛋类	21.8	22.5	22.7	22.8
奶类	32.0	36.2	38.3	40.5

表2-31 2020年、2025年、2030年和2035年我国肉蛋奶食物人均年占有量高水平方案预测

单位：kg

品类	2020年	2025年	2030年	2035年
肉类	75.4	83.1	85.8	88.6
猪肉	47.5	50.8	51.5	52.3
牛肉	6.6	7.3	7.6	8.0
羊肉	4.2	5.0	5.3	5.7
禽肉	17.1	20.0	21.3	22.6
水产品	55.0	58.3	61.1	63.8
蛋类	24.8	26.0	26.2	26.4
奶类	39.1	44.2	46.9	49.5

3．未来肉、蛋、奶总消费需求量预测

考虑我国人口变化，根据我国人均食物表观占有量变化预测方案，得到未来我国肉、蛋、奶需求总量预测方案（表2-32）。

（1）中标准方案

2020年我国肉类消费总量为9744万t，其中猪肉、牛肉、羊肉、禽肉的需求量分别为6145万t、853万t、541万t和2205万t；蛋类和奶类分别为3201万t和5050万t。

2025年我国肉类消费总量为10740万t，其中猪肉、牛肉、羊肉、禽肉的需求量分别为6572万t、939万t、640万t和2589万t；蛋类和奶类分别为3357万t和5718万t。

2030年我国肉类消费总量为11095万t，其中猪肉、牛肉、羊肉、禽肉的需求量分别为6664万t、989万t、690万t和2752万t；蛋类和奶类分别为3385万t和6060万t。

2035年我国肉类消费总量为11451万t，其中猪肉、牛肉、羊肉、禽肉的需求量分别为6757万t、1038万t、740万t和2916万t；蛋类和奶类分别为3414万t和6401万t。

（2）低标准方案

2020年我国肉类消费总量为9 097万t，其中猪肉、牛肉、羊肉、禽肉的需求量分别为5 804万t、797万t、512万t和1 984万t；蛋类和奶类分别为3 101万t和4 545万t。

2025年我国肉类消费总量为9 666万t，其中猪肉、牛肉、羊肉、禽肉的需求量分别为5 915万t、845万t、576万t和2 330万t；蛋类和奶类分别为3 201万t和5 146万t。

2030年我国肉类消费总量为9 986万t，其中猪肉、牛肉、羊肉、禽肉的需求量分别为5 998万t、890万t、621万t和2 477万t；蛋类和奶类分别为3 222万t和5 454万t。

2035年我国肉类消费总量为10 306万t，其中猪肉、牛肉、羊肉、禽肉的需求量分别为6 081万t、935万t、666万t和2 624万t；蛋类和奶类分别为3 243万t和5 761万t。

（3）高标准方案

2020年我国肉类消费总量为10 718万t，其中猪肉、牛肉、羊肉、禽肉的需求量分别为6 760万t、939万t、595万t和2 425万t；蛋类和奶类分别为3 521万t和5 555万t。

2025年我国肉类消费总量为11 814万t，其中猪肉、牛肉、羊肉、禽肉的需求量分别为7 229万t、1 033万t、704万t和2 848万t；蛋类和奶类分别为3 693万t和6 290万t。

2030年我国肉类消费总量为12 205万t，其中猪肉、牛肉、羊肉、禽肉的需求量分别为7 331万t、1 087万t、759万t和3 028万t；蛋类和奶类分别为3 724万t和6 666万t。

2035年我国肉类消费总量为12 596万t，其中猪肉、牛肉、羊肉、禽肉的需求量分别为7 432万t、1 142万t、814万t和3 208万t；蛋类和奶类分别为3 755万t和7 041万t。

表2-32　2020年、2025年、2030年和2035年我国未来肉、蛋、奶消费量预测

单位：万t

品类	中标准方案				低标准方案				高标准方案			
	2020年	2025年	2030年	2035年	2020年	2025年	2030年	2035年	2020年	2025年	2030年	2035年
肉类	9 744	10 740	11 095	11 451	9 097	9 666	9 986	10 306	10 718	11 814	12 205	12 596
猪肉	6 145	6 572	6 664	6 757	5 804	5 915	5 998	6 081	6 760	7 229	7 331	7 432
牛肉	853	939	989	1 038	797	845	890	935	939	1 033	1 087	1 142
羊肉	541	640	690	740	512	576	621	666	595	704	759	814
禽肉	2 205	2 589	2 752	2 916	1 984	2 330	2 477	2 624	2 425	2 848	3 028	3 208
水产品	7 112	7 539	7 895	8 250	7 055	6 785	7 105	7 425	7 824	8 293	8 684	9 075
蛋类	3 201	3 357	3 385	3 414	3 101	3 201	3 222	3 243	3 521	3 693	3 724	3 755
奶类	5 050	5 718	6 060	6 401	4 545	5 146	5 454	5 761	5 555	6 290	6 666	7 041

（四）未来国内饲（草）料需求预测

1．能量饲料需求预测

（1）中标准方案

2020年我国能量饲料原料需求总量为2.8亿t，其中生猪、肉牛、肉羊、肉禽、奶牛、蛋禽和水产养殖的能量饲料原料需求量分别为10 530万t、1 255万t、1 189万t、5 071万t、2 303万t、4 646万t和3 485万t。

2025年我国能量饲料原料需求总量为3.1亿t，其中生猪、肉牛、肉羊、肉禽、奶牛、蛋禽和水产养殖的能量饲料原料需求量分别为11 352万t、1 391万t、1 420万t、6 002万t、2 628万t、4 912万t和3 724万t。

2030年我国能量饲料原料需求总量为3.3亿t，其中生猪、肉牛、肉羊、肉禽、奶牛、蛋禽和水产养殖的能量饲料原料需求量分别为11 745万t、1 496万t、1 563万t、6 517万t、2 844万t、5 054万t和3 977万t。

2035年我国能量饲料原料需求总量为3.5亿t，其中生猪、肉牛、肉羊、肉禽、奶牛、蛋禽和水产养殖的能量饲料原料需求量分别为12 138万t、1 600万t、1 706万t、7 031万t、3 060万t、5 195万t和4 238万t。

（2）低标准方案

2020年我国能量饲料原料需求总量为2.7亿t，其中生猪、肉牛、肉羊、肉禽、奶牛、蛋禽和水产养殖的能量饲料原料需求量分别为9 945万t、995万t、1 127万t、4 564万t、2 072万t、4 501万t和3 457万t。

2025年我国能量饲料原料需求总量为2.7亿t，其中生猪、肉牛、肉羊、肉禽、奶牛、蛋禽和水产养殖的能量饲料原料需求量分别为10 216万t、1 292万t、923万t、4 051万t、2 490万t、4 622万t和3 351万t。

2030年我国能量饲料原料需求总量为2.8亿t，其中生猪、肉牛、肉羊、肉禽、奶牛、蛋禽和水产养殖的能量饲料原料需求量分别为10 570万t、1 389万t、1 016万t、4 399万t、2 695万t、4 746万t和3 580万t。

2035年我国能量饲料原料需求总量为3.0亿t，其中生猪、肉牛、肉羊、肉禽、奶牛、蛋禽和水产养殖的能量饲料原料需求量分别为10 924万t、1 486万t、1 109万t、4 746万t、2 899万t、4 870万t和3 814万t。

（3）高标准方案

2020年我国能量饲料原料需求总量为3.1亿t，其中生猪、肉牛、肉羊、肉禽、奶牛、蛋禽和水产养殖的能量饲料原料需求量分别为11 583万t、1 380万t、1 308万t、5 578万t、2 533万t、5 110万t和3 834万t。

2025年我国能量饲料原料需求总量为3.4亿t，其中生猪、肉牛、肉羊、肉禽、奶牛、蛋禽和水产养殖的能量饲料原料需求量分别为12 487万t、1 530万t、1 561万t、6 602万t、2 891万t、5 403万t和4 096万t。

2030年我国能量饲料原料需求总量为3.6亿t，其中生猪、肉牛、肉羊、肉禽、奶牛、蛋禽和水产养殖的能量饲料原料需求量分别为12 919万t、1 645万t、1 719万t、7 168万t、3 129万t、5 559万t和4 375万t。

2035年我国能量饲料原料需求总量为3.8亿t，其中生猪、肉牛、肉羊、肉禽、奶牛、蛋禽和水产养殖的能量饲料原料需求量分别为13 352万t、1 760万t、1 877万t、7 734万t、3 366万t、5 715万t和4 662万t（表2-33）。

表2-33　我国未来能量饲料需求量预测

单位：万t

品类	中标准方案				低标准方案				高标准方案			
	2020年	2025年	2030年	2035年	2020年	2025年	2030年	2035年	2020年	2025年	2030年	2035年
生猪	10 530	11 352	11 745	12 138	9 945	10 216	10 570	10 924	11 583	12 487	12 919	13 352
肉牛	1 255	1 391	1 496	1 600	995	1 292	1 389	1 486	1 380	1 530	1 645	1 760
肉羊	1 189	1 420	1 563	1 706	1 127	923	1 016	1 109	1 308	1 561	1 719	1 877
肉禽	5 071	6 002	6 517	7 031	4 564	4 051	4 399	4 746	5 578	6 602	7 168	7 734
奶牛	2 303	2 628	2 844	3 060	2 072	2 490	2 695	2 899	2 533	2 891	3 129	3 366
蛋禽	4 646	4 912	5 054	5 195	4 501	4 622	4 746	4 870	5 110	5 403	5 559	5 715
水产养殖	3 485	3 724	3 977	4 238	3 457	3 351	3 580	3 814	3 834	4 096	4 375	4 662
总计	28 479	31 429	33 196	34 968	26 661	26 945	28 398	29 845	31 326	34 570	36 514	38 466

2．蛋白饲料需求预测

（1）中标准方案

2020年我国蛋白饲料原料需求总量为8 799万t，其中生猪、肉牛、肉羊、肉禽、奶牛、蛋禽和水产养殖的能量饲料原料需求量分别为2 841万t、145万t、96万t、1 014万t、

1 737万t、1 223万t和1 743万t。

2025年我国蛋白饲料原料需求总量为9 677万t，其中生猪、肉牛、肉羊、肉禽、奶牛、蛋禽和水产养殖的能量饲料原料需求量分别为3 063万t、161万t、115万t、1 200万t、1 983万t、1 293万t和1 862万t。

2030年我国蛋白饲料原料需求总量为10 231万t，其中生猪、肉牛、肉羊、肉禽、奶牛、蛋禽和水产养殖的能量饲料原料需求量分别为3 168万t、173万t、126万t、1 302万t、2 143万t、1 330万t和1 989万t。

2035年我国蛋白饲料原料需求总量为10 798万t，其中生猪、肉牛、肉羊、肉禽、奶牛、蛋禽和水产养殖的能量饲料原料需求量分别为3 275万t、185万t、138万t、1 406万t、2 308万t、1 367万t和2 119万t。

（2）低标准方案

2020年我国蛋白饲料原料需求总量为8 314万t，其中生猪、肉牛、肉羊、肉禽、奶牛、蛋禽和水产养殖的能量饲料原料需求量分别为2 684万t、135万t、91万t、913万t、1 563万t、1 185万t和1 743万t。

2025年我国蛋白饲料原料需求总量为8 964万t，其中生猪、肉牛、肉羊、肉禽、奶牛、蛋禽和水产养殖的能量饲料原料需求量分别为2 757万t、145万t、103万t、1 080万t、1 785万t、1 232万t和1 862万t。

2030年我国蛋白饲料原料需求总量为9 477万t，其中生猪、肉牛、肉羊、肉禽、奶牛、蛋禽和水产养殖的能量饲料原料需求量分别为2 852万t、156万t、114万t、1 172万t、1 929万t、1 265万t和1 989万t。

2035年我国蛋白饲料原料需求总量为1.0亿t，其中生猪、肉牛、肉羊、肉禽、奶牛、蛋禽和水产养殖的能量饲料原料需求量分别为2 948万t、167万t、124万t、1 266万t、2 078万t、1 299万t和2 119万t。

（3）高标准方案

2020年我国蛋白饲料原料需求总量为9 681万t，其中生猪、肉牛、肉羊、肉禽、奶牛、蛋禽和水产养殖的能量饲料原料需求量分别为3 126万t、160万t、106万t、1 116万t、1 911万t、1 345万t和1 917万t。

2025年我国蛋白饲料原料需求总量为10 643万t，其中生猪、肉牛、肉羊、肉禽、奶牛、蛋禽和水产养殖的能量饲料原料需求量分别为3 369万t、177万t、126万t、

1 320万t、2 181万t、1 422万t和2 048万t。

2030年我国蛋白饲料原料需求总量为11 255万t，其中生猪、肉牛、肉羊、肉禽、奶牛、蛋禽和水产养殖的能量饲料原料需求量分别为3 485万t、190万t、139万t、1 432万t、2 358万t、1 463万t和2 188万t。

2035年我国蛋白饲料原料需求总量为11 880万t，其中生猪、肉牛、肉羊、肉禽、奶牛、蛋禽和水产养殖的能量饲料原料需求量分别为3 603万t、204万t、152万t、1 547万t、2 539万t、1 504万t和2 331万t（表2-34）。

表2-34　我国未来蛋白饲料需求量预测

单位：万t

品类	中标准方案				低标准方案				高标准方案			
	2020年	2025年	2030年	2035年	2020年	2025年	2030年	2035年	2020年	2025年	2030年	2035年
生猪	2 841	3 063	3 168	3 275	2 684	2 757	2 852	2 948	3 126	3 369	3 485	3 603
肉牛	145	161	173	185	135	145	156	167	160	177	190	204
肉羊	96	115	126	138	91	103	114	124	106	126	139	152
肉禽	1 014	1 200	1 302	1 406	913	1 080	1 172	1 266	1 116	1 320	1 432	1 547
奶牛	1 737	1 983	2 143	2 308	1 563	1 785	1 929	2 078	1 911	2 181	2 358	2 539
蛋禽	1 223	1 293	1 330	1 367	1 185	1 232	1 265	1 299	1 345	1 422	1 463	1 504
水产养殖	1 743	1 862	1 989	2 119	1 743	1 862	1 989	2 119	1 917	2 048	2 188	2 331
总计	8 799	9 677	10 231	10 798	8 314	8 964	9 477	10 000	9 681	10 643	11 255	11 880

3. 青贮玉米需求预测

（1）中标准方案

2020年我国青贮玉米需求总量为3.8亿t，其中肉牛、肉羊和奶牛的青贮玉米需求量分别为1 228万t、794万t和36 328万t；按青贮玉米单产3.8t/亩计，总种植面积1.01亿亩。

2025年我国青贮玉米需求总量为4.4亿t，其中肉牛、肉羊和奶牛的青贮玉米需求量分别为1 360万t、947万t和41 467万t；按青贮玉米单产4.0t/亩计，总种植面积1.09亿亩。

2030年我国青贮玉米需求总量为4.7亿t，其中肉牛、肉羊和奶牛的青贮玉米需求量分别为1 460万t、1 041万t和44 822万t；按青贮玉米单产4.0t/亩计，总种植面积

1.18亿亩。

2035年我国青贮玉米需求总量为5.1亿t，其中肉牛、肉羊和奶牛的青贮玉米需求量分别为1 565万t、1 138万t和48 279万t；按青贮玉米单产4.0t/亩计，总种植面积1.27亿亩。

（2）低标准方案

2020年我国青贮玉米需求总量为3.5亿t，其中肉牛、肉羊和奶牛的青贮玉米需求量分别为1 145万t、752万t和32 695万t；按青贮玉米单产3.8t/亩计，总种植面积0.91亿亩。

2025年我国青贮玉米需求总量为3.9亿t，其中肉牛、肉羊和奶牛的青贮玉米需求量分别为1 224万t、853万t和37 320万t；按青贮玉米单产4.0t/亩计，总种植面积0.98亿亩。

2030年我国青贮玉米需求总量为4.3亿t，其中肉牛、肉羊和奶牛的青贮玉米需求量分别为1 315万t、937万t和40 339万t；按青贮玉米单产4.0t/亩计，总种植面积1.06亿亩。

2035年我国青贮玉米需求总量为4.6亿t，其中肉牛、肉羊和奶牛的青贮玉米需求量分别为1 408万t、1 025万t和43 448万t；按青贮玉米单产4.0t/亩计，总种植面积1.15亿亩。

（3）高标准方案

2020年我国青贮玉米需求总量为4.2亿t，其中肉牛、肉羊和奶牛的青贮玉米需求量分别为1 350万t、873万t和39 961万t；按青贮玉米单产3.8t/亩计，总种植面积1.11亿亩。

2025年我国青贮玉米需求总量为4.8亿t，其中肉牛、肉羊和奶牛的青贮玉米需求量分别为1 496万t、1 042万t和45 614万t；按青贮玉米单产4.0t/亩计，总种植面积1.20亿亩。

2030年我国青贮玉米需求总量为5.2亿t，其中肉牛、肉羊和奶牛的青贮玉米需求量分别为1 607万t、1 145万t和49 304万t；按青贮玉米单产4.0t/亩计，总种植面积1.30亿亩。

2035年我国青贮玉米需求总量为5.6亿t，其中肉牛、肉羊和奶牛的青贮玉米需求量分别为1 721万t、1 252万t和53 103万t；按青贮玉米单产4.0t/亩计，总种植面积1.40亿亩。

表2-35　我国未来青贮玉米需求量预测

单位：万t，万亩

品类	中方案标准				低方案标准				高方案标准			
	2020年	2025年	2030年	2035年	2020年	2025年	2030年	2035年	2020年	2025年	2030年	2035年
肉牛	1 228	1 360	1 460	1 565	1 145	1 224	1 315	1 408	1 350	1 496	1 607	1 721
肉羊	794	947	1 041	1 138	752	853	937	1 025	873	1 042	1 145	1 252
奶牛	36 328	41 467	44 822	48 279	32 695	37 320	40 339	43 448	39 961	45 614	49 304	53 103
需求总量	38 350	43 775	47 323	50 982	34 592	39 397	42 591	45 881	42 184	48 152	52 056	56 076
总种植面积	10 092	10 943	11 830	12 745	9 103	9 849	10 648	11 470	11 101	12 038	13 014	14 019

我国奶牛、肉牛、肉羊养殖具有明显的区域性特征，根据目前及未来分省（区）奶牛存栏量、分省牛肉产量、羊肉产量，以及标准化、科学化的营养水平下的饲草消耗量，按中方案分别估算了2020年、2025年、2035年我国反刍动物养殖的青贮玉米需求量，青贮玉米全国平均单产分别按3.8t／亩、4.0t／亩和4.0t／亩，计算2020年、2025年、2035年各省份青贮玉米种植面积。

2020年全国青贮玉米需求量为3.8亿t，种植面积为1.01亿亩，其中内蒙古、新疆、河北、黑龙江、山东和河南的青贮玉米种植面积位居前6位，均超过700万亩，分别为1 606万亩、1 433万亩、1 313万亩、1 280万亩、915万亩和751万亩。

2025年青贮玉米需求量为4.4亿t，种植面积为1.09亿亩，其中内蒙古、新疆、河北、黑龙江、山东和河南的青贮玉米种植面积位居前6位，均超过800万亩，分别为1 741万亩、1 554万亩、1 424万亩、1 389万亩、992万亩和814万亩。

2030年青贮玉米需求量为4.7亿t，种植面积为1.18亿亩，其中内蒙古、新疆、河北、黑龙江、山东和河南的青贮玉米种植面积位居前6位，均超过800万亩，分别为1 882万亩、1 680万亩、1 540万亩、1 501万亩、1 072万亩和880万亩。

2035年青贮玉米需求量为5.1亿t，种植面积为1.27亿亩，其中内蒙古、新疆、河北、黑龙江、山东和河南的青贮玉米种植面积位居前6位，均超过900万亩，分别为2 028万亩、1 809万亩、1 659万亩、1 617万亩、1 155万亩和948万亩（表2-36）。

表2-36 2020年、2025年、2030年和2035年中标准方案各省份青贮玉米需求量及种植面积

单位：万t，万亩

地区	2020年		2025年		2030年		2035年	
	需求量	面积	需求量	面积	需求量	面积	需求量	面积
北京	311	82	355	89	383	96	413	103
天津	376	99	430	107	464	116	500	125
河北	4 991	1 313	5 697	1 424	6 159	1 540	6 635	1 659
山西	876	230	999	250	1 080	270	1 164	291
内蒙古	6 101	1 606	6 965	1 741	7 529	1 882	8 111	2 028
辽宁	916	241	1 046	261	1 131	283	1 218	305
吉林	739	195	844	211	912	228	983	246
黑龙江	4 866	1 280	5 554	1 389	6 004	1 501	6 468	1 617
上海	144	38	164	41	178	44	192	48
江苏	513	135	585	146	633	158	682	170
浙江	114	30	130	32	140	35	151	38
安徽	378	99	432	108	467	117	503	126
福建	133	35	152	38	164	41	177	44
江西	204	54	233	58	252	63	272	68
山东	3 476	915	3 968	992	4 289	1 072	4 620	1 155
河南	2 853	751	3 256	814	3 520	880	3 792	948
湖北	227	60	259	65	280	70	302	75
湖南	438	115	500	125	541	135	582	146
广东	145	38	165	41	179	45	193	48
广西	160	42	183	46	197	49	213	53
海南	9	2	10	3	11	3	12	3
重庆	67	18	76	19	83	21	89	22
四川	548	144	625	156	676	169	728	182
贵州	188	49	215	54	232	58	250	63
云南	509	134	582	145	629	157	677	169
西藏	137	36	156	39	169	42	182	45
陕西	1 100	290	1 256	314	1 358	339	1 463	366
甘肃	807	212	921	230	996	249	1 073	268
青海	672	177	767	192	829	207	893	223
宁夏	908	239	1 036	259	1 120	280	1 207	302
新疆	5 444	1 433	6 214	1 554	6 718	1 680	7 237	1 809
全国	38 350	10 092	43 775	10 943	47 323	11 830	50 982	12 745

注：2020年、2025年、2030年和2035年青贮玉米平均单产分别按3.8t/亩、4.0t/亩、4.0t/亩和4.0t/亩计。

4．优质干草需求预测

（1）中标准方案

2020年我国奶牛优质干草需求总量为3 624万t，按优质饲草单产0.55t／亩计，种植面积约6 589万亩。

2025年我国奶牛优质干草需求总量为4 136万t，按优质饲草单产0.60t／亩计，需要优质饲草种植面积约6 894万亩。

2030年我国奶牛优质干草需求总量为4 471万t，按优质饲草单产0.60t／亩计，需要优质饲草种植面积约7 452万亩。

2035年我国奶牛优质干草需求总量为4 815万t，按优质饲草单产0.60t／亩计，需要优质饲草种植面积约8 026万亩。

（2）低标准方案

2020年我国奶牛优质干草需求总量为3 216万t，按优质饲草单产0.55t／亩计，种植面积约5 930万亩。

2025年我国奶牛优质干草需求总量为3 723万t，按优质饲草单产0.60t／亩计，需要优质饲草种植面积约6 204万亩。

2030年我国奶牛优质干草需求总量为4 024万t，按优质饲草单产0.60t／亩计，需要优质饲草种植面积约6 706万亩。

2035年我国奶牛优质干草需求总量为4 334万t，按优质饲草单产0.60t／亩计，需要优质饲草种植面积约7 223万亩。

（3）高标准方案

2020年我国奶牛优质干草需求总量为3 986万t，按优质饲草单产0.55t／亩计，种植面积约7 247万亩。

2025年我国奶牛优质干草需求总量为4 550万t，按优质饲草单产0.60t／亩计，需要优质饲草种植面积约7 583万亩。

2030年我国奶牛优质干草需求总量为4 918万t，按优质饲草单产0.60t／亩计，需要优质饲草种植面积约8 197万亩计。

2035年我国奶牛优质干草需求总量为5 297万t，按优质饲草单产0.60t／亩计，需要优质饲草种植面积约8 828万亩（表2-37）。

表2-37 我国优质干草需求量预测

单位：万t，万亩

方案	项目	2020年	2025年	2030年	2035年
中标准	需求量	3 624	4 136	4 471	4 815
	面积	6 589	6 894	7 452	8 026
低标准	需求量	3 261	3 723	4 024	4 334
	面积	5 930	6 204	6 706	7 223
高标准	需求量	3 986	4 550	4 918	5 297
	面积	7 247	7 583	8 197	8 828

我国奶牛养殖具有明显的区域性特征，我们根据目前及未来分省（区）奶牛存栏量以及标准化、科学化的营养水平下的饲草消耗量，按中方案分别估算2020年、2025年、2030年、2035年我国奶牛干草需求量，全国优质饲草平均单产分别按0.55t/亩、0.60t/亩、0.60t/亩和0.60t/亩计算2020年、2025年、2030年、2035年分省优质干草种植面积。

2020年全国优质干草需求量为3 625万t，种植面积为6 588万亩，其中内蒙古、新疆、河北、黑龙江、山东和河南的青贮玉米种植面积位居前6位，均超过400万亩，分别为1 037万亩、936万亩、858万亩、846万亩、583万亩和471万亩。

2025年全国优质干草需求量为4 137万t，种植面积为6 893万亩，其中内蒙古、新疆、河北、黑龙江、山东和河南的青贮玉米种植面积位居前6位，均超过400万亩，分别为1 085万亩、979万亩、898万亩、885万亩、578万亩和467万亩。

2030年全国优质干草需求量为4 472万t，种植面积约7 454万亩，其中内蒙古、新疆、河北、黑龙江、山东和河南的青贮玉米种植面积位居前6位，均超过500万亩，分别为1 173万亩、1 058万亩、971万亩、956万亩、660万亩、533万亩。

2035年全国优质干草需求量为4 818万t，种植面积为8 025万亩，其中内蒙古、新疆、河北、黑龙江、山东和河南的青贮玉米种植面积位居前6位，均超过500万亩，分别为1 263万亩、1 141万亩、1 045万亩、1 030万亩、710万亩和574万亩（表2-38）。

表2-38 2020年、2025年、2030年和2035年中标准方案各省份优质干草需求量及种植面积

单位：万t，万亩

地区	2020年		2025年		2030年		2035年	
	需求量	面积	需求量	面积	需求量	面积	需求量	面积
北京	30	54	34	57	37	61	40	66

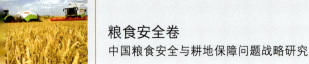
(续)

地区	2020年		2025年		2030年		2035年	
	需求量	面积	需求量	面积	需求量	面积	需求量	面积
天津	36	65	41	68	44	74	48	79
河北	472	858	539	898	582	971	627	1 045
山西	83	151	95	158	103	171	111	184
内蒙古	570	1 037	651	1 085	704	1 173	758	1 263
辽宁	81	147	92	154	100	166	107	179
吉林	63	115	72	120	78	130	84	140
黑龙江	465	846	531	885	574	956	618	1 030
上海	14	25	16	27	17	29	19	31
江苏	48	87	55	91	59	99	64	106
浙江	11	19	12	20	13	22	14	23
安徽	31	57	36	59	39	64	42	69
福建	12	22	14	23	15	25	16	27
江西	17	31	20	33	21	36	23	38
山东	321	583	366	610	396	660	426	710
河南	259	471	296	493	320	533	344	574
湖北	17	30	19	32	20	34	22	37
湖南	37	68	43	71	46	77	50	83
广东	13	23	15	24	16	26	17	28
广西	13	23	14	24	15	26	17	28
海南	0	0	0	0	0	0	0	1
重庆	4	8	5	8	5	9	6	10
四川	43	78	49	81	53	88	57	95
贵州	15	27	17	28	18	30	19	32
云南	41	75	47	78	51	85	55	91
西藏	90	164	103	172	112	186	120	200
陕西	105	190	119	199	129	215	139	232
甘肃	72	131	82	137	89	148	96	160
青海	62	112	70	117	76	127	82	136
宁夏	85	155	97	162	105	175	113	188
新疆	515	936	587	979	635	1 058	684	1 140
全国	3 625	6 588	4 137	6 893	4 472	7 454	4 818	8 025

注：2020年、2025年、2030年和2035年优质饲草单产分别按0.55t/亩、0.60t/亩、0.60t/亩和0.60t/亩计。

四、大宗农产品贸易及未来发展趋势

随着我国饲料行业的快速发展、企业的不断壮大，对饲料原料的需求也呈现刚性增长。2015年我国进口大豆8 174万t，大豆对外依存度超过90%；玉米方面，由于国内外的价格差距，玉米及其替代品（大麦、高粱等）进口量也大幅度增加，2015年玉米、大麦、高粱的净进口量分别达到472万t、1 073万t和1 069万t（刘爱民等，2017）。

饲料原料资源的供需矛盾日益加剧，不仅给饲料企业的经营带来巨大的成本压力，还制约着我国饲料工业的可持续发展。通过饲料粮贸易来满足国内需求已成为一种必然选择。

（一）我国农产品贸易的变化特点

1. 我国已成为谷物净进口国

2008年之前我国曾是谷物净出口国，2003年谷物净出口量曾达到1 930万t，其中玉米净出口量曾高达1 640万t。但从2009年开始，我国谷物净进口量逐渐增加，2015年谷物进口量达3 248万t，净进口3 217万t，其中大麦、高粱、玉米、稻米、小麦的净进口量分别为1 073万t、1 069万t、472万t、306万t和297万t（图2-23）。

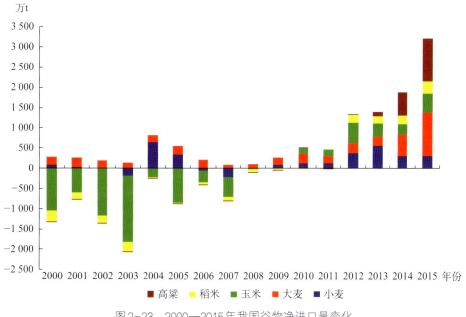

图2-23　2000—2015年我国谷物净进口量变化

从2015年的情况来看，美国是中国进口谷物（高粱、小麦和玉米）的第一大来源国，进口量为1 003万t，占谷物进口总量的30.9%；其次是澳大利亚，进口谷物（小麦、大麦和高粱）726万t，占谷物进口总量的22%；处于第三、四位的是乌克兰和法国，进口谷物（玉米、大麦）分别为467万t和443万t，均占谷物进口总量的14%左右（表2-39）。

表2-39　2015年我国分国别谷物进口量

单位：万t

区域	小麦	大麦	玉米	稻米	高粱	合计
美国	60	0	46	—	897	1 003
澳大利亚	126	436	0	—	164	726
乌克兰	—	82	385	—	—	467
法国	0	442	0	0	0	443
加拿大	99	104	—	—	—	203
越南	—	—	—	179	—	179
泰国	—	—	—	93	—	93
巴基斯坦	—	—	—	44	—	44
老挝	—	—	12	5	—	18
保加利亚	—	—	16	—	—	16
阿根廷	—	4	0	—	9	13
哈萨克斯坦	12	—	—	—	—	12
柬埔寨	—	—	—	11	—	11
其他	0	4	13	2	0	19
总计	297	1 073	473	335	1 070	3 248

2. 我国油料净进口量持续增加

进口油料包括大豆、油菜籽、花生、葵花籽等，10多年以来，我国一直是大豆和油菜籽净进口国，进口量也呈持续增加态势。油料净进口主要是由国内植物油和饲料蛋白供给短缺，特别是饲料蛋白供给严重不足造成的。2015年我国油料进口量达8 724万t，其中大豆进口为8 169万t，油菜籽为447万t（图2-24）。

从2015年的情况来看，巴西是中国进口油料的第一大来源国，进口量为4 008万t，占进口总量的46%；其次是美国，进口量为2 844万t，占进口总量的33%；处于第三位的是阿根廷，进口量为946万t，占进口总量的11%（表2-40）。

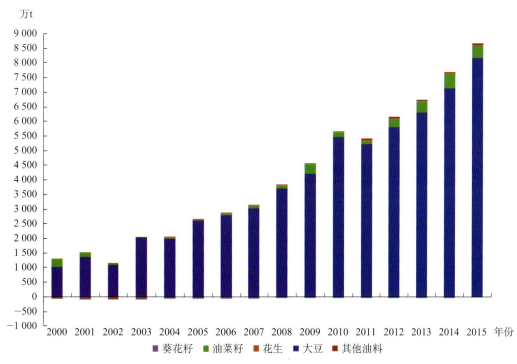

图2-24　2000—2015年我国油料净进口量变化

表2-40　2015年我国分国别油料进口量

单位：万t

区域	大豆	花生	油菜籽	葵花籽	其他油料	合计
巴西	4 008	—	—	—	—	4 008
美国	2 841	2	0	0	0	2 844
阿根廷	944	2	—	0	—	946
加拿大	107	—	390	0	0	497
乌拉圭	232	—	—	—	—	232
澳大利亚	—	—	47	0	1	48
俄罗斯	37	—	3	0	—	40
其他	0	9	7	7	87	110
总计	8 169	13	447	7	87	8 724

3．我国一直是植物油净进口国

由于国内植物油供给严重不足，除了大量进口油料，我国也一直是植物油净进口国。2009年、2012年植物油直接进口量均超过1 000万t，近年也一直保持在约900万t的较高水平，其中棕榈油是第一大进口品种，约占植物油净进口总量的60%以上，其次是豆油和菜籽油（图2-25）。

图2-25 2000—2015年我国植物油进口量变化

从2015年的情况来看，马来西亚是中国进口植物油（棕榈油和棕榈仁油）的第一大来源国，进口量为306万t，占进口总量的36%；其次是印度尼西亚（棕榈油和棕榈仁油），进口量为289万t，占进口总量的34%；处于第三位的是加拿大（菜籽油），进口量为58万t，占进口总量的7%（表2-41）。

表2-41 2015年我国分国别植物油进口量

单位：万t

区域	豆油	菜籽油	棕榈油	花生油	橄榄油	葵花籽油	其他植物油	合计
马来西亚	0	0	287	—	—	0	19	306
印度尼西亚	—	—	245	—	—	—	43	289
加拿大	—	58	—	—	0	—	—	58
阿根廷	48	—	—	5	0	0	—	53
巴西	47	—	—	1	—	—	—	48
乌克兰	—	2	—	—	—	44	—	46
美国	19	0	—	0	0	0	0	19
阿联酋	—	12	—	—	—	—	—	12
其他	0	9	0	3	3	1	1	19
总计	114	81	532	9	3	45	64	849

4．我国木薯进口量持续大幅增加

我国一直是木薯及木薯粉净进口国，以替代部分粮食和其他淀粉类原料。随着国内玉米价格的不断升高，近年来木薯及木薯淀粉净进口量也不断增加。2015年木薯干净进口量达到920万t，木薯粉进口量达到180多万t（图2-26）。

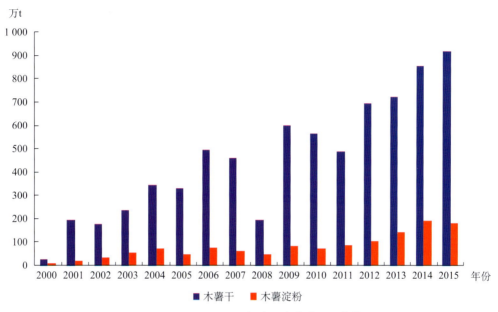

图2-26　2000—2015年我国木薯进口量变化

从2015年的情况来看，泰国是中国进口木薯的第一大来源国，进口量为877万t，占进口总量的80%；其次是越南，进口量为210万t，占进口总量的19%；处于第三位的是柬埔寨，进口量为12万t，占进口总量的1%（表2-42）。

表2-42　2015年我国分国别木薯进口量

单位：万t

区域	木薯干	木薯淀粉	合计
泰国	742	135	877
越南	166	45	210
柬埔寨	9	2	12
印度尼西亚	2	0	2
其他	0	0	1
总计	920	182	1 102

5．我国蛋白饲料原料进口量大幅增加

2009年之前，我国一直是蛋白饲料原料的净出口国，但随着玉米酒糟蛋白饲料

（DDGS）进口量的增加，从2010年开始，我国成为蛋白饲料原料净进口国，2015年净
进口量达到570万t（图2-27）。

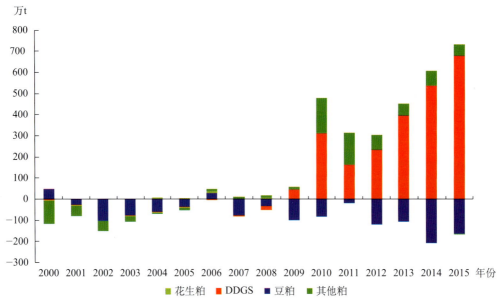

图2-27　2000—2015年我国蛋白饲料原料进口量变化

从2015年的情况来看，美国是中国进口蛋白饲料原料的第一大来源国，进口量为
682万t，占进口总量的90%；其次分别是印度尼西亚和马来西亚，进口量分别为37万t
和17万t（表2-43）。

表2-43　2015年我国分国别蛋白饲料原料进口量

单位：万t

区域	豆粕	花生粕	其他粕	DDGS	总计
美国	—	—	—	682	682
印度尼西亚	—	—	37	—	37
马来西亚	—	—	17	—	17
其他	6	—	14	0	20
总计	6	—	67	682	755

6．我国是食糖和棉花净进口国

2000—2009年，我国食糖净进口量一直在100万t左右。但由于国内糖料生产成本
不断提高，国内外食糖价格差距拉大，食糖净进口量大幅度增加，2015年达到477万
t的历史最高水平。从2015年的情况来看，巴西是我国食糖第一大进口来源国，进口
量达到274万t，占进口总量的56%；其次分别是泰国和古巴，进口量分别为60万t和

52万t，分别占进口总量的12%和11%（图2-28）。

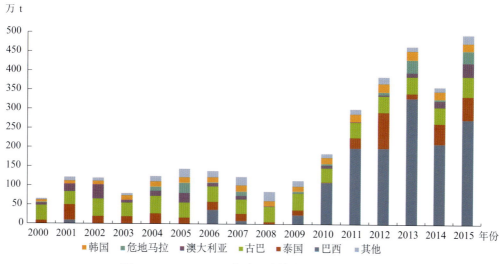

图2-28　2000—2015年我国食糖分国别进口量变化

由于国内外棉花存在质量和价格方面的差距，我国一直是棉花净进口国，但净进口量波动幅度较大。2006年和2012年，净进口量曾出现两个高峰，净进口量分别达到363万t和512万t。美国、印度和澳大利亚是我国进口棉花的主要来源国（图2-29）。

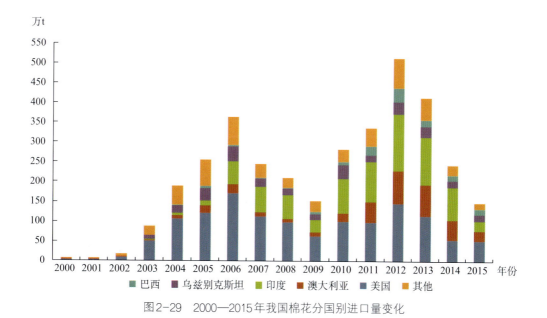

图2-29　2000—2015年我国棉花分国别进口量变化

7. 我国畜禽产品进口量不断增加

我国畜禽产品进口呈波动式上升态势。2004年进口量最低，只有29.2万t，2015年进口量最高，达到188.3万t。从进口品种来看，近年猪肉、牛肉和羊肉进口量增加幅度较大，而禽肉进口量相对比较稳定（图2-30）。

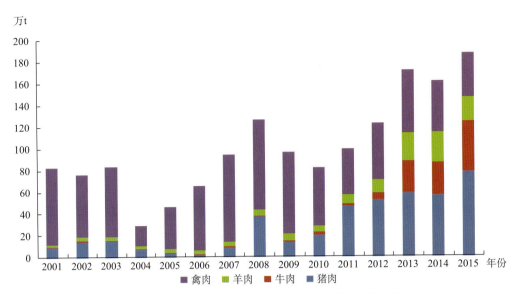

图2-30 2000—2015年我国畜禽产品分品种进口量变化

从2015年的情况来看，巴西是中国进口畜禽产品的第一大来源国，进口量为35万t，占进口总量的19%；进口品种主要是禽肉和牛肉；其次是澳大利亚，进口量为23万t，占进口总量的12%，进口品种主要是牛肉和羊肉；新西兰和德国是第三大进口来源国，进口量均为21万t，但自新西兰主要进口牛肉和羊肉，自德国主要进口猪肉（表2-44）。

表2-44 2015年畜禽产品分国别进口量

单位：万t

区域	牛肉	猪肉	羊肉	禽肉	合计
巴西	6	0	—	29	35
澳大利亚	15	—	8	—	23
新西兰	7	—	14	—	21
德国	—	21	—	—	21
西班牙	—	14	—	—	14
美国	0	10	—	3	14
乌拉圭	12	—	0	—	13
加拿大	2	6	—	—	8
丹麦	—	8	—	—	8
阿根廷	4	—	—	4	8
智利	0	3	0	3	6
法国	—	4	—	0	5
其他	0	11	—	1	13
总计	47	78	22	41	188

8．我国商品草进口量也不断增加

我国商品草种植面积从2001年的18.2万hm²提高到2013年的318万hm²，虽然面积增长快，但商品草种植面积仅占草地面积的0.5%，远远无法满足我国巨大的草食性家畜的需求，导致我国需要大量进口商品草来满足国内需求。

进口草料以苜蓿、燕麦草等干草为主，主要用于满足高端养殖市场需求。2001—2015年，我国苜蓿草进口量由0.2万t增加到136.5万t；进口金额从46万美元增加到5.2亿美元；其中，美国是我国苜蓿草最大的进口来源国，2015年自美国进口的苜蓿草占当年进口总量的76.5%（图2-31）。

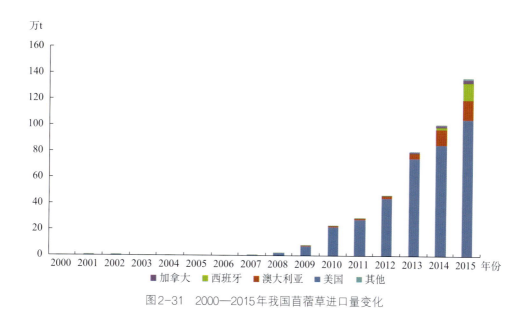

图2-31　2000—2015年我国苜蓿草进口量变化

9．我国蔬菜、水果、水产品以及观赏植物贸易

（1）蔬菜贸易

我国是蔬菜生产大国和贸易大国。2015年我国蔬菜进口量24.47万t，进口额5.41亿美元，较2014年分别增长10.30%和5.13%；我国蔬菜出口量1 018.72万t，出口额132.67亿美元，较2014年分别增长4.37%和6.15%；蔬菜贸易顺差127.26亿美元。

蔬菜进口：

2015年，我国蔬菜进口结构略有调整，其中加工保藏蔬菜仍然是我国蔬菜进口的主要类别，进口量达18.87万t，同比增加7.65%，占进口总量的77.12%，进口额2.33亿美元，同比降低0.38%，占进口总额的43.07%；鲜冷冻蔬菜进口量、进口额均有较大幅度增加，进口量2.66万t，进口额0.32亿美元，同比分别增长27.16%和9.10%；

干蔬菜进口量、进口额在经历2014年大涨之后有所回落，进口量0.82万t，进口额0.60亿美元，同比分别降低11.88%和5.67%。

我国蔬菜进口格局基本稳定，进口来源地仍以北美洲为主，以欧洲为辅。2015年，我国从北美洲进口蔬菜15.20万t，进口额2.22亿美元，同比分别下降0.77%、4.71%，占总进口量、总进口额的比例分别从75%、62%下降为62%、41%，从欧洲进口量、进口额则有明显提高，分别为5.02万t和0.87亿美元，同比分别增长71.97%、18.42%，所占比例分别增加至21%、16%。而我国仅有约4%的蔬菜从大洋洲、南美洲、非洲的国家和地区进口，进口额之和仅占蔬菜总进口额的7%。

蔬菜出口：

2015年我国蔬菜出口结构基本稳定，其中鲜冷冻蔬菜出口量稍有增加，为653.52万t，较2014年增加2.02%，是我国对外出口蔬菜中最主要的类别，占蔬菜总出口量的64.15%，同时其出口额也有较大提升，为54.00亿美元，同比增长12.05%，占总出口额的40.70%；其次是加工保藏蔬菜，出口量318.22万t，较2014年增长8.88%，占蔬菜总出口量的31.24%，出口额45.25亿美元，较2014年减少4.47%，占总出口额的34.11%；干蔬菜出口占比最小，但出口量、进口额均有所增加，分别达46.32万t和31.61亿美元，同比分别增长8.34%和15.28%，涨幅明显。与2014年相比，2015年蔬菜出口额变化较为明显，其中加工保藏蔬菜出口额占比有所下降，从37.90%降至34.11%，而鲜冷冻蔬菜和干蔬菜出口额占比均略有提升，分别从38.56%和21.94%增加到40.70%和23.83%。

我国蔬菜主要出口至亚洲其他国家和地区，2015年出口量726.38万t，占总出口量的71%；欧洲次之，出口量134.85万t，占总出口量的13%；非洲、北美洲所占比例均为6%左右，仅有非常少量蔬菜出口到南美洲和大洋洲地区。而日本、韩国、中国香港是我国最为重要的蔬菜出口地。

蔬菜作为我国重要的出口农产品之一，不仅在农业产业结构调整方面占有重要地位，而且在农民收入稳定增长和农业产业竞争力稳定提升方面发挥重要作用。

（2）水果贸易

我国是水果生产大国，也是水果贸易大国。2000—2011年我国水果贸易一直是顺差，2008年水果贸易顺差最高，达到8.7亿美元，但自2012年开始水果贸易出现逆差。2015年我国水果进口量为434.1万t，进口金额60.1亿美元，同比分别增加12.0%和

17.0%；水果出口量304.3万t，出口金额51.6亿美元，同比分别增加5.3%和19.5%；贸易逆差达到8.5亿美元。

从我国2015年的水果进口情况来看，进口金额超过1亿美元的国家和地区有泰国、智利、越南、菲律宾、美国、新西兰、厄瓜多尔、秘鲁、南非、澳大利亚和中国台湾省，进口金额分别为11.7亿美元、9.8亿美元、9.2亿美元、5.8亿美元、5.3亿美元、2.8亿美元、2.2亿美元、2.2亿美元、1.7亿美元、1.6亿美元和1.0亿美元，除了传统的东南亚国家和美国，自智利和新西兰的水果进口量也实现了快速增长。

2015年我国水果出口金额超过1亿美元的国家和地区为14个，分别是泰国、越南、香港、马来西亚、俄罗斯联邦、印度尼西亚、菲律宾、美国、日本、哈萨克斯坦、德国、荷兰、孟加拉国和缅甸，出口金额分别为11.1亿美元、8.2亿美元、4.0亿美元、3.7亿美元、3.4亿美元、3.0亿美元、2.1亿美元、1.6亿美元、1.5亿美元、1.3亿美元、1.2亿美元、1.2亿美元、1.2亿美元和1.0亿美元，越南、菲律宾及马来西亚等周边国家和地区实现了较快增长，而美国、日本和加拿大等传统市场贸易出现了不同程度下降。

（3）水产品贸易

海关数据统计，2015年我国水产品进出口总量814.15万t，进出口总额293.14亿美元，同比分别下降3.59%和5.08%。其中出口量406.03万t，出口额203.33亿美元，同比分别下降2.48%和6.29%；进口量408.13万t，进口额89.82亿美元，同比分别下降4.66%和2.22%；贸易顺差113.51亿美元，同比减少11.61亿美元。

我国是全球第一大水产品出口国的地位没有改变，在挪威、泰国、加拿大、美国、印度和智利等水产品贸易强国的水产品出口额普遍下降的情况下，我国水产品的国际竞争力依然较强。2015年我国对日本、美国、欧盟等主要出口市场的水产品出口额大幅下降，对其水产品出口金额分别为36.38亿美元、31.95亿美元、22.14美元，同比下降4.25%、5.83%、6.41%，只有对东盟出口发展势头良好，对东盟的水产品出口金额为27.76亿美元，同比增长2.25%。

由于我国水产品生产成本逐渐上升，水产品质量难以保证，再加上水产品加工企业组织化程度低、缺乏对水产品产业的优惠政策，以及国际贸易壁垒的影响，我国水产品贸易也受到一定程度的制约。

（4）观赏植物贸易

我国是观赏植物净出口国，2010年贸易顺差曾高达14.5亿美元，近年一直保持在

5 000万美元至1亿美元左右。

海关数据统计，2015年我国观赏植物出口总额为2.99亿美元，出口额超过1 000万美元的国家分别是日本、韩国、美国和荷兰，出口金额分别为8 723万美元、5 384万美元、2 838万美元和2 727万美元；总进口额2.17亿美元，进口额超过1 000万美元的国家分别是荷兰、日本和泰国，进口金额分别为1.1亿美元、4 007万美元和1 416万美元。

（二）农业资源对外依存度

农产品贸易是连接农业资源丰富地区和匮乏地区的纽带，经济全球化背景下的农产品贸易自由化使农业资源在全球范围内重新分配，全球各国间在资源流动方面的联系越来越紧密，这一方面缓解了输入国农业资源的稀缺，另一方面促进了资源输出国的经济发展。而粮食、棉花、油料、糖等初级农产品都是在耕地资源上生产出来的，其加工成品（如豆粕、DDGS等）也是通过耕地资源间接生产出来的，因此这些大宗农产品及其制成品中都隐含有一定量的耕地资源。本书以"虚拟耕地资源"这一指标来综合衡量我国农产品的贸易特点及其对外依存度。

1．大宗农产品虚拟耕地资源净进口变化

（1）大宗农产品虚拟耕地资源进口

中国大宗农产品虚拟耕地资源进口量由2000年的1 112万hm^2，增加到2015年的6 576万hm^2。

从分品种的情况来看，2015年大豆、大麦、高粱、油菜籽、棕榈油、木薯干、豆油、食糖、DDGS、棉花、菜籽油、玉米、葵花籽油、稻米和小麦的虚拟耕地资源进口量占我国大宗农产品虚拟耕地资源进口总量的97.6%（图2-32）。

大豆是中国农产品中虚拟耕地资源进口量最大的品种，其占我国虚拟耕地资源进口量的比例保持在60%～70%。2015年大豆虚拟耕地资源进口总量为4 538万hm^2，占虚拟耕地资源进口总量的69%。

2015年中国农产品中虚拟耕地资源进口量处于第二、三、四和五位的分别是大麦、高粱、油菜籽和棕榈油，虚拟耕地资源进口量分别为298万hm^2、277万hm^2、235万hm^2和196万hm^2，分别占虚拟耕地资源进口总量的4.5%、4.2%、3.6%和3.0%。

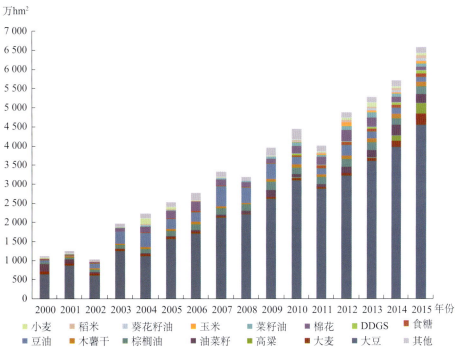

图2-32　2000—2015年我国农产品分品种虚拟耕地资源进口量变化比较

（2）农产品分品种虚拟耕地资源出口

大宗农产品虚拟耕地资源出口量由2000年的436万 hm²，减少到2015年的150万 hm²；2003年时最高，达到579万 hm²。

从分品种的情况来看，2015年豆粕、食糖、豆油、葵花籽和大豆的虚拟耕地资源出口量较大，分别为74万 hm²、21万 hm²、15万 hm²、10万 hm²和7万 hm²，虚拟耕地资源进口量占我国大宗农产品虚拟耕地资源进口总量的84.6%（图2-33）。

（3）大宗农产品虚拟耕地资源净进口量

我国大宗农产品虚拟耕地资源净进口量由2000年的675万 hm²增加到2015年的6 426万 hm²。

从分品种的情况来看，2015年大豆、大麦、高粱、油菜籽、棕榈油、木薯干、豆油、DDGS、棉花、菜籽油和玉米是我国大宗农产品中虚拟耕地资源进口量较大的品种，约占我国大宗农产品虚拟耕地资源进口总量的95%（图2-34）。

大豆是中国农产品中虚拟耕地资源净进口量最大的品种，2015年大豆虚拟耕地资源净进口总量为4 531万 hm²，占虚拟耕地资源净进口总量的70.5%；处于第二、三、四、五位的分别是大麦、高粱、油菜籽和棕榈油，虚拟耕地资源进口量分别为298万 hm²、277万 hm²、235万 hm²和196万 hm²。

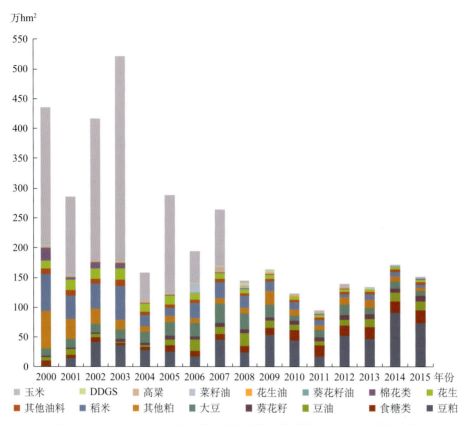

图2-33 2000—2015年我国农产品分品种虚拟耕地资源出口量变化比较

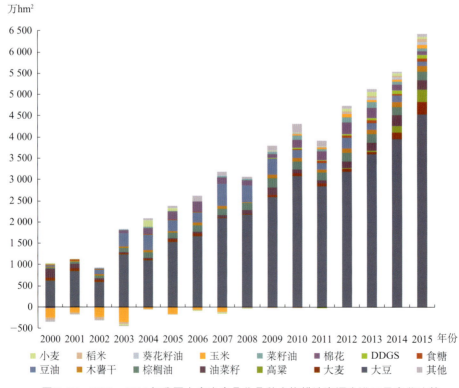

图2-34 2000—2015年我国大宗农产品分品种虚拟耕地资源净进口量变化比较

2．大宗农产品虚拟耕地资源贸易格局

（1）大宗农产品虚拟耕地资源贸易格局变化

2015年巴西、美国、阿根廷、加拿大、澳大利亚、乌克兰、印度尼西亚、泰国、乌拉圭和法国是中国大宗农产品虚拟耕地资源净进口量排前10位的国家，2015年自上述10个国家虚拟耕地资源净进口量为6 233万hm²，占进口总量的95%。

巴西和美国是中国农产品虚拟耕地资源净进口量第一、二位的两个来源国，2015年虚拟耕地资源净进口量分别为2 315万hm²和1 948万hm²，分别占当年我国虚拟耕地资源净进口总量的36.0%和30.3%。

而日本、朝鲜和韩国是我国大宗农产品虚拟耕地资源净出口国，2014年的净出口量分别为56万hm²、14万hm²和10万hm²。

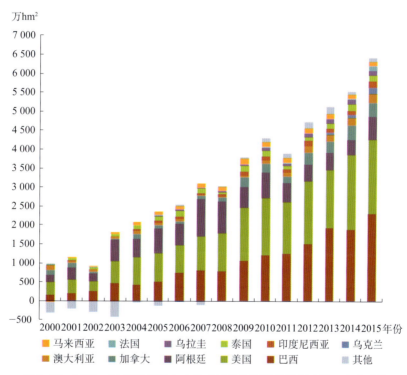

图2-35 2000—2015年我国农产品虚拟耕地资源分国别净进口变化比较

（2）2015年大宗农产品虚拟耕地资源分国别进口特点

①巴西：中国自巴西进口农产品虚拟耕地资源2 315万hm²，主要包括大豆、食糖、豆油和棉花等，分别占自巴西进口虚拟耕地资源总量的96.2%、2.1%、1.2%和0.4%。

②美国：中国自美国进口农产品虚拟耕地资源1 954万hm²，主要包括大豆、高粱、DDGS、棉花和玉米等，分别占自美国进口虚拟耕地资源总量的80.8%、11.9%、4.6%、

1.5%和0.4%。

③阿根廷：中国自阿根廷进口农产品虚拟耕地资源611万hm²，主要包括大豆和豆油，分别占自阿根廷进口虚拟耕地资源总量的85.9%和12.6%。

④加拿大：中国自加拿大进口农产品虚拟耕地资源366万hm²，主要包括油菜籽、大豆、菜籽油、大麦和小麦，分别占自加拿大进口虚拟耕地资源总量的56.1%、16.3%、14.2%、7.9%和5.4%。

⑤澳大利亚：中国自澳大利亚进口农产品虚拟耕地资源240万hm²，主要包括大麦、高粱、小麦、油菜籽和棉花，分别占自澳大利亚进口虚拟耕地资源总量的50.6%、17.8%、10.5%、10.4%和6.1%。

⑥乌克兰：中国自乌克兰进口农产品虚拟耕地资源168万hm²，主要包括玉米、葵花籽油、大麦、豆油和菜籽油，分别占自乌克兰进口虚拟耕地资源的38.9%、38.2%、13.6%、5.8%和3.5%。

⑦印度尼西亚和马来西亚：印度尼西亚和马来西亚是中国棕榈油的主要进口来源国，中国自这两个国家进口虚拟耕地资源分别为166万hm²和96万hm²，几乎全部来自棕榈油及棕榈仁油的进口。

⑧泰国：中国自泰国进口农产品虚拟耕地资源163万hm²，主要包括木薯干、木薯淀粉、稻米和食糖，分别占自泰国进口虚拟耕地资源总量的65.2%、16.8%、11.1%和6.7%。

⑨乌拉圭：乌拉圭是除美国、巴西、阿根廷外的第四大中国大豆进口来源国，中国自乌拉圭进口虚拟耕地资源129万hm²，几乎全部是大豆虚拟耕地资源进口。

⑩法国：中国自法国进口农产品虚拟耕地资源123万hm²，几乎全部是大麦的虚拟耕地资源进口；法国是中国大麦的主要进口来源国（表2-45）。

表2-45　2015年我国主要虚拟耕地资源进口量及农产品构成

单位：万hm²，%

项目	总计	巴西	美国	阿根廷	加拿大	澳大利亚	乌克兰	印度尼西亚	泰国	乌拉圭	法国	马来西亚
虚拟耕地资源净进口量	6 576.3	2 314.7	1 953.5	610.5	366.0	239.5	167.7	166.3	162.8	128.8	123.1	96.0
大豆占比	69.0	96.2	80.8	85.9	16.3	—	0	—	—	100.0	—	—
大麦占比	4.5	—	0	0.2	7.9	50.6	13.6	—	—	—	99.8	

（续）

项目	总计	巴西	美国	阿根廷	加拿大	澳大利亚	乌克兰	印度尼西亚	泰国	乌拉圭	法国	马来西亚
高粱占比	4.2	—	11.9	0.4	—	17.8	—		—	—	0	—
油菜籽占比	3.6	—	0	—	56.1	10.4	—		—	—	0	—
棕榈油占比	3.7	—	0	—		0	—	90.5	0	—	0	92.4
木薯干占比	2.0	—	—	—	—	—	—	0.2	65.2	—	—	
豆油占比	1.8	1.2	0	12.6	—		5.8		0.2	—	—	
食糖占比	1.4	2.1	0.1	0	0	2.7	—	0	6.7	0	0	0.2
DDGS占比	1.4	0	4.6	—	0		—		—	—	0	—
棉花占比	1.3	0.4	1.5	0	—	6.1	—		—	—	—	0
玉米占比	1.2	0	0.4	—	0		38.9		—	—		
菜籽油占比	1.2	—	0	—	14.2	1.8	3.5		0	—	0	0
葵花籽油占比	1.1	—	0	0.3	0	0	38.2	—	0	—	0	0
稻米占比	1.0	—	—	—	—	—	—		11.1	—	0	
小麦占比	0.9	—	0.6		5.4	10.5	—			—	0.1	
木薯淀粉占比	0.6	—	0	—	0	—		0	16.8	—	0	0
其他占比	1.2	0.1	0	0.6	0.1	0.1	0	9.3	0	—	0.1	7.3

3．大宗农产品虚拟耕地资源对外依存度

根据国土资源部数据，2015年我国耕地面积为 13 499.9 万 hm^2。

2015年虚拟耕地资源进口总量达到 6 576 万 hm^2，出口量下降到 150 万 hm^2，净进口量增加到 6 426 万 hm^2，我国大宗农产品虚拟耕地资源对外依存度为 32.2%。其中，对巴西和美国的对外依存度较高，分别达到 14.6% 和 12.6%；处于第三、四位的是阿根廷和加拿大，分别为 4.3% 和 2.6%（表 2-46）。

表 2-46　2015年中国主要虚拟耕地资源净进口来源国

单位：万 hm^2，%

项目	虚拟耕地资源净进口量	对外依存度	我国现有耕地面积
巴西	2 315	14.6	
美国	1 948	12.6	
阿根廷	610	4.3	13 499.9
加拿大	365	2.6	
澳大利亚	239	1.7	

（续）

项目	虚拟耕地资源净进口量	对外依存度	我国现有耕地面积
乌克兰	168	1.2	
印度尼西亚	162	1.2	
泰国	161	1.2	
乌拉圭	129	0.9	13 499.9
法国	123	0.9	
马来西亚	94	0.7	
总计	6 426	32.2	

（三）农产品进口量持续大幅增加的原因

我国农产品的持续大幅度增加，特别是大豆、植物油、食糖等大量进口，不但改变了全球农产品贸易格局，也在很大程度上改变了全球生产格局。那么，近20年来我国农产品进口量为什么大幅度增加？从国际经验来看，农业资源短缺的国家和地区（如日本、韩国、我国台湾地区等）在工业化初级阶段，为满足经济发展对外汇的需求，一般会增加农产品出口。但当经济进入高速增长阶段，随着工业化、城镇化的快速发展，由于收入水平的提高，食物消费需求结构也将发生变化，农产品进口量将快速增加，出现巨额农产品贸易逆差。我国是农业资源相对短缺的国家，近20多年来经济快速增长，我国农产品贸易格局的变化总体上也符合这一规律。

1. 肉、蛋、奶等畜禽产品人均年占有量增加，畜禽养殖方式发生变化

2001—2016年，我国人均年猪肉占有量由32.8kg增加到39.5kg；人均年禽肉占有量由9.7kg增加到13.9kg；人均年禽蛋占有量由17.5kg增加到22.3kg；人均年乳品占有量由8.4kg增加到30kg。除了畜禽产品的占有量增加，我国畜禽养殖方式也由分散化、小规模养殖为主向规模化养殖转变，这意味着饲喂方式也发生了变化，以能量、蛋白、各种矿物质、维生素等营养物质优化配比的工业化饲料需求增加，其中豆粕作为最主要的蛋白饲料原料需求量持续大幅度增加。在国内大豆、油菜籽等生产徘徊不前的情况下，庞大的蛋白原料需求只能以大量进口大豆来解决。2015年大豆虚拟耕地资源进口量占我国虚拟耕地资源进口总量的70%。

2. 我国植物油等人均年占有量增加

我国人均年植物油占有量由2001年的10.7kg增加到2015年的23kg，但我国主

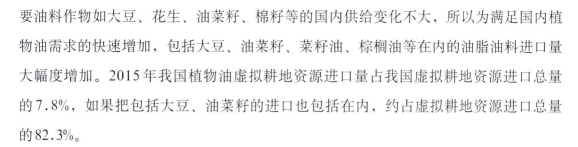

要油料作物如大豆、花生、油菜籽、棉籽等的国内供给变化不大，所以为满足国内植物油需求的快速增加，包括大豆、油菜籽、菜籽油、棕榈油等在内的油脂油料进口量大幅度增加。2015年我国植物油虚拟耕地资源进口量占我国虚拟耕地资源进口总量的7.8%，如果把包括大豆、油菜籽的进口也包括在内，约占虚拟耕地资源进口总量的82.3%。

3．我国粮食调剂性进口以及由价格原因导致的竞争性进口品种增加

包括小麦、玉米、水稻在内，我国国内生产供给充足，而且受国家政策的影响，玉米、水稻还出现比较严重的过剩；我国对小麦、玉米、水稻的进口实行严格的配额限制，其进口主要满足品种调剂、国际关系的需要。但是由于国内前些年为提高种粮者积极性，玉米临储价格较高，国内饲料企业为降低成本，大量进口大麦、高粱等，2015年粮食虚拟耕地资源进口量占虚拟耕地资源进口总量的比例达12%。

（四）未来农产品贸易潜力

随着人口增加和食物需求结构的进一步变化，食物消费总量仍不断增加，未来我国仍面临着农业资源供给不足的问题，预计主要农产品的进口量仍呈现不断增加态势；但同时劳动力密集型和资金密集型的农产品出口仍具有一定竞争力，净出口量仍将不断增加。

1．传统大宗农作物的贸易潜力

（1）三大谷物净进口量仍小幅增加

"口粮绝对安全，谷物基本自给"是我国粮食生产的基本要求，因此未来我国大宗粮食进口仍以调剂性进口为主。但为提高耕地资源的持续生产能力，我国政府会实施"藏粮于土"战略，积极主动地调整种植业结构，并实施生态休耕等耕地保护政策。2015年我国小麦、玉米、稻米三大谷物进口量为1 111万t，预计2025年、2030年进口潜力分别为2 386万t和2 564万t，仍有少量利用国际市场进行调剂的潜力，有利于国内生产的灵活适度调整。

小麦：2012—2015年我国小麦平均进口量为378万t。预计2025年世界小麦生产量7.9亿t，出口量1.7亿t（占产量22.0%）；2030年，世界小麦生产量8.3亿t，出口量1.9亿t（占产量22.9%）。预计2025年和2030年我国小麦进口潜力为870万t和933万t，均占世界出口量的5.0%。

稻谷：2012—2015年我国稻米平均进口量为262万t。预计2025年、2030年世界稻谷生产量分别为7.9亿t和8.3亿t，出口量分别为0.51亿t和0.55亿t（分别占产量6.5%和6.6%）。2025年、2030年我国稻谷进口潜力分别为548万t、587万t，均占世界出口量的10.6%左右。

玉米：2012—2015年我国玉米平均进口量为395万t。预计2025年、2030年世界玉米生产量分别为11.5亿t和12.3亿t，出口量1.42亿t和1.52亿t（占产量12.4%）。2025年、2030年我国玉米进口潜力分别为971万t、1 044万t，占世界出口量的6.9%左右。

（2）棉、油、糖对外依存度仍保持较高水平

我国棉花种植区域逐渐萎缩，种植面积和产量徘徊不前，未来棉花进口仍将保持较高水平。我国油料增产潜力有限，而食用植物油需求量仍呈刚性增长势头，为了保证未来供需平衡，需要进一步拓展空间。包括甘蔗、甜菜等在内的我国糖料生产竞争力较差，未来食糖还有一定的进口空间。

棉花：我国是棉花净进口国，2012年进口量曾高达513万t，2012—2015年我国棉花平均进口量为330万t。预计2025年、2030年世界棉花产量分别为0.28亿t和0.31亿t，出口量869万t和936万t（占产量31%左右）。2025年、2030年我国棉花进口潜力212万t、232万t，占世界出口量的24%左右。

植物油：2012年我国植物油进口量曾高达1 052万t，2012—2015年我国植物油平均进口量为970万t。预计2025年、2030年世界食用植物油产量分别为2.19亿t和2.43亿t，出口量0.92亿t和1.01亿t（占产量41.5%左右）。2025年、2030年我国食用植物油进口潜力分别为1 278万t和1 397万t，占世界出口量的14%左右。

食糖：2013年我国食糖进口量高达455万t，2012—2015年我国食糖平均进口量为416万t。预计2025年、2030年世界食糖产量分别为2.10亿t和2.35亿t，出口量0.70亿t和0.78亿t（占产量33%左右）。2025年、2030年我国食糖进口潜力分别为808万t和897万t，占世界出口量的12%左右。

（3）畜禽产品进口量仍呈增加态势

我国是世界第一大猪肉进口大国，但由于国内猪肉价格波动幅度较大，导致国内外猪肉价差较大，猪肉进口也就会增加，未来猪肉进口主要是调剂性进口。随着近年国内消费升级，牛肉消费量增速较快，但国内生产增速慢、生产成本高，牛肉进口量不断增

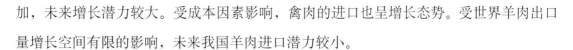

加，未来增长潜力较大。受成本因素影响，禽肉的进口也呈增长态势。受世界羊肉出口量增长空间有限的影响，未来我国羊肉进口潜力较小。

猪肉：2016年国内猪肉价格较高，猪肉进口量大幅增加，曾达到162万t的历史最高水平。预计2025年、2030年世界猪肉产量分别为1.31亿t和1.38亿t，出口量0.08亿t和0.09亿t（占产量6.5%左右）。2025年、2030年我国猪肉进口潜力分别为112万t和124万t，占世界出口量的14.0%左右。

牛、羊肉：自2013年开始，牛肉进口量持续增加，2015年达到46.7万t；羊肉进口量近年一直在20万t左右。预计2025年、2030年世界牛、羊肉产量分别为0.95亿t和1.03亿t，出口量分别为0.15亿t和0.16亿t（占产量15.5%左右）。2025年、2030年我国牛、羊肉进口潜力分别为123万t和134万t，占世界出口量的8.3%左右。

禽肉：近年我国禽肉进口量在50万t左右。预计2025年、2030年世界禽肉产量分别为1.31亿t和1.41亿t，出口总量分别为0.15亿t和0.17亿t（占产量12%左右）。2025年、2030年我国禽肉进口潜力分别为99万t和112万t，占世界出口量的6.5%左右。

2. 蔬菜贸易潜力

中国是世界上最大的蔬菜生产国，蔬菜供给持续平稳增长。2015年中国蔬菜产量7.69亿t，比2006年增长42.57%。种植基地主要分布在具有区位优势的主销区，已基本形成了华南冬春蔬菜区、长江上中游冬春蔬菜区、黄土高原夏秋蔬菜区、云贵高原夏秋蔬菜区、黄淮海与环渤海设施蔬菜区、东南沿海出口蔬菜区、西北内陆出口蔬菜区以及东北沿边出口蔬菜区八大蔬菜重点生产区域。中国菜品种类也较为丰富，主要为叶菜类（白菜、绿叶菜等）、茄果类、块根类等。

20世纪80年代以来，世界蔬菜国际贸易量持续上升，年增幅在5%左右，30个种类蔬菜的国际贸易量已超过7 000万t。另外，在WTO框架下，参与蔬菜国际贸易的国家和地区也不断增加。

2015年我国蔬菜出口量1 018.72万t，出口额132.67亿美元，其中鲜冷冻蔬菜出口量为653.52万t，是我国蔬菜出口的主要类别，占蔬菜对外出口总量的64.15%；其次是加工保藏蔬菜，出口量318.22万t，占蔬菜出口总量的31.24%；干蔬菜出口占比最小，但出口量和出口金额呈不断增加态势。

我国蔬菜产业优势明显。一方面，我国农业资源优势明显。同周边其他国家相比，几乎所有蔬菜作物一年四季在我国都有其适宜的生产区域；可利用气候差异和反季节性生产来最大限度地发挥我国自然资源优势。另一方面，我国具有地理位置优势。我国与蔬菜出口区域接海邻壤，距离相对较小，生活消费习性、文化渊源相近，出口贮运成本和时间成本较低。此外，我国蔬菜生产成本优势明显。蔬菜生产成本中，劳动力成本占比最大，约占蔬菜生产成本的70%左右。我国劳动力成本低，使得蔬菜生产具有明显的成本优势，最终实现了具有国际竞争力的利润优势和价格优势。未来我国蔬菜仍将保持较高的竞争优势。

3. 水产品贸易潜力

2015年我国水产品总产量6 699.65万t，比2014年增长3.69%。其中，养殖产量4 937.90万t，同比增长3.99%，捕捞产量1 761.75万t，同比增长2.84%，养殖产品与捕捞产品的产量比例为74∶26；海水产品产量3 409.61万t，同比增长3.44%，淡水产品产量3 290.04万t，同比增长3.94%，海水产品与淡水产品的产量比例为51∶49。

我国是全球第一大水产品出口国。据海关数据统计，2015年我国水产品进出口总量814.15万t，进出口总额293.14亿美元。其中，出口量406.03万t，出口额203.33亿美元；进口量408.13万t，进口额89.82亿美元；贸易顺差113.51亿美元。

随着国内促进外贸政策措施效果逐步显现，以及渔业转方式调结构和供给侧结构性改革政策的深入推进，我国水产品出口竞争力将有所增强，预计年均出口增长率将保持在4.5%左右。预计2025年、2030年我国水产品出口潜力分别为600万t和700万t左右，并将继续保持100亿美元左右的贸易顺差。

4. 花卉贸易潜力

截至2015年底，我国花卉生产面积已达130.55万hm²，销售额1 302.57亿元；从2015年的情况来看，观赏苗木面积76.86万hm²，占花卉总面积的58.9%；其次是食用及药用花卉，占花卉总面积的19.8%。全国设施栽培面积达12.5万hm²，其中温室2.84万hm²。

我国花卉生产主要包括鲜切花类（鲜切花、鲜切叶和鲜切枝）、盆栽植物类（盆栽植物、盆景和花坛植物）、观赏苗木、食用及药用花卉、工业及其他用途花卉、草坪、种子用花卉、种苗用花卉、种球用花卉和干燥花10大类。

我国具有丰富的物种多样性，并有着广阔的市场前景，花卉产业必将成为新兴的效益农业之一。2015年我国花卉出口创汇6.19亿美元，未来花卉出口将成为拉动我国花卉产业快速发展的重要因素之一。未来我国将成为世界上最大的花卉生产基地、重要的花卉消费国和花卉出口国。

（五）提高全球粮食生产能力，保障食物供给安全

据多方预测，21世纪末，全球人口将达90亿人；除了中国，包括亚洲、非洲、中南美洲等发展中国家在内的脱贫、温饱、小康应该是必然的发展趋势，对农产品的需求量也将持续大幅度增加。届时全球是否会出现粮食危机？这也是国际上所关注的问题。

在保证我国粮食供给安全的基础上，也应保障全球粮食安全。根据全球农业资源分布、农产品生产和贸易格局，未来全球性八大"粮仓"将在确保人类粮食和食物安全方面处于重要地位。

八大全球性"粮仓"是（图2-36）：

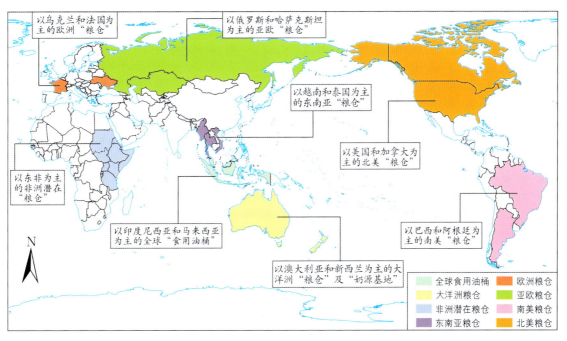

图2-36　全球八大粮仓的分布示意图

1．以美国和加拿大为主的北美"粮仓"

（1）美国

2014年，美国拥有可耕地面积1.55亿hm^2，是全球耕地面积最大的国家；另外，美国还有2.51亿hm^2的草场，农业资源丰富，从而使其成为全球最大的玉米和大豆生产国。

就粮食作物种植面积而言：1961—2014年，美国的粮食平均种植面积为0.63亿hm^2。历史最大种植面积出现在1981年，高达0.78亿hm^2。50多年来，美国粮食作物种植面

积波动较小但存在阶段性特征。具体来看，20世纪60年代为0.63亿hm²、70年代为0.68亿hm²、80年代为0.67亿hm²、90年代为0.62亿hm²。特别是进入21世纪以来，美国粮食种植面积开始下降，近十年平均水平为0.58亿hm²。

就粮食产量而言：1986—2014年美国粮食生产取得较快发展，粮食产量整体呈波动增加趋势。50多年来，美国粮食产量由1986年的1.64亿t增加到2014年的4.43亿t，增长了1.70倍。2007年起，美国粮食总产量突破4亿t大关。2014年美国玉米和大豆产量分别为3.6亿t和1.1亿t，分别占全球玉米总产量、大豆总产量的28.8%和33.5%；美国也是全球第四大小麦生产国，2014年小麦产量为5 515万t，占全球小麦总产量的6.5%。

在贸易方面，美国是全球第一大小麦出口国、第二大玉米出口国，2013年小麦和玉米出口量分别为3 320万t和2 662万t，分别占全球出口总量的20.4%和21.4%；美国也是全球第二大大豆出口国，2013年大豆出口量为3 918万t，占全球出口总量的36.8%。

（2）加拿大

加拿大拥有可耕地面积4 602万hm²，是全球最大的油菜籽生产国。

就种植面积而言：1961—2014年，加拿大粮食作物多年平均种植面积为0.18亿hm²。历史最大种植面积出现在1986年，达0.22亿hm²。21世纪以来，加拿大粮食种植面积开始下降，近十年平均粮食种植面积为0.15亿hm²。

就粮食产量而言：1961—2014年，加拿大粮食多年平均产量为0.44亿t。50多年来，加拿大粮食产量整体呈增加趋势，由1961年的0.17亿t增加到2014年的0.51亿t，增长了2.0倍。2014年油菜籽产量为1 556万t，占全球油菜籽总产量的17.6%；加拿大也是全球第六大小麦生产国，2014年小麦产量为2 928万t，占全球小麦总产量的3.4%。

在贸易方面，加拿大是全球最大的油菜籽出口国，2013年出口量为229万t，占全球出口总量的31.8%；加拿大也是第二大小麦出口国，2013年出口量为1 981万t，占全球出口总量的12.2%。

尽管北美耕地面积增加潜力有限，但现有农业用地的充分利用，仍将有较大的生产潜力。未来北美仍将是全球最重要的农产品生产区域，也是我国大豆、小麦、高粱、大麦以及油菜籽、菜籽油等农产品的重要进口来源区域。

2．以巴西和阿根廷为主的南美"粮仓"

（1）巴西

巴西拥有可耕地面积8 002万hm²，草场面积为1.96亿hm²。

就种植面积而言：1961—2014年，巴西的粮食平均种植面积为0.19亿hm²。历史最大种植面积出现在1987年，达0.23亿hm²。在此之前，作物种植面积稳步增加，而在之后经历先减少再增加的变化过程。50多年来，巴西粮食种植面积整体呈增加趋势，由1961年的0.11亿hm²增加到2014年的0.22亿hm²。

就粮食产量而言：1961—2014年，巴西平均粮食产量为0.42亿t。50多年来，巴西粮食产量呈明显上升趋势，由1961年的0.15亿t增加到2014年的1.01亿t，增长了5.7倍。特别地，2013年巴西的粮食产量首次突破1亿t，粮食增产后劲十足。巴西是全球最大的糖料生产国，2014年产量为7.4亿t，占全球糖料总产量的36.6%，食糖产量在4 000万t左右；巴西也是全球第二大大豆和第三大玉米生产国，2014年大豆和玉米产量分别为8 676万t、7 988万t，分别占全球大豆总产量、玉米总产量的27.2%和6.4%；巴西还是第三大肉类生产国，2014年肉类产量为2 605万t，占全球肉类总产量的6.4%。

在贸易方面，巴西是全球最大的食糖、大豆和玉米出口国，2013年出口量分别为3 000万t、4 280万t、2 662万t，分别占全球出口总量的50.0%、40.2%、21.4%；巴西也是全球肉类第二大出口国，2013年肉类出口量为644万t，占全球出口总量的14.0%。

（2）阿根廷

阿根廷拥有可耕地面积3 920万hm²，草场面积1.08亿hm²。

就种植面积而言：1961—2014年，阿根廷的粮食平均种植面积稳定在0.11亿hm²左右，波动较小。历史最大种植面积出现在1982年，达0.14亿hm²。在此之前，粮食种植面积持续增加；之后，粮食种植面积先快速减少，然后又有小幅回升趋势。

就粮食产量而言：1961—2014年阿根廷粮食生产取得较快发展，粮食产量整体呈增加趋势，由1961年的0.15亿t增加到2014年的0.51亿t，增长了2.4倍。阿根廷是全球第三大大豆生产国和第四大玉米生产国，2014年大豆和玉米产量分别为5 340万t、3 309万t，分别占全球大豆总产量、玉米总产量的16.8%和2.6%。

在贸易方面，阿根廷是全球最大的豆油出口国，2013年豆油出口量为426万t，占全球出口总量的40.4%。

随着未来全球农产品需求量的增加，南美巴西、阿根廷、乌拉圭、巴拉圭等国家的农业用地面积和农作物种植面积仍将继续增加，是未来我国大豆、玉米、蔗糖以及畜禽产品的重要进口来源区域。

3. 以俄罗斯和哈萨克斯坦为主的亚欧"粮仓"

俄罗斯和哈萨克斯坦分别拥有耕地面积1.23亿hm²和2 940万hm²；草场面积分别为9 300万hm²和1.87亿hm²，农业资源丰富，生产潜力巨大。

目前俄罗斯和哈萨克斯坦分别是全球第三大、第九大小麦生产国，2014年小麦产量为5 971万t、1 500万t，占全球总产量的7.0%、1.7%。在贸易方面，俄罗斯和哈萨克斯坦分别是第五大、第九大小麦出口国，2013年小麦出口量分别为为1 380万t、502万t，分别占全球出口总量的8.5%、3.1%。

俄罗斯西伯利亚和与我国接壤的远东地区，是种植小麦、大豆、油菜籽、葵花籽以及牧草的重要区域，具有向亚洲以及我国出口粮食的能力。历史上哈萨克斯坦粮食产量曾达3 000万t（1992年），虽然当前粮食产量只有2 000万t左右，但仍是重要的小麦和面粉出口国。

4. 以乌克兰和法国为主的欧洲"粮仓"

（1）乌克兰

乌克兰拥有耕地面积3 253万hm²，草场面积785万hm²。

就种植面积而言：1961—2014年，乌克兰的粮食平均种植面积稳定在0.13亿hm²左右，波动较小，近30年有波幅增长。

就粮食产量而言：1961—2014年，乌克兰平均粮食产量为0.38亿t，50多年来，乌克兰粮食产量呈波动上升趋势，由1961年的0.36亿t增加到2014年的0.63亿t，增加了0.27亿t。乌克兰是全球第五大玉米生产国，2014年玉米产量为2 850万t，占全球玉米总产量的2.3%；乌克兰也是全球最大的葵花籽和葵花籽油生产国，2014年产量分别为1 013万t和440万t，分别占全球总产量的23.1%和27.3%，而且农业资源开发潜力大。乌克兰土地资源丰富，生产成本低，而且地理位置优越，随着各国（包括私人）投资的不断增加，粮食生产潜力巨大。

（2）法国

法国拥有耕地面积1 833万hm²，草场面积944万hm²。

就种植面积而言：1961—2014年，法国的粮食平均种植面积稳定在0.09亿hm^2左右，波动较小。

就粮食产量而言：1961—2014年，法国平均粮食产量为0.51亿t。50多年来，法国粮食产量呈现明显上升趋势，由1961年的0.21亿t增加到2014年的0.73亿t，增长了2.5倍，粮食增产后劲较大。法国是全球第五大小麦生产国，2014年小麦产量为3 895万t，占全球小麦总产量的4.6%；法国也是全球第三大小麦出口国，2013年小麦出口量为1 964万t，占全球出口总量的12.1%。

5. 以越南和泰国为主的东南亚"粮仓"

东南亚是全球最重要的稻米生产地区。

（1）越南

就种植面积而言：1961—2014年，越南的水稻平均种植面积为0.06亿hm^2左右，且整体呈小幅上升趋势。50多年来，越南的水稻种植面积由1961年的0.05亿hm^2增加到2014年的0.08亿hm^2。

就水稻产量而言：1961—2014年，越南水稻平均产量为0.16亿t，50多年来，越南水稻产量呈持续上升趋势，由1961年的0.09亿t增加到2014年的0.45亿t，增加了4倍，后劲十足。

（2）泰国

就种植面积而言：1961—2014年，泰国的水稻平均种植面积为0.09亿hm^2左右，且整体呈小幅上升趋势。50多年来，泰国的水稻种植面积由1961年的0.06亿hm^2增加到2014年的0.11亿hm^2。

就水稻产量而言：1961—2014年，泰国水稻平均产量为0.21亿t，50多年来，泰国水稻产量呈持续上升趋势，由1961年的0.10亿t增加到2014年的0.33亿t，增加了2.3倍。2012年曾达到最高水平，为0.38亿t。

2014年越南、泰国的稻米产量分别占全球总产量的4.7%和3.4%。在贸易方面，泰国和越南还是全球第二大、第三大稻米出口国，2013年出口量分别为679万t、394万t，分别占全球出口总量的18.1%和10.5%。未来该区域仍将是全球重要的稻米产区。

6. 以东非为主的非洲潜在"粮仓"

非洲是全球粮食净进口国，但是东非地区农业资源丰富，拥有可耕地资源6 640万hm^2，草场面积达2.64亿hm²，其中，坦桑尼亚、肯尼亚、乌干达、莫桑比克农业资源丰富，非常适宜玉米的生产，2014年这四个国家玉米产量分别只有674万t、351万t、276万t和136万t，仅占全球总产量的1.1%。东非是未来满足非洲地区粮食需求的重要地区。

7. 以澳大利亚和新西兰为主的大洋洲"粮仓"和"奶源基地"

（1）澳大利亚

澳大利亚拥有可耕地面积4 696万hm²，草场面积3.59亿hm²，是全球拥有草场面积最大的国家。

就种植面积而言：1961—2014年，澳大利亚的粮食平均种植面积为0.15亿hm²。50多年来，澳大利亚粮食种植面积整体呈增加趋势，由1961年的0.08亿hm²增加到2014年的0.18亿hm²。

就粮食产量而言：1961—2014年，澳大利亚平均粮食产量为0.24亿t，50多年来，澳大利亚粮食产量呈波动上升趋势，由1961年的0.09亿t增加到2014年的0.38亿t，增长了3.2倍。澳大利亚是全球第九大小麦生产国、第六大油菜籽生产国，2014年小麦和油菜籽产量分别为2 530万t和383万t，分别占全球小麦总产量、油菜籽总产量的3.0%和4.3%；澳大利亚也是肉类生产大国，2014年产量为486万t，占全球肉类总产量的1.2%。

在贸易方面，澳大利亚是第四大小麦出口国和重要的油菜籽出口国，2013年小麦和油菜籽的出口量分别为1 800万t和14万t，所占比例分别为11.1%和2.0%；澳大利亚也是第五大肉类出口国和第九大奶类出口国，2013年出口量分别为203万t、313万t，分别占全球出口总量的4.4%和2.7%。

未来澳大利亚农产品生产潜力巨大，同时也是全球奶制品、畜产品的重要出口区域。

（2）新西兰

新西兰是全球最重要的乳品生产国，2014年奶类产量为2 132万t，占全球总产量的2.6%；新西兰也是全球第一大奶类出口国，2013年出口量为1 762万t，所占比例为15.1%。新西兰恒天然集团的牛奶价格直接影响全球牛奶市场。

8. 以印度尼西亚和马来西亚为主的全球"食用油桶"

印度尼西亚和马来西亚拥有可耕地面积2 350万hm²和755万hm²，拥有全球最大的棕榈油种植面积。

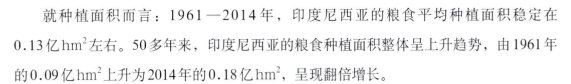

就种植面积而言：1961—2014年，印度尼西亚的粮食平均种植面积稳定在0.13亿hm²左右。50多年来，印度尼西亚的粮食种植面积整体呈上升趋势，由1961年的0.09亿hm²上升为2014年的0.18亿hm²，呈现翻倍增长。

就粮食产量而言：1961—2014年，印度尼西亚平均粮食产量为0.46亿t。50多年来，印度尼西亚粮食产量呈持续上升趋势，由1961年的0.14亿t增加到2014年的0.90亿t，增长了5.4倍，粮食增产后劲十足。

但是，从在全球农业中的地位来看，印度尼西亚、马来西亚是全球最大的棕榈油生产国，2014年产量分别为2928万t和1967万t，合计占全球棕榈油总产量的85%以上，2013年出口量分别为2058万t和1524万t，占全球出口总量的85%以上。这两个国家未来仍将是棕榈油的主要生产和出口国。

粮食是关系国计民生的最重要的农产品。为保障粮食供给，在小麦、玉米、水稻等的基础研究、技术体系应用推广、生产补贴、保护价收购等方面，我国政府给予了政策、资金上的大力支持，曾经实现了我国粮食产量的"十二连增"。由于国内主要粮食品种价格高于国际市场，我国粮食类品种的进口量不断增加。但随着畜牧业和饲料的发展，在国内油料作物种植面积徘徊不前的情况下，饲料蛋白粕原料供给有限，即使扩大了国内大豆、油菜籽的种植面积，国内大豆及油菜籽等的进口量仍将不断增加。

无论是北美的美国、加拿大，还是欧洲的乌克兰、法国等国家，其农业非常发达，已有成熟、完善的农业产业体系。为满足全球（特别是中国）过去20多年来对农产品的需求，国际大的农业公司和贸易集团（如ADM、邦基、嘉吉、路易·达夫、丰益国际和日本的丸红、伊藤忠等）在南美的巴西、阿根廷以及东南亚的印度尼西亚、马来西亚等国家，与当地政府、农业土地拥有者、农业生产者等进行了深度合作，为当地生产者提供农资、资金、技术，并通过其强大的全球农产品加工、运输和贸易体系，掌控了全球农产品资源。在某种程度上说，国际农业公司和贸易集团的经营活动为满足过去20多年我国农产品需求的快速增长起到了重要作用。

为保障我国粮食供给安全，中粮集团积极实施"走出去"战略，购并"来宝谷物"，从而在南美拥有了自己的基地；在乌克兰投资，建设生产、加工和贸易基地。我国政府为提高非洲的农业生产能力，在很多非洲国家建设了多个不同类型的示范农场。国内一些大、中、小性的企业及私人也纷纷在俄罗斯、非洲等地建设农场。

目前我国农产品进口来源国集中度和对外依存度高，在我国农业资源有限的情况下，为降低粮食供给安全风险，应拓宽海外农业资源利用的广度，以保障我国农产品供给安全，并实施多元化贸易战略。

五、保障粮食及饲（草）料供给安全的发展对策

由于粮食政策导致国内玉米持续增产，而由于价格高导致需求替代大幅增加，工业需求减少，我国目前饲料原料呈现"两多两少"的供求特点，即玉米多、能量饲料替代品种多；饲料蛋白原料产量少、优质牧草供给少。由此导致国内玉米、稻谷库存多，大豆、优质牧草进口多，不但给我国带来严重的农业资源与环境压力，还增加了财政负担。

（一）适度调减籽粒玉米面积，适度扩大青贮玉米种植面积

根据我国草食性畜牧业发展现状及未来发展趋势，2025年我国青贮玉米需求量约为4.4亿t，按60t/hm²（4.0t/亩）计算，2025年青贮玉米种植面积应在1.09亿亩才能满足需求。其中，内蒙古、新疆、河北、黑龙江、山东和河南的青贮需求量较大，应该是我国青贮玉米集中重点发展的区域。

以2016年山东青贮玉米为例，青贮玉米产量在3.5t左右；以300元/t的价格销售，亩收入为1 050元。2016年籽粒收获550kg/亩，籽粒价格在1.6元/kg左右，亩收入为880元。此外，收获籽粒还有脱离、晾晒等方面的劳动和费用支出。所以，从目前的市场来看，青贮玉米收益高于收获玉米籽粒的收益。

但效益好，不一定就能得到快速发展。青贮玉米长距离运输成本较高；分散的小农户由于种植面积小、田块小，收获困难，因此一般是养殖场在周边同规模种植户签订青贮玉米收购协议。青贮玉米能否实现规模化种植，成为影响青贮玉米供给的重要因素。

在"镰刀弯"地区调减籽粒玉米种植，重点发展青贮玉米，实行以养定种，订单种养；在北方农牧业交错地带实行减粮增饲，以农载牧，以草促牧，扩大优质牧草种植面积；在黄淮海玉米生产区结合玉米去库存和草食畜牧业生产基地建设，重点发展奶牛养殖和乳品加工，适度发展肉牛肉羊养殖。

在没有其他粗饲料补充或代替的情况下，未来我国全株青贮玉米将有1亿亩的需求潜力，重点发展全株优质青贮玉米不仅能够使单位面积的生物生产量、营养量、能量都

得到大幅提高，而且能很好地解决秸秆处理问题，产生良好的生态效益。

（二）发展农区草业

农区气候、土壤、水分条件比牧区优越，牧草生产潜力巨大，栽培草地生产力一般比天然草地高出5～10倍，但农区草业发展仍然受到一些因素的制约，其中最主要的是传统农耕文化和思想的束缚。

充分利用饲用植物资源，发展多种经营，不但利用植物的籽实产品，而且利用植物营养体，发展营养体生产，营养体的养分产量比籽实高2～3倍。我国是多山国家，适宜农耕的土地不过10％左右，而其他可以作为农用耕地的土地面积是耕地面积的4倍，草地农业可以充分利用国土资源。牧草等饲用植物的生长期比一般农作物长1～2个月，比农作物多利用20％～40％的积温，节约15％～20％的水分。实行草田轮作，部分农田拿出来种草，不但不会降低粮食产量，反而可以提高粮食产量；草田轮作中草地生产的牧草、饲料用来发展畜牧业，生产肉、蛋、奶等畜产品，增加动物性食物生产，改善国民膳食结构，使农业产值成倍增长。一旦需要粮食增产，根据粮食需求调整种植结构，将部分草地改为粮田，次年就有粮食生产出来，这就是"藏粮于草"，经济而又安全。

（三）提高国内大豆、油菜籽种植面积和产量，增加粕类供给

目前豆粕和菜籽粕是饲料的主要蛋白原料，增加国内大豆、油菜籽种植面积，提高产量水平，一方面可以增加国内粕类资源供给，降低资源对外依存度；另一方面，也可以优化主产区种植结构，提高农业资源的可持续生产能力。

从2016年开始，国家将玉米临时收储政策调整为"市场化收购"加"补贴"的新机制；农业部力推农业结构调整，减少玉米种植面积；各主产区也积极推进调减籽粒玉米种植面积，适度扩大增加大豆种植面积，有利于减少国内玉米过量供给，并增加大豆自给率。在玉米、大豆主产区通过实施玉米、大豆合理轮作，可以改善土壤条件，减少化肥、农药等的投入，提高农业生产的可持续生产能力。

扩大长江流域油菜籽的种植面积和产量，不但可以增加国内蛋白粕和植物油的供给能力，同时也能改善土壤，提高该区域耕地资源的可持续生产能力。在油菜籽种植机械化水平不能得到提高的情况下，难以实现规模化经营，国家即使给予和小麦一样的优惠

政策，也难以提高农民种植油菜籽的积极性。加大油菜籽收获机械的研制和推广，提高油菜籽优良品种的推广和种植，同时适度增加油菜籽种植的补贴力度，是提高我国油菜籽产能的基础。

（四）实施粮食进口多元化战略

1. 在保持传统贸易国关系的同时，拓展农产品进口来源渠道

鉴于目前我国农产品进口来源国集中度和对外依存度高，为确保安全，我国农产品进口必须实行多元化方针。

一是继续保持和传统主要农业贸易国的良好合作关系。巴西、美国、阿根廷、澳大利亚、新西兰等是我国大宗农产品的主要进口来源国，加强与主要现有传统农业贸易国的合作关系，尽量避免贸易摩擦，保障农产品的有效供给。

二是积极发展同乌克兰、俄罗斯、哈萨克斯坦、乌兹别克斯坦等农业资源大国的农业全方位的深度合作。目前我国已与乌克兰建立了比较深入、广泛的农业合作，自乌克兰的葵花籽油、玉米等的进口量不断增加。俄罗斯西伯利亚及远东地区、中亚地区的哈萨克斯坦以及乌兹别克斯坦等国家和地区都拥有丰富的农业资源和良好的农业基础。

三是逐步拓展与东非地区国家的农业合作领域，带动非洲地区农业发展。东非地区农业资源丰富，但农业发展基础薄弱，农业发展潜力巨大。可以通过利用各国际组织、外国政府援助资金等加强农业基础设施，特别是水利设施建设；投资东非农业、建设大规模现代化农场的企业，要与促进当地居民的生产、生活水平提高和社区发展相结合。

2. 依托"一带一路"倡议为导向的全球化战略

在巩固已有贸易渠道基础上，借"一带一路"倡议推进的重要机遇期，建立多项优惠措施，鼓励国内企业、机构、个人投资者"走出去"，利用多种合作方式开发其农业资源。加强我国与近邻及发展中国家、新经济体的贸易，在国内边境港口建设进口农产品物流和加工产业园，通过财政、税收等多方面优惠政策鼓励来料加工。

粮食及主要农产品生产供应关系到人类的生存与发展，在构建人类命运共同体中具有特殊性，也是首要的任务。

一方面，秉承全球资源禀赋，实现农产品的合理流动，有利于减少对全球生态环境的影响。对于美国、巴西、阿根廷、澳大利亚、新西兰以及马来西亚、印度尼西亚、俄罗斯、乌克兰、哈萨克斯坦等国家而言，丰富的耕地资源、适宜的气候条件以及先进的

农作物种植技术是其相关农产品生产具有较高比较优势的关键因素。从经济上来讲，农产品国际贸易已经发展为国家间以资源禀赋和比较优势为依据的追求利润最大化的活动。从农业资源配置来看，在优势区域生产农产品，通过国际贸易满足全球需求，相当于提高了全球农业生产效率，降低了全球农作物生产对生态环境的不利影响程度。

另一方面，提高全球及非洲农业生产能力，就是对全球粮食安全的重大贡献。除了俄罗斯、中亚国家，通过技术、资金、农机装备等的输出，在东非从事农业资源开发，提升全球农业生产能力，增加农产品供给，满足非洲当地人的食物需求，本身就是对中国粮食安全的贡献，也是对全球粮食安全的贡献。

此外，实施劳动密集型、资金密集型和技术密集型农产品的出口战略。工厂化蔬菜生产土地利用率高、机械化水平与生产效率高、产品质量好，在国外经济发达国家已经非常普及。随着国内消费水平的升级、技术水平和劳动力成本的提高、国家政策的支持，预计未来我国工业化蔬菜生产也将进入快速发展时期。我国珠江三角洲、长江三角洲、京津冀地区及其他区域的大城市郊区等，将是工厂化蔬菜生产的重点发展区域。随着经济全球化、交通运输快捷化、保鲜加工现代化、蔬菜生产区域化，蔬菜的国际贸易量不断增加。我国工厂化蔬菜产品除了满足国内市场对高质量蔬菜的需求，还将满足东南亚、东亚、中亚、中东和俄罗斯等国家和地区的蔬菜需求。

另外，花卉产业是也是集劳动密集、资金密集和技术密集的绿色朝阳产业。在欧美，花卉消费是一个巨大的市场。中国幅员辽阔，气候地跨三带，是世界公认的花卉宝库。目前我国已成为世界上最大的花卉生产基地、重要的花卉消费国，随着技术的进步、交通运输条件的改善，我国特色花卉、盆景出口将快速增加。我国政府应该在品种繁育、技术和装备研发推广、贸易政策等方面，全面提高现代蔬菜和花卉产业生产水平和贸易水平。

参考文献

陈百明，1992．中国土地资源生产能力及人口承载量研究 [M]．北京：中国人民大学出版社．

陈静，李雪娇，曹琼，王消消，姜军，莫放，2012．不同肉牛育肥的牛肉产品生产对饲料粮消耗比较分析 [J]．畜牧与饲料科学，33（4）：30-33．

党瑞华，魏伍川，陈宏，蓝贤勇，胡沈荣，苏利红，2005．IGFBP3基因多态性与鲁西牛和晋南牛部分屠宰性状的相关性 [J]．中国农学通报，21（3）：19-22．

发展改革委，2016．耕地草原河湖休养生息规划 2016—2030年 [EB/OL]．（11-30）[2019-03-15]．http：//www.gov.cn/xinwen/2016-11/30/content_5140144.htm．

封志明，2007．中国未来人口发展的粮食安全与耕地保障 [J]．人口研究，31（2）：15-29．

高帆，2005．中国粮食安全研究的新进展：一个文献综述 [J]．江海学刊（5）：82-88．

谷彬，2017．农村土地流转综合评估与大数据分析 [M]．北京：科学出版社．

关红民，刘孟洲，滚双宝，2016．舍饲型合作猪胴体品质性状相关性分析 [J]．养猪（2）：70-72．

郭华，蔡建明，杨振山，2013．城市食物生态足迹的测算模型及实证分析 [J]．自然资源学报，28（3）：417-425．

国家统计局，2016．全国农产品成本收益资料汇编2016 [M]．北京：中国统计出版社．

国家统计局，2016．中国统计年鉴2016 [M]．北京：中国统计出版社．

国家统计局，2016．中国统计摘要2016 [M]．北京：中国统计出版社．

国家统计局农村社会经济调查司，2016．2016中国农村统计年鉴 [M]．北京：中国统计出版社．

国土资源部，2016．全国土地利用总体规划纲要2006—2020年 [EB/OL]．（06-24）[2019-03-15]．http：//www.mlr.gov.cn/zwgk/zytz/201606/t20160624_1409697.htm．

国土资源部，2017．土地利用现状分类 GB/T 21010—2017 [M]．北京：中国标准出版社．

韩昕儒，陈永福，钱小平，2014．中国目前饲料粮需求量究竟有多少 [J]．农业技术经济（8）：60-68．

胡慧艳，贾青，赵思思，等，2015．美系大白猪不同育肥阶段生长性能与胴体品质研究 [J]．畜牧与兽医，47（11）：64-66．

李聚才，2013．肉牛最佳畜群结构优化方案的选择 [J]．黑龙江畜牧兽医（5）：49-52．

李秀彬，辛良杰，李子君，2009．从土地利用变化看中国的土地人口承载力 [EB/OL]．（07-02）[2019-03-15]．http：//www.farmer.com.cn/gd/snwp/200907/t20090702_462178.htm．

李雪松，娄峰，张友国，2016．"十三五"及2030年发展目标与战略研究 [M]．北京：社会科学文献出版社.

李燕玲，刘爱民，2009．长江流域冬季农业主要作物的耕地竞争机制及案例研究 [J]．长江流域资源与环境 (2)：146-151.

联合国开发计划署，2013．2013中国人类发展报告：南方的崛起：多元化世界中的人类进步 [EB/OL]．(08-27) [2019-03-15]．http：//www.un.org/zh/development/hdr/2013.

联合国粮食及农业组织，2015．世界粮食不安全状况 [EB/OL]．[2019-03-15]．http：//www.fao.org/publications/sofi/2015/zh.

刘爱民，封志明，阎丽珍，等，2003a．基于耕地资源约束的中国大豆生产能力研究 [J]．自然资源学报 (4)：430-436.

刘爱民，封志明，阎丽珍，等，2003b．中国大豆生产能力与未来供求平衡研究 [J]．中国农业资源与区划 (4)：36-39.

刘爱民，强文丽，王维方，等，2011．我国畜禽养殖方式的区域性差异及演变过程研究 [J]．自然资源学报 (4)：552-561.

刘爱民，薛莉，成升魁，等，2017．我国大宗农产品贸易格局及对外依存度研究：基于虚拟耕地资源的分析和评价 [J]．自然资源学报 (6)：915-926.

刘爱民，于潇萌，李燕玲，2009．基于供求平衡表的大豆市场预警分析及模拟 [J]．自然资源学报 (3)：423-430.

刘向阳，2013．试论肉牛的饲料转化比 [J]．中国牛业科学 (4)：59-61.

罗其友，米健，高明杰，2014．中国粮食中长期消费需求预测研究 [J]．中国农业资源与区划，35 (5)：1-7.

马永欢，牛文元，2009．基于粮食安全的中国粮食需求预测与耕地资源配置研究 [J]．中国软科学 (3)：11-16.

马智元，马广成，马春秀，2012．不同营养水平对肉牛育肥效益的研究报告 [J]．中国牛业科学 (6)：27-30.

毛学峰，刘靖，朱信凯，2014．国际食物消费启示与中国食物缺口分析：基于历史数据 [J]．经济理论与经济管理 (8)：103-112.

茅于轼，2008．耕地保护与粮食安全 [M]．北京：天则经济研究所.

茅于轼，2010．粮食安全和耕地面积并无直接关系 [EB/OL]．(09-23) [2019-03-15]．http：//maoyushi88.blog.163.com/blog/static/48278451201092354014.

聂振邦，2005．2004中国粮食发展报告 [M]．北京：粮食经济管理出版社.

农业部，2015．"镰刀弯"地区玉米结构调整的指导意见 [EB/OL]．(11-02) [2019-03-15]．http：//www.moa.gov.cn/govpublic/ZZYGLS/201511/t20151102_4885037.htm.

农业部农村经济体制与经营管理司，2016．2015中国农村经营管理统计年报 [M]．北京：中国农业出版社．

农业部农村经济体制与经营管理司，2016．全国家庭农场典型监测情况分析 [M]．北京：中国农业出版社．

秦富，陈秀凤，2007．中国农民食物消费研究 [M]．北京：中国农业出版社．

任继周，林惠龙，侯向阳，2007．发展草地农业确保中国食物安全 [J]．中国农业科学（3）：614-621．

任继周，南志标，林慧龙，2005．以食物系统保证食物（含粮食）安全：实行草地农业，全面发展食物系统生产潜力 [J]．草业学报（3）：1-10．

任继周，2013．我国传统农业结构不改变不行了：粮食九连增后的隐忧 [J]．草业学报（3）：1-5．

世界银行，2012．China 2030：Building a modern, harmonious, and creative high-income society [EB/OL]．（02-27）[2019-03-15]．http://www.worldbank.org/en/news/feature/2012/02/27/china-2030-executive-summary．

水利部，2016．中国水资源公报2015 [M]．北京：中国水利水电出版社．

宋涛，2005．20世纪中国学术大典：经济学 [M]．福州：福建教育出版社．

孙东琪，陈明星，陈玉福，等，2016．2015—2030年中国新型城镇化发展及其资金需求预测 [J]．地理学报，71（6）：125-1044．

唐华俊，李哲敏，2012．基于中国居民平衡膳食模式的人均粮食需求量研究 [J]．中国农业科学，45（11）：2315-2327．

田波，王雅鹏，2014．中国饲料产业发展现状与市场整合及政策建议 [J]．农业现代化研究（1）：20-24．

王晓芳，安永福，张秀平，等，2016．以青贮玉米为突破口促进河北省粮改饲 [J]．今日畜牧兽医（4）：31-33．

吴荷群，付秀珍，陈文武，等，2014．冬季不同舍饲密度对育肥羊屠宰性能及肉品质的影响 [J]．中国畜牧兽医，41（12）：152-156．

夏波，蒋小松，张增荣，等，2016．不同品系优质肉鸡屠宰性能试验研究 [J]．安徽农业科学，44（32）：109-110．

辛良杰，王佳月，王立新，2015．基于居民膳食结构演变的中国粮食需求量研究 [J]．资源科学，37（7）：1347-1356

于潇萌，刘爱民，2007．促使畜牧业养殖方式变化的因素分析 [J]．中国畜牧杂志（10）：51-55．

张宏博，刘树军，腾克，等，2013．巴美肉羊屠宰性能与胴体质量研究 [J]．食品科学，34（13）：10-13．

张晋科，张凤荣，张琳，等，2006．中国耕地的粮食生产能力与粮食产量对比研究 [J]．中国农业科学，39（1）：2278-2285．

张晓庆，穆怀彬，侯向阳，等，2013．我国青贮玉米种植及其产量与品质研究进展 [J]．畜牧与饲料科学（1）：54-57.

张英俊，张玉娟，潘利，等，2014. 我国草食家畜饲草料需求与供给现状分析 [J]. 中国畜牧杂志
（10）：12-16.

张永恩，褚庆全，王宏广，2009. 城镇化进程中的中国粮食安全形势和对策 [J]. 农业现代化研究，
30（2）：270-274.

中国畜牧兽医年鉴编辑委员会，2015. 中国畜牧兽医年鉴2015 [M]. 北京：中国农业出版社.

中国疾病预防控制中心营养与食品安全所，2002. 食物成分表 2002 [M]. 北京：北京大学医学出
版社.

中国农业年鉴编辑委员会，2008. 中国农业年鉴2008 [M]. 北京：中国农业出版社.

周道玮，刘华伟，孙海霞，钟荣珍，2013. 中国肉品供给安全及其生产保障途径 [J]. 中国科学院
院刊，28（6）：733-739.

Bonner J,1962. The upper limit of crop yield[J].*Science* (137):11-15.

Cheng, G Q, Wang, J M,1997. An estimation of feed demand and supply in China[M]//
Zhu, X G (Ed.), A study of China's grain issues.Beijing:China Agricultural Press.

Dumaski A J,1993.Sustainable land management,proceeding of the international workshop
on SLM for the 21st century[M]. Canada:University of Lethbridge.

Guo, S T, Huang, P M, Yu, J B, et al,2001.China's grain demand and supply, 2000—
2030[M]//Du,Y (Ed.), China's food security issues.Beijing:China Agricultural Press.

Lester Russell Brown,1995.Who will feed China? Wake-up call for a small planet[M]. New
York:W W Norton & Company.

Loomis R S,Williams W A,1963.Maximum crop productivity:An estimate[J].*Crop Science*
(3):67-72.

Smith L C,El Obeid A E,Jensen H H,2000.The geography and causes of food insecurity in
developing countries[J].*Agricultural Economics*,22(2):199-215.

Smyth A J, Dumanski J,1993.An international farmwork for evaluating sustainable land
management:World Soil Resources Report[R].Food and Agriculture Organization of the
United Nations.

The Economist Intelligence Unit Limited,2016.Global food security index 2016[EB/OL].
http://foodsecurityindex.eiu.com.

Zhou Zhang Y, Tian Wei M, Bill Malcolm,2008.Supply and demand estimates for feed
grains in China[J]. *Agricultural Economics*,39 (1):111-122.